中国网络视频研究案例库

China Online Video
Case Study

中国网络视频年度案例研究
——4—— 2018

王晓红　曹晚红 ⊙ 主　编

马　铨　包圆圆 ⊙ 副主编

中国传媒大学 出版社
·北京·

序

《中国网络视频年度案例研究》今年已经出到第四年了。回看这四年网络视频的重点案例分析，可以清晰地看出这个行业发展进程的轮廓——从群雄逐鹿到强者为王，从无序生长到规范管理，从探索创新到追逐资本的风口，从网友创作到专业化的回归……视听新媒体的确是一种与传统媒体完全不同的媒体形态，它在一种新的技术和社会环境中生长，在不断的摸索与尝试中寻找着自己生存与发展的规律。

互联网，是一种利用通信设备和线路将全世界不同地理位置的计算机系统连接在一起，实现网络资源共享和信息交换的交互网络，它是继工业革命之后最富创造性和颠覆性的技术革命：

1.它是电脑技术和通信技术结合创造出的虚拟世界；2.在这个虚拟世界的基础上形成了虚拟社会；3.这个虚拟社会与人类的现实社会产生连接并形成新的社交情境；4.新的社交情境催生了完全不同于以往的信息传播方式、社会网络形态、经济规则等。它们让人类的思维方式、行为方式和生活方式都产生了颠覆性的改变。

因此，互联网首先显现的是一种"工具属性"，它用技术建构了一个开放、自由、自主，又虚拟化、民主化的交往平台。但是，它终归要与社会相联系。当它与社会相联系的时候，主要是改变了人与信息、人与人的接触方式和沟通方式，建构了信息时代新的社会形态，从而在根本上改变了人的思维方式和行为方式。而在这个变革的时代中,网络视频因它的表现力、传播力、影响力,显得尤其重要。

网络视频,是一个发展迅速、影响广泛的行业。根据 2017 年 8 月中国互联网络信息中心发布的第 41 次《中国互联网络发展状况统计报告》的数字,截至 2017 年 6 月,中国网络视频用户规模达 5.65 亿,较 2016 年底增加了 2 026 万人,增长率为 3.7%;网络视频用户使用率为 75.2%,较 2016 年底提升了 0.7 个百分点。其中,手机视频用户规模为 5.25 亿,与 2016 年底相比增长了 2 536 万人,增长率为 5.1%;手机网络视频使用率为 72.6%,相比 2016 年底增长了 0.7 个百分点。随着 4G 网络的进一步完善以及手机资费的下调,网民在微信、微博等主流 App 上观看短视频的行为变得更加普遍。在这种技术发展与社会发展的结合中,网络视频的社会作用变得日益重要。

在这四年的案例研究中,我们跟踪和见证了网络视频行业的探索与转变、喜悦与困惑、爆发与陨落等前行过程。

在视频内容的创作方面,这些年,从盗版、UGC、电视台的第二播出平台,到版权大战、网络自制内容迅速发展,再到如今各大视频网站重金购买版权剧、版权综艺节目,自制内容也从小成本、草根化向大阵容、大资本、大制作、专业化的方向转变等,网络视频逐渐建立起自己的内容发展模式和产业链布局。

从传播功能来看,网络视频拓展了传统媒体较为单一的传播信息和娱乐的功能,将社交功能引入视频内容。近年来爆红的网络视频直播和短视频,将私域生活的行为社会化、公众化,从空间、行为、语言、交流目的和方式等多方面向原有的媒体规范发起了挑战,形成了互动式大众传播的新形态。这使得网络视频显现出一方面要求内容专业化的传统价值回归,另一方面对视频社交和视频应用的新的媒介传播价值进行探索的两极化发展。

在商业模式方面,这几年网络视频探索不断。爱奇艺首先尝试的用户付费已成为网络视频成熟的盈利模式,视频用户付费习惯逐渐养成,用户付费市场急速扩大。近年来,网络视频内容营销潜力不断爆发,剧内植入广告、剧外原创贴、“创可贴”、“移花接木”等创意式植入渠道备受广告主好评。依托于影视剧

IP 的游戏、衍生周边等业务收入也实现增长。此外,网络直播和短视频的蓬勃发展,带动了网红经济和粉丝经济的兴起,推进了多元化增值服务模式的发展。

从行业规管的角度看,网络视频也在经历着网络虚拟世界被社会化时,从无序到有序、从野蛮到文明的进化过程。这是一个逐步建立规则并形成规范的过程。这两年国家有关部门特别加强了对网络视频行业内容的监管与审查。继 2016 年开始对直播节目、新闻信息服务、网生内容进行监管后,2017 年 6 月,国家新闻出版广电总局又发布了《关于进一步加强网络视听节目创作播出管理的通知》,强调网络视听节目要与广播电视节目统一标准和尺度。政策管控对网络视频的规范化、有序化产生了巨大的影响。

在资本助推方面,则是喜忧参半。资本驱动,是网络新经济的原始动力。大量的资本砸向网络应用,意在培养人们的一种新的消费方式和生活方式。但是,资本的本质是趋利,尽管网络使用权的平等、自由、民主化减少了个体使用网络的成本和限制,但资本所追捧的是那些门槛低、需求量大、规则不成形、有更大的期待视野和想象空间的网络应用。于是就有了自制剧、网络大电影、网络直播、短视频,这一波又一波资本打开的风口。其中最悲惨的要数乐视,眼看它起高楼,眼看它楼塌了,无论这是资本之殇还是道德之殇,这一过程都是研究案例中难得的样本。

案例研究,是近年来受到重视的研究方法。它从最初的法学、医学领域逐渐扩展到商学、媒体、文化等发展变化迅速的实践型领域。

- 这种研究方法,关注的是特定社会现象和社会组织中发生的一个特殊事件,并对其进行深入、全面、系统的研究。
- 这种研究方法,强调从总的场景或所有因素的组合出发,通过对事件过程的深入挖掘和细致描述,呈现事物的真实面貌、丰富背景和影响。
- 这种研究方法,在实例描述的基础上,进行分析、解释、判断、评价或者预测,并从中得出具有归纳性的普遍结论或新的假说。

所以,案例研究与一般性的理论研究不同,它侧重于业界的需求,以业界合作为基础,以实务研究为重点,以关注业界前沿为导向,具有情境性、系统性、典型性、综合性等特点，是一种从具体经验事实走向一般理论的研究方法。网络视频是一个变动的、发展的、不断创新的、具有特殊性和实用性的研究对象，所以很适合采用案例研究的方法。通过对这些个案的研究，可以看到行业变革的趋势性规律。

我们在这些年的案例研究中还发现，网络视频是一个新兴的媒介现象，在它的发展过程中，不同的参与者都有着它们各自不同的困惑：

- 对于政府来说，新兴的网络媒体，经过了一段混沌期后，正面临着制度重建的课题。如何管理、如何监控、如何建立行规和操守，这是政府主管部门的困惑。

- 对于民间的商业媒体来说，由于互联网技术赋权和资本驱动所形成的商业属性，如何与主流意识形态和政府法规与监管相适应，是他们的困惑。

- 对于传统的主流媒体来说，如何突破旧思维，与新兴媒体融合，如何既坚持主流价值观又符合商业规律，是他们的困惑。

我们也希望我们的研究和这套书，或多或少地能够起到一些答疑解惑的作用，做一架沟通三者的桥梁。

这套书是网络视频行业发展的历史记录，如果若干年后我们回头来看，可能当年对有些案例的观察与分析并不准确，甚至是错误的，但是，它却在整体上展现了一幅中国网络视频行业发展的波澜壮阔的画卷，那我们就倍感欣慰了。

中国网络视频研究中心主任

钟大年

目 录

扫一扫,获得相
关在线视频资源

案例篇

综 述 篇

2017 年网络视频行业:生产迭代与价值回归

王晓红　王芯蕊

摘要: 2017 年,网络视频用户规模和使用率进一步提升,纯网内容全面进入精品化时代。虽然网络直播增速放缓,但是短视频在持续"竞速"增长,场景热点不断涌现,AI、AR、云计算、区块链等新技术继续为产业全流程赋能。凭借旺盛的产能、强劲的需求和无尽的创意,视听新媒体成为新时代主流内容形态,移动融视频开始重塑视听产业链条。

关键词: 网络视频;生产迭代;价值回归

当梳理 2017 年中国网络视频产业发展脉络时,我们发现,随着用户付费意识的逐步成熟,网络视频用户规模和使用率进一步提升;纯网内容品质全面提升,除了人们耳熟能详的短视频、网络直播、网络剧、网络综艺外,网络电影、网络动漫等类型也不乏佳作,网络创作整体步入精品时代。2016 年底,中国移动智能设备跨过 10 亿分水岭。[①] 伴随着移动互联网人口红利消失,网络视频行业在资本"加持"下经历了风口竞逐、巨头布局、逆袭突围等阶段,市场竞争走入了复杂多变的深水区。网络直播行业增速放缓,但场景热点仍不断涌现,内容价值回归,整体趋向稳定健康发展。短视频市场投融资事件不断增加、金额不断攀升,整个行业在 2017 年"竞速式"爆发增长,但优质内容仍然稀缺;垂直领域正在崛起,内容升级和平台演进成为在下半场生存的核心。2017 年,主流媒体的融合传播渠道布局日趋完备,融合传播力大幅提升,但各梯队媒体间的断崖

---

① QuestMobile.移动互联网 2017 春季报告 [EB/OL].(2017-04-19)[2017-10-15].http://b2b.toocle.com/detail--6393611.html.

式分化逐步显现,整个行业亟待通过深度融合系统提升传播力。与此同时,AI、AR、云计算等新技术不断形塑产业全流程,区块链技术为网络视听应用带来极大的想象空间和应用可能,技术已经成为媒体发展的核心驱动力之一。

与市场机制这一"无形的手"紧密结合的是"有形的手"——政府管理。2017年,包括新闻信息服务、内容生产传播、平台、版权等领域在内的网络视听监管持续强化,"线上线下统一标准"成为网络视听内容管理的核心思路。中国网络视听节目服务协会发布了《网络视听节目内容审核通则》,明确了网络视听领域内容创作底线和具体要求,低俗内容在2017年被大力、持续地清理,网络传播空间日渐清朗。

回望2017年,技术驱动、内容创新、资本加持、政策监管聚合反应,在碰撞与融合中共筑新型视听传播格局。总体来说,视听新媒体经过10年发展,凭借旺盛的产能、强劲的需求和无尽的创意,作为新时代主流内容形态,已进入全面繁荣期。

一、主流媒体:深度相融与多维创新

2017年我国主流媒体的融合传播力在整体上有所增强。百强主流媒体官方微信、微博、客户端的内容发布量、评论数、转发数、应用下载量较2016年都有较大提升。[①] 但传统媒体的受众数量持续下降,2017年上半年电视观众日均到达率下降至57.1%,首次低于60%,创历年降幅之最。[②] 经过近几年的探索实践,主流媒体的融合发展进入改革深水区。主流媒体在当代媒介演进的逻辑中,主攻技术缺口,重新确立内容优势和传播手段,努力追赶迁徙的受众,力求深度融合、创新升级。

---

① 2017年中国媒体融合传播指数报告发布[EB/OL].(2018-04-04)[2018-05-15].http://media.people.com.cn/n1/2018/0404/c40606-29906316.html.
② 媒体融合进程中的收视变化特征——2017年上半年电视市场回顾[EB/OL].(2017-11-02)[2018-01-12].http://www.sohu.com/a/202032359_99925596.

（一）产品深度创新，主流价值彰显

内容是主流媒体的核心优势，随着互联网信息从稀缺走向丰富，公信力、引导力、品质成为受众关注的核心，主流媒体传统优势再次凸显。进一步在内容创新上求突破、增强融合传播力是主流媒体深度融合的核心发力点。新华网董事长、总裁田舒斌先生在 2017 年 11 月举办的中国网络视听大会上提出，传统媒体在新媒介环境下应对传播范式的改变，需要处理好内涵厚重与形态轻快的关系。对于主流媒体来说，既要传播好党和国家的主流声音，又要满足网民多元化的需求，要做到内容思想性、观赏性、传播性的融合。从实操角度看，要让视频更加"轻""快"，让硬的新闻"软"下来、厚重题材"轻盈"下来，要让用户有观看的愉悦感。

2017 年，央视大型文博探索节目《国家宝藏》不仅将目光聚焦在文物背后的故事上，也将轻量化元素融入到厚重的国宝故事的讲述中。《国家宝藏》于 2017 年 12 月 3 日首播，开播两周微博话题阅读量超 8 亿，讨论量近百万，赢得社会各界一致好评。节目融合纪录片和综艺两种创作手法，采用明星国宝守护人讲述国家故事的表演形式，结合科技手段，让国家文物"活起来"，创造了一种全新的表达形式。在播出上，央视与二次元氛围浓厚的弹幕视频网站哔哩哔哩进行合作，使哔哩哔哩成为拥有《国家宝藏》网络首播权的网站之一。第一集上传三天后，播放量就已达到了 37.5 万，顺利攻破节目内容与年轻观众之间的"次元壁"。接地气的"国宝"悄然唤醒年轻人对于中国传统文化的真正的认同感和自豪感。央视创办的网络直播频道"熊猫频道"，展示中国珍稀动物和世界文化遗产，向世界展示多姿多彩的美丽中国。2017 年 2 月，央视熊猫频道的一条有关"大熊猫宝宝抱饲养员大腿"的视频在网络上疯狂传播，被重量级国内外媒体转载传播，播放量超过 10 亿次。海外媒体称其为"神奇的中国视频"并高度赞扬了中国的"熊猫外交"。2017 年，中共湖南省委宣传部、人民网、湖南教育电视台联合制作推出了六期电视理论节目《社会主义"有点潮"》，运用全息技术等手法，开展现场互动，让深奥理论可亲可近。《人民日报》客户端策划出品、腾讯天天P图提供图像处理支持的H5作品《快看呐！这是我的军装照》，浏览次数突破10亿，一分钟访问人数峰值高达41万，在建军90周年期间火遍朋友圈。新华网制作的短视频《无人机航拍:换个姿势看报告》将政府工作报告中的各项重要数据提炼出来，伴随着李克强总理作报告的原音，一个个数据图表依次浮现在航拍风景上，报告精华第一次以这种独特的方式被人们阅读。

从地方主流媒体来看，苏州广电植入互联网基因，与"二更"开展战略合作，以"发现你身边不知道的美"为主题，在台内组建短视频工作室，联合打造定位于城市生活方式的"更苏州"品质短视频，打造IP和头部内容，提升网络传播效果。苏州广电成为全国地市广电行业中第一个和社会移动短视频头部公司合作的机构。合作后首个短视频作品《红白羊肉情缘》全网点击量在2 000万以上。此外，2017年，苏州广电"看苏州"App推出主播秀计划，开展策划类直播，在互联网上打造传播正能量的网红，先后有114名广电主持人进行了近400场次直播，单次直播在线观看人次最高突破30万，总评论数近6万，总点击量突破1 300万，打赏金币150万。

（二）产业链条再造,资源优势整合

2017年，国家新闻出版广电总局网络司司长罗建辉在第九届中国网络视听产业论坛上提出，随着网络视听产业规模和影响的不断提升，从播出平台、内容创意制作、智能终端生产、互动营销到用户社群，网络视听产业正在建成一条贯通上下游、聚合各方资源的产业链条。如何打造一个更有生机活力、更有效率的网络视频生态，使上下游密切合作、共享共赢？针对这一问题，各主流媒体在2017年进行了广泛探索。

截至2017年6月份，山东广电轻快融媒体云平台（以下简称"轻快"）经过两年多的发展，合作的国内地方台突破了200家。借助合作地方台的地域优势，"轻快"打造了"轻快购"频道，全国各地的商品都可以在上面进行联销。2017年下半年，"轻快"对分销系统进行了应用升级，结合美团模式，打造了广电+团销模式。分销和团销模式的采用，给地方台在经营方面提供了非常好的抓手和着力点。成都市广播电视台新媒体客户端"橙视传媒"以技术创新为先导,以为用户提供好看、好玩、好用的智慧城市生活应用为目标,为党委政务提供以"大数据+大运营"为抓手的贴身电子政务服务,力求打造以产业化为导向的系统集成解决方案。"橙视+文化"通过使用由大数据技术支持的动态化、标准化管理平台,进行网格化管理、大数据考核、行政效能监管等;综合性、一站式的数字化服务平台,可以提供文化日历、文化地图、文化超市、票务活动等服务,使群众需求得到精准满足,服务效能大幅提升,助力构建现代公共文化服务体系。"橙视+直播"通过安装在手机上的移动采编App"度客",使记者随时随地都能发稿、发视频、接收市民爆料、发起网络直播甚至是卫星直播,后方编辑也能在线审稿、快速编发,为用户呈现更直观、更接地气、更有内容的新闻直播。"橙视+融媒体"将AI技术全面应用于媒体传播,以专业流媒体支撑全网分发,实时监测分析收视大数据;"橙视+大数据"通过实时监测分析收视数据(如IPTV数据分析系统,包含频道收视分析、栏目收视分析、频道数据对比等多个方面)实现对数据更好的分析和运用;"橙视+低碳"品牌"看度·绿豆芽",以简单易行的交互方式和激励手段开展"碳流通和交换"活动,在倡导"碳减排"的同时也发展了绿色经济。

(三)技术赋能产能,智能创造未来

2017年,在整个媒体生态环境下,人工智能应用已开始普及。智能化将重新塑造人、媒体、信息三者的关系,带来新的组织形式、生产方式、产品形态,媒体生态将被颠覆重构。人工智能、物联网、大数据、云计算、社会化媒体、VR/AR等各个领域的技术进步,都在让智能化媒体的发展不断提速,媒体生态也呈现出更丰富多样的内容与样貌。

2017年,新华网成立融媒体未来研究院。在即将到来的物联网时代,媒介形态会有更深刻的变化,传感是物联网基础、核心的入口,人与技术范畴内的各种功能融合而产生的生理、心理、情感数据是未来塑造媒体形态的重要出口。融媒体未来研究院目前已在生理数据挖掘与分析、情感计算、传感器新闻制作、

机器人写作等方面取得重要进展,并在新闻数据采集、电影评测、广告效果监测、交通安全提醒、教育效果评估、智能城市网络等领域开展多项应用研究,研究院目前已有多篇学术论文以高分入选重要国际学术会议,其研究已进入国际先进行列。《人民日报》也已经开始向"智能媒体"转型,最新上线的"人民日报创作大脑"集成智能写作、智媒引擎、语音转写、数据魔方和视频搜索五大功能,旨在为媒体机构和内容创作者提供通用型创作工具,以提升内容生产和分发效率。

2017年5月,江西广电与华为、电信、百视通共同发布了合力打造的视频3.0平台。视频3.0平台将在IPTV端带给观众如下优质体验:一是0卡顿、0等待、0花屏,直播的换台精确到0.5秒,视频的点播只需1秒,开机界面的呈现只需1秒;二是在用户操作上支持语音搜索,用户可使用语音识别遥控器进行多内容搜索,观看变得更加简单;三是提供画中画,带给观众沉浸式的体验;四是针对家庭不同成员,操作界面可进行多角色切换,同时平台可利用后台大数据分析提供精准推送。上海东方传媒集团有限公司(SMG)内部成立的社交音频平台阿基米德,围绕"智能化图、文、音、视内容解析,对精准用户画像的用户洞察,域外数据抓取和整合,自动运维和架构"4个技术核心,促进传统广播转型,目前全国已经有百余个省市电台签约入驻,共享1.6万档节目,内容涵盖音乐、新闻、公开课、生活等16类,吸引下载用户达4 000万,用户年发帖量超1亿。该平台已成为广播媒体融合发展的典型代表。

与中央级、省市头部媒体创新探索相伴的,是中尾部传统媒体的艰难前行。人民网研究院发布的《2017年中国媒体融合传播指数报告》显示,头部媒体与其他媒体的传播力存在明显分化,甚至存在"一九效应"。比如全国36家百强电视台在11家安卓市场上的客户端下载总量为21亿,前三名(湖南电视台、中央电视台、浙江电视台)安卓客户端累计下载量达到20亿,占比超过总量的95%。传统媒体在微博平台上的传播也呈现出明显的两极分化,各梯队主流媒体间的断崖式分化逐步显现。尽管绝大多数中尾部传统媒体的内容分发渠道布局已经全面铺开,但受限于资金、人才、技术、理念、体制等因素,改革的决心不足以支撑起中尾部主流媒体的融合升级。结合自身情况,充分利用已有核心资源破局而立,建立起适合移动互联网传播的生产流程及体制机制,是中尾部媒体的发展核心。

二、视频网站:内容精耕与产业升级

(一)大浪淘沙,精品化成为行业主流趋势

2017 年,网络影视内容生产从简陋粗制到细心打磨,从猎奇、吸睛到以品质、深度动人,发展日趋成熟。根据新传智库 2017 年 9 月公布的最新数据,2017年网络剧数量迎来井喷式增长,月度上线网络剧持续保持高位;网络大电影增速放缓,上新数量与 2016 年持平。与此同时,行业发展巨大的想象空间吸引来了众多资本和专业制作力量,并助推网络影视内容质量、口碑直线上升,与电视、电影荧幕的内容差距逐渐缩小,精品化已成为行业主流趋势,网络影视内容发展形势一片向好。

豆瓣评分 9.0、累计网播量超 50 亿的《白夜追凶》由优酷视频独家播放,2017 年 11 月,美国视频网站网飞(Netflix)获得该剧的海外发行权。口碑、流量双丰收的背后,是《白夜追凶》专业精良的制作以及对社会现实予以观照的创作能力。一方面,《白夜追凶》中的刑侦手段具有一定的专业度,整体制作水平较高,风格鲜明、节奏紧凑;另一方面,该剧八个原创罪案故事均取材于现实案件,并着力表现真实、复杂的人性。例如,通过外卖小哥的暴力犯罪来反映社会医疗救助的缺陷与底层人民的生活疾苦,以北京和颐酒店事件为原型改编创作的故事呼吁社会各界关注女性人身安全话题等。网络综艺方面,2017 年,芒果 TV推出《明星大侦探》第三季。与此前有所不同,本季节目启用全新的实景拍摄,用一个月的时间搭建了占地面积约 4 000 平方米的实体酒店场景,最大限度地还原了节目场景和探案细节,其制作诚意及用心可见一斑。国漫方面,在《西游记之大圣归来》取得票房奇迹之后,《大鱼海棠》《大护法》《小门神》表现乏力,而

以精美中国风取胜的"中国唱诗班"系列走红网络,其中的《相思》《元日》等动画短片以一唱三叹的诗意描绘与情景相生的水墨风情,打破了绘画与电影的视觉界限,从而实现了多元艺术形式的交相呼应。

(二)细分题材,垂直领域不断深耕创新

网络影视内容的兴起得益于题材的创新,"奇幻灵异""侦探推理""惊悚悬疑""热血励志""时空穿越""玄幻修真"等多元题材弥补了电视、电影荧幕内容的类型缺失,在一定程度上满足了特定人群的观看需求,为日渐饱和的传统影视市场开拓出了崭新的发展空间,且符合相应的市场发展规律,但题材分类有限这一客观因素不容忽视。因此,在经历了红海发展之后,网络影视内容生产者们放宽视野,在制作中加入更多创新性元素,由细分题材走向了垂直领域。

一方面,以《致我们单纯的小美好》《你好,旧时光》《春风十里不如你》为代表的网络剧在市场上刮起了一阵青春校园风;另一方面,以《法医秦明》《河神》《无证之罪》为代表的悬疑罪案类型网络剧同样受到了不少观众的青睐。无论是在青春题材框架中细分校园、军旅生活,还是在悬疑破案类型中细分法医、民警职业,不难发现,各类题材都越来越趋于垂直化发展。当然,除了垂直划分题材外,还要在网络剧制作中权衡好新星的优秀性价比,让新鲜血液颠覆传统套路,再加上好的故事、配上"登对"的制作,这样想要为观众所喜爱自然是水到渠成。原国家新闻出版广电总局监管中心发布的《2017网络原创节目发展分析报告(网络综艺片)》显示,2017年新上线的网络综艺有197档,播放量总计552亿次,同比增长120%。除了数量的增多,网络综艺在类型题材划分上同样也呈现出细分垂直的特点。无论是以《吐槽大会》《脱口秀大会》为代表的脱口秀类节目,以《明日之子》《中国有嘻哈》《快乐男声2017》为代表的音乐选秀类节目,以《青春旅社》《亲爱的客栈》《三个院子》为代表的民宿经营类慢综艺,还是以《萌主来了》《小手牵小狗》为代表的萌宠暖心类节目,在瓜分网络综艺市场的同时,都以全新的模式和样态受到了网民的关注,并成为大众讨论的热点话题。

(三) IP 发掘,多管齐下打造内容品牌

从 2015 年到 2017 年,IP 热已经整整持续了三个年头。网络文学唯有凭借长时间的积累和发酵,才能够通过市场的检验,才会拥有大量的原著粉。而在近三年,优秀的网络文学作品被近乎疯狂地开发。在疯狂开发背后,从业者将面临着无 IP 可创作、无 IP 可吸引观众的窘境。因此,发掘好、利用好现有 IP,将创作逻辑与商业模式有效结合,成为当下网络影视内容发展呈现出的新特征。

与超级 IP《鬼吹灯》系列相比,出版于 2013 年的小说《河神》是天下霸唱较为冷门的作品。2017 年爱奇艺出品的网络剧《河神》,对小说《河神·鬼水怪谈》的改动可谓"天翻地覆"。该剧在保留原著精华的基础上,没有采用传统的单元结构,而是选择更为影像化的表达方式,让案件与案件之间彼此独立,一层一层接近核心真相,并新加入了"小神婆"和"记者肖兰兰"两个角色。如此一来,经过改编的《河神》不仅能收获原著粉丝的好评,又以环环紧扣的神秘感吸引了更多"自来水"。除此之外,该剧虽然讲述了民国时期市井文化中的神秘内容,却在表达方式与制作上更接近悬疑推理类美剧的风格。题材的新鲜度与想象空间、立体丰富的人物关系与角色性格、高强的叙事节奏与创新水平,也使《河神》在 2017 中国泛娱乐指数盛典 ENAwards 中获得了"最佳 IP 改编影视剧"的称号。

剧 N 代、综 N 代持续创作,以放大品牌价值、延续系列热度,这也不失为 IP 开发的重要一环。良好的口碑与市场反响为精品网络剧、网络综艺聚拢了一大批粉丝,也自然为接下来的第二、三季打下了收视基础。因此,在强烈的品牌意识的驱动下,内容制作方和网络视频平台方对首播表现不俗的作品,通过季播模式进行后续开发,把"首播效应"转化为"品牌效应",趁热打铁、充分利用。无论是网络剧方面《欢乐颂》《琅琊榜》《无心法师》的"剧 N 代"模式,还是网络综艺方面《奇葩说》《爸爸去哪儿》《变形计》《火星情报局》的"综 N 代"模式,都完成了从单一 IP 到系列化开发的进化。

(四)跻身主流,网台合一成为共同选择

短短三四年,各类网络影视内容从无到有,从最开始的"野蛮生长"向注重品质的"精耕细作"转型,已经形成了一个规模庞大、充满活力的市场。无论是看用户规模还是看内容质量,网络媒体都已跻身主流,网台合一成为现实的共同选择。

就网络影视内容而言,近两年不少传统媒体的优秀电视人才相继出走,纷纷加入到网络内容生产大军之中,并用创作经验反哺网络端的内容制作,一些头部自制剧、自制网络综艺的制作水准已赶上甚至超越传统电视节目,网络影视内容生产行业整体质量越来越高,口碑也越来越好。就传统电视内容而言,在强力的政策支持下,部分电视节目充分利用并发挥网络平台的优势,受到了更多年轻人的关注和喜爱。2017 年,中央电视台《经典咏流传》节目在腾讯视频、爱奇艺、优酷等网络端同步播出,用"和诗以歌"的形式将传统诗词经典与现代流行歌曲相融合,在注重节目时代化表达的同时,深度挖掘诗词背后的内涵,讲述文化知识、阐释人文价值、解读思想观念。节目中的歌曲不仅在微博、微信等社交媒体刷屏,在各个音乐平台也全线霸榜,中华文化之美通过在线歌声传入万千人家。

在网台竞争趋于白热化的同时,影视内容不再只是平台之间的竞争,还包括排播方面的博弈。多屏编排的创新特征日趋显著。很多电视节目积极寻求触网机会,在以往台网联播的情况下,大胆尝试先网后台的新型排播方式,电视与网络之间的界限更为模糊。以《琅琊榜之风起长林》为例,该剧虽同时在北京卫视、东方卫视、爱奇艺以周播方式上线,但在网络平台中,爱奇艺付费会员可以享受提前观看一周剧集的服务;与之类似的还有《大军师司马懿之军师联盟》《轩辕剑之汉之云》《秦时丽人明月心》等。由此不难发现,网台联动已是行业必然趋势,这或许也预示着未来网络平台将在剧集播映中掌握主导权。

(五)寡头竞争,行业格局逐渐清晰

爱奇艺招股书的数据显示,其 2017 年第四季度移动日均访问用户(DAU)达1.26 亿;腾讯在 2017 年度业绩会上提及,其 2018 年 1 月移动端的日活跃用户

(DAU)达 1.37 亿;合一集团尽管未披露用户数据,但根据易观数据公布的 2018 年 2 月移动 App 排行榜可知,优酷月活跃人数紧跟腾讯视频、爱奇艺,位列第三。我国在线视频行业已形成了稳定的行业结构,BAT 格局也逐渐清晰。2017 年,优酷继续围绕"大阿里战略"发展业务,腾讯视频根据"大腾讯体系"布局,爱奇艺以"大苹果树"平台型商业生态为目标,"生态建设"成为 BAT 竞争主题。

优酷视频:2017 年 12 月,阿里大文娱联合阿里达摩院共同发布了鲸观全链路数字版权服务平台。据官方介绍,鲸观平台搭载的达摩院 iDST 人工智能技术,实现了视频智能编辑,通过对视频内容进行各个维度的分析,为其打上两万余种标签,同时利用知识图谱对标签进行多维度编目。标签关联着检索,行业闲置的海量视频资源将被重新激活,二次或多次使用变为可能,这为阿里版图新增了视频素材流通变现的模式。此外,阿里大文娱板块的影业、音乐等组成部分为优酷提供生产力、分发力和内容库;阿里妈妈助力视频营销变现,淘宝、天猫等电商的内容战略实现电商变现。阿里大文娱业务又与阿里巴巴大本营中的多个业务互联互通,商业生态打通是"大阿里战略"的核心要义。

腾讯视频:依托腾讯 10 亿级的用户体量和社交网络体系,联动腾讯旗下文学平台(阅文集团)、直播体系(NOW 直播和企鹅直播等)、游戏(《王者荣耀》等)、支付平台(微信支付),使各种产品相互协作、价值互补。此外,腾讯视频同时采用"自制""引入版权"两种方式,在电影、动漫、纪录片等多元化内容方面综合发力,构建更完整的内容生态体系。腾讯公司副总裁孙忠怀在 2017 年 V 视界大会上表示,腾讯视频 2017 年在自制内容上的投入是 2016 年的 8 倍,旨在全力推进互联网优质内容的生产,打磨符合用户需求的精品。

爱奇艺:与腾讯、优酷不同,爱奇艺经过多年发展,逐步建立起独立、完整的视频生态和娱乐生态,以版权获取、模式搭建、IP 战略、科技推动为抓手,独立夯实内容分发能力和"一鱼多吃"的货币化矩阵。① 2017 年,爱奇艺深入贯彻"开放生态"战略,文学生态、网络大电影生态全面接入其开放平台,内容生产者可

---

① 爱奇艺上市,底气在哪儿? [EB/OL].(2018-03-30)[2018-05-08].http://news.hexun.com/2018-03-30/192741602.html.

以以爱奇艺账号为接入载体,登录爱奇艺开放平台,获取多维度的透明数据和用户画像,这有助于保证内容的品质;同时,合作方还可以获得版权收入和广告、会员收入,一点接入、多点分成。爱奇艺正从内容创意生产、售卖的传统模式向"赋能—生产—分发—多维变现"生态型商业模式转变。

哔哩哔哩:相比拥有广泛用户群的爱奇艺、腾讯视频和优酷,哔哩哔哩凭借动漫、游戏相关视频起步,在巨头围剿之下,以二次元文化俘获了一群年轻用户,现阶段已发展为包含视频、游戏、直播、社区等服务的综合性内容平台。2018年3月,哔哩哔哩在美国纳斯达克交易所挂牌上市。根据哔哩哔哩的招股书,其月度活跃用户数为7 180万,用户日均使用时长为76.3分钟,用户中90后和00后占比81.7%,12个月后用户留存率(正式会员)为79%。高时长、高留存率作为两大核心指标体现出了哔哩哔哩社区强大的用户黏性。哔哩哔哩坚定地将自身与中国新一代用户进行绑定,将"丰富年轻一代中国人的文化生活"作为企业使命。招股书公布内容显示,哔哩哔哩在2018年将重点围绕四方面实现企业战略:继续向用户提供满足个性化需求的优质内容,持续提升用户体验,进一步加强平台的技术和基础设施建设,探索商业化模式。

三、网络直播:平台竞合与场景突围

在政策监督加强、社会需求趋向理性的大环境下,当前我国网络直播行业增速放缓,趋向稳定健康发展。截至2017年底,我国网络直播应用的用户规模达到4.22亿,在网络娱乐应用中以年增长率22.6%[1]连续两年居于首位。从2016年的爆发式增长,到2017年的市场调整期,再到2018年初"直播+答题"新风口出现并随监管政策的加强而集体"哑火",网络直播行业逐渐从"野蛮生长"走向"规范有序",进行着大浪淘沙般的兴替演进。

---

[1] 中国互联网络信息中心.第41次《中国互联网络发展状况统计报告》(全文)[EB/OL].(2018-01-31)[2018-05-08].http://www.cac.gov.cn/2018-01/31/c_1122347026.htm.

（一）行业增速放缓，场景热点仍不断涌现

最初的直播用户带有鲜明的"尝新"色彩，经过"移动直播元年"的爆发期，用户对直播的新鲜感逐步淡化，"猎奇"带来的用户红利正在消失，优质内容的需求显著增长。截至 2017 年底，我国网络直播行业用户总规模同比增长率仅约为往年同期的三分之一。其中，游戏直播用户规模达到 2.24 亿，较 2016 年底增加 7 756 万，占网民总体的 29.0%；真人秀直播用户规模达到 2.2 亿，较 2016 年底增加 7 522 万，占网民总体的 28.5%。①

网络直播的用户规模及其在网民中的整体占比还曾于 2017 年上半年出现下降，根据中国互联网络信息中心发布的第 40 次《中国互联网络发展状况统计报告》，截至 2017 年 6 月，网络直播用户共 3.43 亿，占网民总体的 45.6%。而截至 2016 年 12 月，网络直播用户规模达到 3.44 亿，占网民总体的 47.1%。②

直播行业在 2017 年下半年逆势高速上扬的发展态势与直播企业在应用场景方面的不断探索息息相关，数个细分场景热点在下半年出现。直播平台从最初的秀场，逐步拓展到线下游戏、电商、社交、企业应用等领域。在经过泛娱乐的喧嚣之后，单一的秀场模式增长乏力，行业向垂直领域发展。

2017 年 8 月，俗称"吃鸡"的游戏（《绝地求生》）③成为爆款。直播平台迅速跟进，相关游戏主播人气显著提升，而主播宣传又使游戏得到进一步推广，游戏与直播的产业链共振效应凸显。2017 年 9 月，由直播和物联网衍生出的"线上抓娃娃"游戏吸引大批玩家。玩家可以通过手机远程控制直播视频中的抓手，在抓到 2 个或更多娃娃后，用户可以在线申请"包邮送货"，这拓展了直播行业"人"与"物"实时相连的想象空间。直播巨头欢聚时代（YY）也在 2017 年 9

① 中国互联网络信息中心.第 41 次《中国互联网络发展状况统计报告》（全文）［EB/OL］.（2018-01-31）［2018-05-08］.http://www.cac.gov.cn/2018-01/31/c_1122347026.htm.
② 中国互联网络信息中心.第 39 次《中国互联网络发展状况统计报告》（全文）［EB/OL］.（2017-01-22）［2018-05-08］.http://www.cac.gov.cn/2017-01/22/c_1120352022.htm.
③ 由于该游戏系统会在玩家获得第一后，发送祝贺词"大吉大利，晚上吃鸡！"，所以这款游戏也被玩家们戏称为"吃鸡"游戏。

月增加"欢乐抓娃娃"游戏功能,迄今为止,在线抓娃娃 App 已超过 30 个。

2018 年初,"直播答题"作为一种新的应用场景,凭借奖金福利和强互动性,吸引了大量观众。此前,在益智类全民竞答游戏 App"冲顶大会"于 2017 年末上线后,今日头条旗下的西瓜视频的"百万英雄"、映客的"芝士超人"、奇虎 360 旗下花椒直播的"百万赢家"等竞答类 App 被相继推出,蜂拥而至的用户带来了激增的流量和广告变现商机。2018 年 1 月 9 日,"百万赢家"与美团达成奖金合作并且宣布:直播答题在短短一月内实现了广告变现。

以企业端为服务对象的企业直播也获得了资本垂青。在 2017 年,多家企业直播平台获得融资,其中,占据企业直播 73.0%市场份额的微吼直播获得了 2 亿元融资。企业直播应用场景覆盖金融、教育、峰会、培训、政务、医疗等多领域,既可以成为服务民众的便利途径,也可满足企业精准营销的需求。企业直播平台 PAAS[①] 趋势明显。

(二)投资环境趋向理性,马太效应显著

新技术降低了网民个体使用网络的成本,创造了平等、自由、民主化的网络使用环境。资本愿意追捧那些门槛低、需求量大、规则不成形、有更大的期待视野和想象空间的网络应用。这使得资本涌向网络应用,其意在促成一种新的消费方式和生活方式。[②] 在资本的亢奋期,网络直播的火热体现的是资本的逻辑;到了资本的冷静期,行业回归商业逻辑本身;最后,只有那些有资本支撑、有盈利模式、有专业运营和可持续发展前景的少数平台得以存活。截至 2017 年末,全国共有 200 多家公司开展或从事网络表演(直播)业务,较 2016 年减少近百家。

在直播行业爆发式增长的 2016 年,大量资本进入直播市场,当年全国共有

---

① PAAS(Platform-As-A-Service 的缩写,平台即服务),是把应用服务的运行和开发环境作为一种服务来提供的商业模式。
② 钟大年.解读作为媒介的网络视频直播[M]//王晓红,曹晚红.中国网络视频年度案例研究 2017.北京:中国传媒大学出版社,2017.

31 家网络直播公司完成 36 起融资,涉及总金额达 108.32 亿元。随着直播行业发展趋于稳定,投资环境也趋向理性。2017 年,网络直播行业发生了 17 起融资并购,涉及 16 家直播平台和上百亿元融资金额。这两年,直播行业资本进入量未见降低,但大额融资并购交易减少,融资门槛相对提高,资本向头部集中(花椒直播、熊猫 TV 的融资额度都在 10 亿元量级,快手融资为 22 亿多元)。从上市企业的直播服务来看,各大直播平台的业务营收仍然在高速增长。根据各网络直播平台 2017 年第三季度财报数据,陌陌当季度的直播业务营收同比增长178.6%;欢聚时代当季度的直播业务营收同比增长 60.4%。①

当下,中尾部直播平台面临资金断裂困境,加之国家监管趋严、末位淘汰加剧,部分中小型直播平台开始转型或退场,而资本"加持"下的头部直播平台凭借优质资源,延续着蓬勃发展趋势。总之,"强者愈强"的马太效应显著。

(三)内容价值回归,探索多元发展

社交化倾向、网红式驱动和陪伴式体验是网络直播在发展初期表现出的显著特征,"人人可为、事事可播"使得各式各样的草根"网红"井喷式增长,大量同质化、低俗化的内容随之出现。在经历了最初的"野蛮生长"后,网络直播行业开始重新审视直播的内涵,内容价值开始回归。

从 2017 年初开始,《人民日报》、新华社、央视等媒体在春运、两会、十九大等重要事件报道中,大量采用移动直播的方式,同时,与秒拍、腾讯直播等平台开展全方位的深入合作。传统媒体的加入,在一定程度上填补了直播领域 PGC(Professional Generated Content,即专业生产内容)空白。各大直播平台也普遍表现出在价值观展示、内容导向方面与主流媒体接轨的意愿。

主播是平台内容的重要组成部分。伴随行业发展,为草根主播提供快速培训协助的主播经纪(公会家族+经纪公司)大量出现,大量 UGC(User Generated Content,即用户原创内容)转化为具有一定专业水准的 PUGC(Professional User

---

① 中国互联网络信息中心.第 41 次《中国互联网络发展状况统计报告》(全文)[EB/OL].(2018-01-31)[2018-05-08].http://www.cac.gov.cn/2018-01/31/c_1122347026.htm.

Generated Content,专业人士生产内容),主播产出内容质量提升。2017年各大平台造星活动频繁,例如,花椒直播与戛纳电影节共同开启"直播戛纳"比赛、一直播开展"谁是明日之星"计划、腾讯 NOW 直播推出"双十亿"生态扶持计划等。通过造星计划,打造优质主播、进行原创扶持,进而为平台增加优质内容、提高用户留存率,几乎是各直播平台打造优质内容生态都会采用的重要举措。

直播的强时效性、强互动性与短视频的高时空灵活度、高内容可塑性可以形成良好的互补关系。短视频平台可以作为直播平台吸睛、增强用户黏性的阵地,而直播平台的内容通过录制和二次传播可以进入短视频平台的内容库。目前,短视频平台积极融合直播业务,直播平台努力打通短视频、直播和社交领域,覆盖多端口的视频内容全产业链也在逐步形成。2017年,多家直播平台进军短视频市场。5月,泛娱乐内容平台全民直播宣布与百度视频签署合作协议,开展"直播+短视频"领域的全面战略合作。百度视频凭借用户流量、大数据分析以及品牌推广等优势资源和技术,助力全民直播跨界直播、综艺、PGC 短视频等领域。双方将推行"全民直播强大内容输出"与"百度视频巨额流量引入"的全新模式,着力构建共赢生态。9月,花椒直播宣布进军短视频和视频交友领域,并发布了最新的 6.0 版本,添加了 MV 短视频功能,同时宣布将投入 1 亿元签约短视频达人并为优质内容提供额外补贴。新上线的 MV 短视频功能鼓励用户制作短视频并配上不同的音乐来展示自己、分享自己的生活。10月,游戏内容类平台斗鱼直播的游戏短视频功能上线,最新版斗鱼 App 将把短视频模块单独集成在斗鱼移动端的首页,采用"信息流+分类精选推荐"的展示方式和"与直播深度结合"的播放器设计,有机融合直播和短视频,方便用户按需观看视频内容。

(四)商业模式多元,海外市场寻找新蓝海

流量变现一直是困扰互联网企业的难题,也正是这种不确定性,给了资本创造未来的预期。当下,除了传统的打赏分成与流量广告,广告植入、付费订阅、游戏分销、会员特权、内容分发等五种商业模式已被广泛应用。得益于新的

营销手段和互联网大时代背景下用户视频付费意识的养成,直播平台变现能力逐步增强。

当下,国内直播市场的热潮辐射欧美以及中东、东南亚的新兴市场,腾讯VOOV、猎豹 Live. me、映客 MEME 等多家移动直播市场巨头相继在海外推出移动直播产品,东南亚成为国内直播大战的第二战场。相比国内资本市场的"冷静",海外直播平台成为众多投资人眼中的热投项目。2017 年以来,由中国公司推出的海外直播平台频获融资。公开资料显示,2017 年 3 月,欢聚时代所推出的 Bigo Live 宣布获得 C 轮融资,估值超过 4 亿美元;直播软件 Kitty Live 完成 A 轮2 100万美元融资;5 月,猎豹移动旗下的 Live.me 获6 000万美元 A 轮融资;11 月,Live.me 再获今日头条5 000万美元 B 轮投资。但受东南亚等新兴市场还不够成熟的移动网络环境及线上支付条件限制,海外市场发展还面临诸多考验。

(五)技术不断升级,推动多类直播应用出现

网络直播的出现源于技术进步。建立在互联网技术逻辑基础上的网络直播,还原了双向对等、即时反馈、全面直接的人际互动情景。从技术发展逻辑来看,未来网络直播必定会从物理、生理、心理等多重层面,更逼真地还原人际互动情景,增加"面对面"感知的丰富性;更便捷地满足人们的使用需求,使跨时空连接更具多样性。[①]

2016 年 12 月 30 日,王菲"幻乐一场"上海演唱会举行。为了给不在现场的人们提供"身临其境"的观看体验,演唱会引入 VR 直播这个体验渠道,首次尝试了 VR 内容付费观看的模式。此次演唱会 VR 直播收取 30 元的"门票",付费观众达到 8.8 万人,这部分"门票"收入达到 264 万元。从王菲演唱会到一线卫视的跨年晚会,VR 视频和网络直播的结合,使 VR 直播成为行业的亮点。2017年,六间房孵化的 And2girls 安菟女团成为国内首个通过真人动捕实现网络直播实时互动的媒体偶像女团。采用虚拟现实技术及表情捕捉技术深度集成、优化

---

① 王晓红.网络视频:超越"观看"的新形态[J].青年记者,2018(3):74-75.

真人动作,能够实时且准确地映射、驱动人形结构和面部表情运动,使虚拟偶像满足直播、全息演唱会等的需求。

此外,面对海量内容,精准分发技术也在直播中发挥着越来越核心的作用。精准分发涉及平台指标(日活、新增、留存、启动次数、用户使用时长等)、创作者指标[发布量、视频时长、播放量、点击率、播放完成度、内容质量(题材、标题、封面)等]和内容指标[点击率、播放次数、时长、完成度、互动率(点赞、评论、分享)、负向反馈(举报、不喜欢)等]。通过对这三部分指标的深度数据分析开展内容的主题化聚合与场景化分发,以满足不同层次、不同需求的用户。随着场景的日渐细分化和精准营销的需要的增加,支持海量数据精准分发的大数据技术仍是当下各平台升级基础技术的主要发力点之一。

四、短视频:风口竞速与生产迭代

据工信部数据,过去 3 年我国 4G 网络覆盖情况大幅度改善,2017 年底 4G 网络用户总数超过 10 亿。智能手机和 4G 网络普及,打破了视频消费的时间和空间限制,大量的碎片化时间可以被利用,短视频作为"杀时间"的利器在 2017 年迎来飞跃式发展。截至 2017 年 12 月,短视频独立 App 行业用户已经突破 4.1 亿人,较去年同期增长 116.5%;短视频使用时长占移动互联网总使用时长的5.5%,是去年同期数据的 4.23 倍。[①] 从独立 App 到电商产品展示,再到平台社交,短视频向互联网各个领域蔓延。

(一) 资本涌入,平台横纵向深入发展

短视频时长短,创作门槛低,普通用户也可参与制作,平台内容成本和带宽成本较低。短视频还具有强社交属性和互动性,用户在碎片时间里即可以消费、传播和分享,因此其在用户流量获取、用户黏性和商业变现上都有较好的表现。

---

① QuestMobile 2017 年中国移动互联网年度报告[EB/OL].(2018−01−17)[2018−02−05].http://www.questmobile.com.cn/blog/blog_127.html.

2017年,大量资本涌入短视频行业,短视频应用市场规模超过57亿,同比增长184%。资本的助推,大大提升了行业的发展速度和竞争水准。QuestMobile数据显示,2017年3月至2018年3月,MAU(即Monthly Active Users,月活跃用户)大于10万的App数量增加了10个,4个App的MAU突破亿级大关,成为第一阵营。猎豹数据显示,2017年短视频App前20名当中,有6个App的用户日均在线时长突破1个小时,已经超过了头部视频App的用户在线时长。各类短视频平台在定位和玩法上不断探索创新、转型,推动了整个行业的成熟。

从横向发展来看,短视频平台以用户体验为先,不断丰富、优化功能和内容布局。今日头条旗下音乐创意短视频社交应用抖音于2016年9月上线,用户可以通过背景音乐选择、动作编排和特效加工等简便操作,创作15秒短视频。抖音围绕音乐短视频社区定位,以音乐为中心进行社区内容布局,形成平台特色,并通过大量线上活动,引导用户进行内容生产,保持用户黏性。2017年8月,抖音日均视频播放量达到10亿。

从纵向发展来看,短视频平台不断拓展上下游业务,从内容的生产、分发到变现,构建生态闭环,优化内容供给端,提高用户端平台黏性和商业价值。美拍以打造"女性最爱的潮流短视频社区"为战略目标,内容生产端通过建设"美拍大学"并与MCN合作,助力平台达人的养成和引进;内容流通端通过规划内容频道社区和各类主题活动,助力短视频流通传播;内容变现端"边买边看"产品功能将商品和用户结合,"美拍M计划"搭建达人与广告主之间的桥梁,助力内容创作者获得更大的业务体量。

(二)内容赋能,行业领域垂直价值凸显

真正支撑处在行业风口的短视频向上发展的势能依然来自内容。2017年,大量专业机构涌入短视频领域,内容创业逐步走进"深水区"。粗鄙内容正在退却,优质内容依然稀缺。各大平台纷纷出台亿元级补贴计划,鼓励更多优质内容的生产。传统媒体优秀人才不断涌入短视频行业,内容的数量和质量都呈现出快速发展的态势。此外,PGC内容创作机构和头部网红纷纷转型MCN模式,帮助内容创作者降低生产成本、洞察平台用户需求,为创作者价值变现打开更多通路。2017年资讯短视频平台梨视频在行业红海中脱颖而出,凭借的就是其完善的内容生态和优质的内容。其成熟的拍客网络生态由300万名公众拍客组成,既覆盖拍摄经验丰富的各类媒体、自媒体、MCN机构,又覆盖全世界30 000名专业拍客。内容优势,成为梨视频在短视频风口的竞争保障。

此外,搞笑、幽默及娱乐类短视频内容趋于同质化,专注于美妆、美食、生活方式等垂直领域的优质内容的稀缺价值正在凸显。2016年,秒拍平台上除"娱乐明星、新闻现场、纯搞笑"内容之外的视频只贡献了不到20%的流量①,而到了2017年,这一比例提高到了60%。越来越多的短视频创作者开始尝试制作垂直内容,并在传统的美食、萌宠等垂直领域的基础之上加入其他元素以寻求创新,比如美食+职场(@办公室小野)、视效+萌宠(@猫男 AaronsAnimals)、电影+美食(@一餐范)等。短视频垂直领域也因其"用户与内容的高适配性、需求与引导的高效性"成为资本和平台竞相追逐的新战场。2017年4月,阿里文娱推出20亿"大鱼计划","大鱼奖金"每月将奖励2 000名垂直品类优秀内容创作者,每个人每个月最高可获得1万元。美拍于2017年4月推出垂直榜单,旨在更好地巩固美拍达人定位和垂直领域影响力。大鱼号推出"垂直领域意见领袖榜",细分"娱乐、汽车、科技、体育、历史、动漫、搞笑、旅游、美食、时尚、财经、军事、母婴"等垂直领域。此外,在"细分内容+小众群体精准分发"的大趋势下,大数据和机器学习技术被各大平台重视并加以应用,从而可以有针对性地根据用户兴趣进行个性化视频内容推送。目前,垂直类短视频行业间流量占比极不均衡,诸多垂直领域尚未出现头部内容,市场潜力巨大,仍有大量的"蓝海空间"。

(三)商业探索,从流量变现到产品付费

目前,短视频还处于流量累积阶段,商业变现能力尚显不足,变现方式主要有广告、电商和用户付费三种。在已知的几种变现模式中,广告依然是最主要

---

① 秒拍:2016短视频内容生态白皮书[EB/OL].(2017-01-05)[2017-10-15].http://www.360doc.com/content/17/0105/22/224530_620380090.shtml.

的变现渠道,无论是植入广告、贴片广告还是信息流广告,短视频的广告营销都在不断升级。尤其是基于算法分发的精准信息流成长迅速,贴片广告与用户体验的博弈仍在进行。电商作为 MCN 常用的变现方式,对短视频内容垂直度、流量、粉丝数等要求较高,时尚、美妆、美食等领域的短视频转化率较高。用户付费方式有打赏、平台会员制付费、内容产品付费三种:用户打赏严重依赖粉丝效应,互动程度更高的直播更容易激发粉丝打赏行为;会员付费模式目前在拥有稳定优质内容生态的综合视频平台比较常见;内容产品付费更适用于知识类垂直领域内容。所以用户付费作为平台流量变现的重要途径,在短视频领域还没有取得阶段性进展,但是未来垂直内容付费将是短视频行业商业变现的重要突破口。

(四)商品短视频全面爆发,增长迅速

2017 年商品短视频数量飞速增长,短视频成为电商产品销售的重要辅助元素。商品短视频指具备电商导购属性的短视频内容,以展示商品外观、商品功能为主要目的,满足消费者对商品更深层次和更感性的了解诉求,强化商品的社交传播属性。[①]

京东用户体验设计部联合京东数据研究院首次发布的《2017 年京东商品短视频数据研究报告》显示,2017 年下半年商品短视频进入高速增长阶段。截至2017 年 12 月,京东商品短视频数量较同年 4 月增长近 216 倍。短视频碎片化、短平快的表现形式受到年轻用户的青睐,京东商城已有超过 50%的活跃用户为商品短视频用户,其中 26—35 岁用户占比 43.1%。

短视频场景化、多元化、有张力的特点对刺激购买有着天然优势,京东大数据显示,商品添加短视频后页面停留时长平均增加 36.3 秒,优质视频可提升18%的加购转化率,并提升 47%的商品页分享概率。未来,短视频在电商领域仍有广阔的发展空间,打通内容与消费行为之间的壁垒,将短视频内容与电商

---

① 京东用户体验设计部,京东数据研究院.2017 年京东商品短视频数据研究报告[EB/OL].(2018-01-23)[2018-04-09].http://b2b.toocle.com/detail--6434206.html.

紧密结合将成为提升用户体验与刺激购买的重点方向。随着对用户价值的深入挖掘,电商领域的短视频营销将更具想象力,2018 年,短视频在电商领域的覆盖率与用户数量也必将快速增长。

五、政策监管:力度加码与规范管理

(一)网生内容台网对标强化落实

2016 年 11 月国家新闻出版广电总局(简称广电总局)出台了《关于进一步加强网络原创视听节目规划建设和管理的通知》,其中明确了坚持网上视听内容与电视播出内容管理标准一致的核心思路。2017 年,网络视听内容生产领域的监管基本延续了这一通知的相关内容和要求,"线上线下同一标准"的核心思路得到了进一步的强化和落实。2017 年 6 月 30 日,中国网络视听节目服务协会发布了《网络视听节目内容审核通则》,对网络视听节目内容审核的原则、要求、标准等进行了规定,为网络视听原创内容的生产创作划清了底线、明确了导向。

在营造清朗网络空间的整体要求和"线上线下同一标准"的思路下,2017 年,网络影视内容市场迎来趋严的政策监管。一方面,包括《余罪》《我的室友是狐仙》等在内的多部热播网络剧因内容存在违规问题而遭到下架整改处理;另一方面,由于不具备《广播电视节目制作经营许可证》或许可证无法在广电总局"网络剧、微电影等网络视听节目信息备案系统"中查询到等,一大批网络大电影和网络剧先后下架。据统计,仅 2017 年前 10 个月,广电总局就会同各部门处理了 200 多部违规的网络原创节目。除此之外,广电总局还联合五部委下发《关于支持电视剧繁荣发展若干政策的通知》,提出"按照媒体融合的总体思路,对电视剧、网络剧实行同一标准进行管理",政府对网生内容加强监管的趋势还在继续和强化。

一系列政策法规的出台和实施,既与行业本身发展建立了紧密的联动关系,又为网络影视内容创作和传播提供了更明确的指导和规范。伴随着监管力度的进一步加大,内容尺度和生产标准也将进一步明确。

(二)直播平台治理初显成效

在我国,网络直播大致经历了三个发展阶段,即秀场直播的起步阶段(2005—2013 年)、游戏直播的拓展阶段(2014—2015 年)、全民直播的繁荣阶段(2016 年至今)。网络直播为视频文化带来了勃勃生机,也导致了种种乱象。

2016 年 12 月 1 日,国家网信办出台了《互联网直播服务管理规定》,提出"主播实名制登记""黑名单制度"等措施,剑指直播行业乱象,为网络直播行业划定了底线。此后,直播监管力度加大,国家网信办、文化部等多部门针对低俗内容直播的治理行动陆续展开。根据监管部门的公开数据统计,截至 2018 年 2月,共有超 70 家直播平台、累计90 000余个直播间被关停,近40 000个违规主播账号被封禁,百余家网络表演平台受到行政处罚。

针对 2018 年初火爆的直播答题,2018 年 2 月广电总局发出通知,从内容、资质、审核、主持人、营销五个方面,对网络视听直播答题活动加强了管理,同时约谈了 17 家视听网站代表,严肃指出了导向偏差和违规问题。网络直播的实时性、隐蔽性虽增加了管理难度,但也增强了监管常态化的决心。由此,网络直播行业风貌得到明显改善。

随着政策趋严,直播平台的自查自监系统也不断得到完善。调研结果显示①:在用户管理方面,各平台普遍采用"实名认证+用户信用体系+黑名单管理"的方法,从用户准入到信用积累,实现全程化监管;在直播内容审核方面,行业内部通行"机器审核+人工审核"模式,即机器初筛后,再进行人工初审、复审和巡查。机器审核方式包括关键字识别、语音图像识别等,而人工审核环节通常由"超管"(房间管理员)对主播直播内容进行检查。小直播平台管理员一般有 20 至 30 人,大平台多至千人。在信息安全方面,各大直播平台通常与阿里

---

① 根据作者对一直播、快手、映客等直播平台管理人员的深度访谈结果整理。

云、腾讯云等进行合作,防止流量攻击、病毒入侵,建立安全报警机制并且定期进行渗透测试。

(三) 版权问题仍是整治重点

2017 年 7 月 25 日,国家版权局、国家网信办、工信部和公安部在京联合召开"剑网 2017"专项行动通气会,宣布启动"剑网 2017"专项行动,突出整治影视和新闻两类作品的侵权盗版行为,集中整治电子商务平台、App 两个平台的版权秩序。2017 年 7 月 12 日,AcFun、哔哩哔哩大量影视内容遭到下架,版权问题是此次 AcFun、哔哩哔哩影视作品集体下架的一个重要原因。

结　语

在过去的五年里,中国网络视频用户规模从 3.49 亿增加到 5.65 亿,增长了 61%;手机视频用户规模从 1.3 亿增加到 5.25 亿,增长了 3 倍;在线视频市场规模从 2012 年的约 90 亿元增长到 2017 年的 952 亿元,增长了 958%;网络视频付费用户从几十万人增加到近亿人,是增速最快的文化消费领域之一。网络视听节目已成为社会主义文艺的重要力量,网络视听服务平台已成为人民群众文化信息消费的重要平台,网络视听产业已成为实施创新驱动战略、培育新经济的重要引擎。展望 2018,5G 时代将真正帮助整个社会构建"万物互联",视听传播和消费都将迎来新的爆发点,整合了音频、视频、文字、图片等多元信息的沉浸式、全息化、智能化信息消费,将成为媒体新的演进方向。

〔王晓红,中国传媒大学新闻传播学部教授,博士生导师;王芯蕊,中国传媒大学新闻传播学部博士研究生〕

2017 年网络视听政策:新闻管理空前 台网对标加强

罗姣姣

摘要:2017 年,包括新闻信息服务、内容生产传播、平台、版权等领域在内的网络视听监管持续强化。《网络新闻信息服务管理规定》正式发布,对网络上新闻信息传播领域的管理力度空前加大,多家网媒平台因新闻报道违规受到处罚;"线上线下统一标准"成为网络视听内容生产传播的核心思路,2017 年对网络视听内容生产传播领域的监管主要围绕这一思路展开,中国网络视听节目服务协会发布了《网络视听节目内容审核通则》,多部门对大量低俗内容进行了清理;直播平台在 2017 年得到了进一步规范,国家网信办开展互联网直播服务企业备案工作,多部门对直播平台和内容等进行强力监管;版权问题依旧是 2017 年网络视听管理的一个重要维度,包括"2017 剑网行动"等在内的管理措施对违规版权内容进行了强力清理。

关键词:网络视听政策法规;互联网新闻信息服务;网络视听内容审核;网络直播;网络影视版权

2017 年,网络视听传播领域的监管力度进一步加大,网络视听平台被纳入主流化的监管范畴当中。监管的范围、方式方法、力度都得到了进一步的强化,规范化成为管理的核心。

可以看到,2017 年网络视听管理政策的主要内容和方向呈现出四个显著的特征:首先,对网络新闻信息传播领域的管理力度空前加大,网络视听新媒体作为党的声音的重要传播阵地的地位得到确立,多家网络媒体平台在 2017 年因违规进行新闻报道和新闻内容的传播而受到处罚。国家网信办在 2017 年发布了《互联网新闻信息服务管理规定》及其实施细则,对互联网新闻信息的传播主体、传播内容和相关管理内容进行了规定,明确了互联网新闻信息服务和传播的相关管理问题,跟帖评论服务也被纳入新闻信息服务传播领域而成为被监管的对象。

其次,2017年,"线上线下统一标准"这一网络视听内容生产的监管思路得到了明确,并且应用于网络视听内容管理的各个领域。2017年6月30日,中国网络视听节目服务协会审议通过的《网络视听节目内容审核通则》,对网络视听领域的内容创作底线和要求进行了明确,其确定的一个重要参照系就是广播电视等传统媒体的内容生产和审核标准。在2017年,多部门大力和持续地清理了网络低俗内容,营造出清朗的网络传播空间。同时,与电视平台一样,网络视听领域的医药广告也受到了限制。

再次,网络直播平台在2017年得到了进一步规范,文化部、全国扫黄打非办对直播平台加强监管;国家网信办开展互联网直播服务企业备案工作,对直播的监管力度有增无减。

最后,2017年,版权问题依旧被强力治理,四部门联合发起"剑网2017"行动,治理包括影视内容在内的版权问题,大量违规影视内容被清理。

可以看到,对网络视听内容的政策监管,涉及平台、内容生产、新闻信息服务以及版权问题等,是对以往政策的持续落实。同时,更加规范化的管理方法也在这一年出台,将网络视听内容纳入主流监管体系已成为事实。

一、网络新闻信息传播管理力度加大

2017年,网络视听传播中管理和调控力度较大的一个领域便是网络新闻信息的传播,网络视听新媒体的新闻传播被严格纳入互联网新闻信息服务管理的规范当中,网络视听新媒体作为传播党的声音的重要阵地的地位得到确立。在此背景之下,网络视听新媒体的新闻信息服务受到严格把控和管理,多个相关主体因违规而受到处罚,而更加细化的《互联网新闻信息服务许可管理实施细则》也在这一年被推出,明确了提供网络新闻信息服务的主体、准入机制和禁止条款,网络新闻信息领域的管理力度加大,管理方法得到明确和落实。

(一)网络视听新媒体成为传播党的声音的重要阵地

网络视听新媒体的主流化之路在近两年不断明确,这种趋势在 2017 年得到进一步强化。网络视听新媒体被纳入相关部门的监管之下,管理标准和方法对标传统主流媒体。

2017 年 11 月 30 日,在第五届中国网络视听大会的开幕式演讲中,国家新闻出版广电总局(简称广电总局)党组成员、副局长田进在总结过去五年网络视听行业发展状态时指出:"网络视听新媒体成为传播党的声音的重要阵地,已经成为发展过程中的一个突出的特征。"

2017 年,在重大主题宣传中,网络视听新媒体与传统主流媒体相辅相成、同频共振,作用日益凸显。围绕迎接宣传贯彻党的十九大精神,视听节目网站纷纷开辟专区、专栏,制作专题节目、推出原创作品,形成了网上迎接宣传十九大的热潮。十九大开幕当天,重点视听节目网站转播十九大开幕实况的节目总播放量达 2.18 亿,总访问人数 1.25 亿;IPTV 集成播控总平台总播放量 5 945 万,访问人数 3 695 万。[①]

对新闻信息传播领域加强管理,是网络视听媒体的主流化的一个重要的表征。网络视听新媒体成为传播党的声音的重要阵地,对其新闻信息传播的管理得到进一步强化和明确是一件顺理成章的事情。

(二)多家网络媒体平台因违规新闻报道受到处罚

2017 年,对于网络视频平台来说,是否具备传播资质是一个的重要关口。此前已经颁布实施的《互联网新闻信息服务管理规定》《互联网视听节目服务管

---

① 田进.深入学习贯彻党的十九大精神、奋力开创新时代中国网络视听新局面[Z].第五届中国网络视听大会主旨演讲,2017.

理规定》等的相关条款规定,在互联网上传播新闻信息的平台和主体需要取得相关资质,这些条款定还对传播主体和传播范围进行了严格的规范。对于很多网络平台来说,是否具备新闻信息传播资质已经成为门槛和关键。而且,随着监管力度的加大,打擦边球和钻监管漏洞将变得不可能。

2017年,多家网络平台因违规提供新闻信息服务而受到强有力的管理和处罚,相关管理部门对违规提供新闻信息服务的平台可以说是零容忍,网络新闻信息服务成为互联网传播受到管理和调控最为严格的一个领域。

1.梨视频违规提供时政新闻服务被要求全面整改

2017年2月4日,北京网信办发布消息称:"北京市网信办、市公安局、市文化市场行政执法总队责令梨视频进行全面整改。"文中称,根据群众举报,北京市网信办、市公安局、市文化市场行政执法总队赴梨视频开展联合执法检查。

经过调查,"由北京微然网络科技有限公司运营的梨视频在未取得互联网新闻信息服务资质、互联网视听节目服务资质的情况下,通过开设原创栏目、自行采编视频、收集用户上传内容等方式大量发布所谓'独家'时政类视听新闻信息。而依据《互联网新闻信息服务管理规定》《互联网视听节目服务管理规定》等相关法律法规,网站上述行为属擅自从事互联网新闻信息服务、互联网视听节目服务且情节严重。对此,北京市网信办、市公安局、市文化市场行政执法总队责令梨视频立即停止违法违规行为,进行全面整改"①。

可以看到,此次梨视频被要求整改的主要原因是未取得互联网新闻信息服务资质,擅自开设原创栏目、采编和收集用户上传内容、发布独家时政类视听新闻信息,这已经严重违反了与互联网新闻信息服务等有关的管理规定,上线四个月的梨视频在没有取得相关资质的情况下已经无法维持原有的商业模式。

2017年2月10日,梨视频创始人邱兵发布声明,公布了梨视频未来的转型方向,即从关注时政及突发新闻转变为专注于年轻人的生活、思想、感情等方

---

① 北京市网信办、市公安局、市文化市场行政执法总队责令梨视频进行全面整改[EB/OL].(2017-02-04)[2018-01-12].http://china.zjol.com.cn/gnxw/201702/t20170204_3029817.shtml.

面,用讲故事的方式传递中国声音。在政策管理之下,梨视频紧急转型,从关注时政和突发新闻转向生活情感,成为 2017 年网络视听行业发展过程中的一个标志性事件。

2.凤凰网"两会"报道违规,相关栏目被要求暂停整改

2017 年 3 月 4 日,北京市网信办发布消息称,约谈凤凰网总编辑邹明,针对该网在"两会"报道中的严重违法违规行为提出严厉批评,依法要求《凤凰财经》《风直播》等子栏目暂停更新并限期整改。而此次违规的原因是,在全国"两会"的新闻报道中,《凤凰财经》《风直播》相关人员持网站标志牌,擅自以新闻单位名义和新闻记者身份开展新闻采访活动,未经许可擅自转载外电。这些行为已严重违反《互联网新闻信息服务管理规定》和《互联网直播服务管理规定》,且网站违规行为严重,影响十分恶劣。此外,北京网信办还称,凤凰网存在炒作低俗庸俗信息和严重的"标题党"行为。北京网信办除责令凤凰网对相关栏目进行暂停整改外,还将依法启动行政执法程序予以查处。

《互联网新闻信息服务管理规定》第十六条规定,未取得资质的网站"不得登载自行采编的新闻信息",而《互联网直播服务管理规定》第五条规定,"互联网直播服务提供者提供互联网新闻信息服务的,应当依法取得互联网新闻信息服务资质"。从中可以看到,凤凰网被要求整改,主要是因为违反了上述相关规定。

事实上,在 2017 年"两会"开始之前,北京网信办就对各大商业门户网站进行了检查,对腾讯、新浪、搜狐、网易、凤凰等网站在提供互联网新闻信息服务中存在的违规采编行为提出严厉批评,并依法责令网站整改。持证和具有资质成为互联网新闻信息服务的基准线。

3.广电总局责令腾讯网视听节目深入整改

2017 年 5 月 20 日,广电总局官方网站发布新闻称,"总局责令腾讯网视听节目深入整改",主要问题包括"传播自采自制的时政社会类视听节目、直播新闻节目""大量播放低俗节目""腾讯微信公众号、移动客户端播放视听节目管理中存在各种问题"。文中称,由于腾讯公司违反国家多项规定,曾四次约谈公司负责人,责令其全面整改,并依法对其违规行为进行处罚。而此次处罚整改期间,管理部门暂停受理其部分引进相关节目的申请。按照广电总局的要求,广东省新闻出版广电局对腾讯公司依法实施了责令整改、罚款等行政处罚。

从中可以看到,此次针对腾讯公司的处罚力度还是比较大的,而违规的一个重要原因就是传播自采自制的时政社会类视听节目和直播新闻节目,这条红线不容践踏。根据《互联网视听节目服务管理规定》,从事广播电台、电视台形态服务和时政类视听新闻服务的,除符合互联网视听节目服务的基本规定外,还应当持有广播电视播出机构许可证或互联网新闻信息服务许可证。而《互联网视听节目服务业务分类目录》将互联网视听节目服务分为四类,其中有包括时政类新闻节目等在内的第一类视听节目服务,目前这类许可证还没有对包括腾讯等在内的商业网站发放。这类平台只能转载广电媒体等新闻单位的时政类视听节目,而没有自采自制此类节目的权限。

4.广电总局要求新浪微博、AcFun 等网站关停视听节目服务

2017 年 6 月 22 日,广电总局发布消息称,针对新浪微博、AcFun、凤凰网等网站在不具备《信息网络传播视听节目许可证》的情况下提供视听节目服务,并且大量播放不符合国家规定的时政类视听节目和宣扬负面言论的社会评论性节目,责成其属地管理部门按照《互联网视听节目服务管理规定》(广电总局、信息产业部第 56 号令)的有关规定,采取有效措施关停上述网站的视听节目服务,并要求其进行全面整改,为广大网民营造一个更加清朗的网络空间。

从中可以看到,此次整改主要是针对网站无证提供视听节目服务的问题,无证、无资质提供时政和社会类节目服务变得再无可能,而此次处罚力度也相当大,以新浪微博、AcFun、凤凰网等为代表的网站受到关停整改的处罚,显示出广电总局在解决这类问题上的决心和力度。

(三)国家网信办发布《互联网新闻信息服务管理规定》与实施细则

2017 年 5 月 2 日,国家网信办公布了《互联网新闻信息服务管理规定》,此

规定自 2017 年 6 月 1 日起实施,它的出台是为了进一步加强网络空间法治建设,促进互联网新闻信息服务健康有序发展。

规定分总则、许可、运行、监督检查、法律责任和附则六章,共二十九条,对互联网新闻信息服务许可管理、网信管理体制、互联网新闻信息服务提供者主体责任等做出了规定。

其中,第二章明确提出:"通过互联网站、应用程序、论坛、博客、微博客、公众账号、即时通信工具、网络直播等形式向社会公众提供互联网新闻信息服务,应当取得互联网新闻信息服务许可,禁止未经许可或超越许可范围开展互联网新闻信息服务活动。"同时,该规定对申请互联网新闻信息服务许可的主体提出了六项具体的必备条件,并明确表示,申请互联网新闻信息采编发布服务许可的,应当是新闻单位(含其控股的单位)或新闻宣传部门主管的单位。提供互联网新闻信息服务,还应当依法到电信主管部门办理互联网信息服务许可或备案手续。

该规定明确表示:"任何组织不得设立中外合资经营、中外合作经营和外资经营的互联网新闻信息服务单位。"与境内外中外合资经营、中外合作经营和外资经营的企业开展涉及互联网新闻信息服务业务的,应当上报国家互联网信息办公室进行安全评估。《互联网新闻信息服务许可证》有效期为三年。有效期届满,需继续从事互联网新闻信息服务活动的,应当于有效期届满三十日前申请续办。

同时,该规定对互联网新闻信息服务的具体运作做出了一系列的规定:互联网新闻信息服务提供者应当设置总编辑,对互联网新闻信息内容负总责;互联网新闻信息服务提供者应当健全信息发布审核、公共信息巡查、应急处置等信息安全管理制度,具有安全可控的技术保障措施;互联网新闻信息服务提供者为用户提供互联网新闻信息传播平台服务,应当按照《中华人民共和国网络安全法》的规定,要求用户提供真实身份信息;互联网新闻信息服务提供者转载新闻信息,应当转载中央新闻单位或省、自治区、直辖市直属新闻单位等国家规定范围内的单位发布的新闻信息,注明新闻信息来源、原作者、原标题、编辑真实姓名等,不得歪曲、篡改标题原意和新闻信息内容,并保证新闻信息来源可追溯。

与此同时,国家网信办也在 2017 年 5 月 22 日公布了《互联网新闻信息服务许可管理实施细则》,该细则自当年 6 月 1 日起实施,配合《互联网新闻信息服务管理规定》施行,是对《互联网新闻信息服务管理规定》的管理方法和手段的细化。

(四)跟帖评论服务也被纳入监管

2017 年 8 月 25 日,国家网信办发布《互联网跟帖评论服务管理规定》,该规定自 2017 年 10 月 1 日起施行。规定共十三条,对互联网跟帖评论服务管理的主体责任、问题、投诉和举报责任、相关法律制度等进行了明确。

其中规定,网站应负主体责任,政府行政管理部门要加强监管。一是要落实实名制,二是要建立用户信息保护制度,三是建立先审后发制度,四是加强弹幕管理,五是建立信息安全管理制度,六是要有技术保障措施,七是加强队伍建设,八是配合有关主管部门依法开展监督检查工作。

可以看到,互联网评论跟帖服务已经被纳入主管部门的监管之下。作为信息传播的一部分,评论跟帖服务被强势监管,从信息保护到审核制度再到技术保障和队伍建设,有了系统化的管理规定和方法。

综上可知,2017 年网络视听管理的一个重要领域就是新闻信息的服务和传播,国家相关部门加强了对这一领域的监管力度,并进一步明确了相关的管理办法,对相关违规行为进行了处罚,网络视听新媒体的主流化地位得到确认和强化。

二、"线上线下统一标准"进一步强化落实

从 2016 年开始,对于网络视听原创内容的管理就在逐渐落实"线上线下统一标准"的原则。2016 年 11 月广电总局出台了《关于进一步加强网络原创视听节目规划建设和管理的通知》,其中明确了坚持网上视听内容与电视播出内

容管理标准一致的核心思路,从事前、事中、事后各个环节加强对网络视听节目的引导和管理:事前要求重点节目主动备案,特殊题材提前征求意见;事中主要是加强沟通交流,视频网站在审核时可以及时跟管理部门沟通,可以邀请相关领域的专家把关;事后进一步加强管理,加强对节目内容的监管,加大对重大违规和屡改屡犯问题的管理力度。

2017年,网络视听内容生产领域的监管基本延续了这一通知的相关内容和要求,"线上线下统一标准"的核心思路得到了进一步的强化和落实,相关部门出台了网络视听节目的内容审核通则,对网络视听内容的生产进行指导,同时对低俗网络视听内容进行持续的整治和清理,电视平台的一些管理措施开始在网络平台实施。

(一)《网络视听节目内容审核通则》发布,线上线下统一标准是核心

2017年6月30日,中国网络视听节目服务协会发布了《网络视听节目内容审核通则》(以下简称《通则》),对网络视听节目的内容审核的原则、要求、标准等进行了规定。《通则》内容较为详尽和具体,对网络视听节目审核的相关问题进行了盘点和梳理,以期更好地指导相关主体进行内容生产。

《通则》尽管是由行业服务协会发布的行业准则,但是在广电总局的指导下制定和发布的,而且从具体内容上来看,基本上延续了"线上线下统一标准""网络视听内容与电视播出内容管理标准一致"的原则和思路。

《通则》对网络视听节目内容审核原则进行了规定,要求网络视听服务相关单位要坚持先审后播的原则和审核到位的原则。同时,《通则》也对网络视听内容的导向问题进行了规定,要求网络视听内容创作要坚持以人民为中心的创作导向;坚持以社会主义核心价值观为引领;坚持以现实题材为主;大力弘扬中国优秀传统文化;弘扬真善美,传播正能量;努力讲好中国故事,弘扬中国精神,凝聚中国力量;坚持把社会效益放在首位;牢固树立精品意识,下大力气提升品质,提高原创能力。

同时,《通则》对网络视听节目内容的审核标准进行了明确具体的规定。其

中要求"互联网视听节目服务相关单位要坚持正确的政治导向、价值导向和审美导向",并对禁止网络视听节目制作和播出的内容进行了具体的规定,包括:危害国家统一、主权和领土完整,宣扬恐怖主义、极端主义的;诋毁民族优秀文化传统,煽动民族仇恨、民族歧视,侵害民族风俗习惯的;煽动破坏国家宗教政策,宣扬宗教狂热,危害宗教和睦,伤害信教公民宗教感情的;危害社会公德,扰乱社会秩序,破坏社会稳定,宣扬淫秽、赌博、吸毒、渲染暴力、恐怖等的;侵害未成年人合法权益或者损害未成年人身心健康的;侮辱、诽谤他人或者散布他人隐私,侵害他人合法权益的。此外还包括了法律、行政法规禁止的其他内容。

《通则》对需审核的网络视听节目的具体内容和情节进行了规定,含有相关情节的应该予以删除,而问题严重的,整个节目不得播出,包括:(1)不符合国情和社会制度,有损国家形象,危害国家统一和社会稳定。此项规定中明确了9条具体的情节和规则。(2)有损民族团结。此项规定中具体明确了4项内容。(3)违背国家宗教政策。此项规定中具体明确了5项内容。(4)宣扬封建迷信,违背科学精神。此项规定中具体明确了2项内容。(5)渲染恐怖暴力,展示丑恶甚至可能诱发犯罪的行为。此项规定中具体明确了8项内容。(6)渲染淫秽色情和庸俗低级趣味。此项规定中具体明确了9项内容。(7)侮辱或者诽谤他人。此项规定中具体明确了2项内容。(8)歪曲、贬低民族优秀文化传统。此项规定中具体明确了5项内容。(9)危害社会公德,对未成年人造成不良影响。此项规定中具体明确了7项内容。(10)法律、法规和国家规定禁止的其他内容。此项规定中具体明确了9项内容。

《通则》还对节目中涉及的价值观,对主持人、嘉宾、评委、选手的选择,未成年人和明星参与节目的情况等进行把控,同时要求严肃认真对待节目细节,对网络视听节目的文字使用、名称使用、书写要求等进行了规定。

综观整个《通则》,其主要是对目前网络视听内容创作过程中的一些突出问题进行了规定,与目前通用于广播、电视等传统主流平台的审核原则基本保持一致,为网络视听原创内容的生产创作划清了底线、明了方向。

(二) 低俗网络视听内容得到持续清理

在营造清朗网络空间的整体要求和"线上线下统一标准"的思路下,网络视听领域的管理不断得到加强,而持续对网络低俗内容进行清理是 2017 年网络视听领域管理的一项重要工作。

据统计,仅 2017 年前 10 个月,广电总局就会同各部门处理了 200 多档违规的网络原创节目。田进在第五届网络视听大会主旨演讲中指出,下一步,广电总局将继续坚持一手抓发展、一手抓管理,坚持网上网下同一标准、同一尺度,实施科学、严格、高效管理,进一步加强广播电视节目网络传播管理,"凡被新闻出版广电行政部门通报或处理过的节目,不得在网络上继续传播。审核未通过、不得在广播电视台播出的节目,同样不得在网络上传播"[①];进一步规范对网络传播影视剧的管理,"对电视剧、网络剧实行同一标准进行管理","未取得新闻出版广电部门颁发的许可证的影视剧一律不得上网播放";进一步加强网上引进节目管理,真正做到守土有责、守土负责、守土尽责。

2017 年,确实有多部网络剧、网络大电影和网络综艺遭到下架或者整改处理,有不少节目涉及低俗内容。仅 2017 年 6 月份,就有 40 余部网络大电影遭到下架,其中包括《二龙湖浩哥》全系列、《我的室友是狐仙》、《打狼之我命由己》、《篦街的鬼》等热门网络大电影。网络视频平台也加大了审核力度,有更多的网络大电影出于"价值观""尺度""封建迷信"等原因无法上线。

实际上,从 2017 年初开始,包括爱奇艺、乐视、搜狐在内的视频网站纷纷出台了各种审片政策,净化网络大电影环境。

在 2017 年初举办的中广联合会电视制片委员会年度大会上,国家新闻出版广电总局网络视听节目管理司司长罗建辉指出,目前网络视听节目仍然存在着较为突出的问题,其中包括跟风模仿、蹭 IP 的现象;对于部分题材把关能力不足,主题导向背离主流价值观;较多的节目存在"三俗"内容,节目素材管理不

---

① 19 条政策通知! 看 2018 广电、网信政策管理走向[EB/OL].(2017-12-25)[2018-02-11].http://wemedia.ifeng.com/42482978/wemedia.shtml.

善等。低俗内容被清理和整治将成为持续管理的常态和重中之重。

2017年6月7日,"网信北京"发布消息称,北京市网信办依法约谈微博、今日头条、腾讯、一点资讯、优酷、网易、百度等网站,责令网站切实履行主体责任,采取有效措施遏制渲染演艺明星绯闻隐私、炒作明星炫富享乐、煽动低俗媚俗之风等问题,随后这些网站均关停了违规账号。当日,"中国第一狗仔卓伟""名侦探赵五儿""全明星探"等一大批微博八卦账号相继被封,微博官方发布《关于关闭炒作低俗追星账号的公告》,对存在严重的编造传播谣言、诋毁他人名誉问题的19个低俗追星账号予以关闭。

对低俗内容的清理从视频网站延伸到微博等社交和媒体平台,而从此次的关停风波可以看出,整治的力度不可谓不大。

(三)网络视听领域医药广告也被限

2017年8月,广电总局办公厅下发的《关于加强网络视听节目领域涉医药广告管理的通知》指出,为防止在网络视听节目中出现类似电视医药广告的问题,提出两点指导要求:

(1)各省局要组织辖区内视听节目网站对本网站与医药产品宣传推介相关的广告和视听节目做一次全面梳理,凡是存在上述违规问题、使用虚假医药代言人误导消费者的,要立即清理。

(2)各互联网视听节目服务单位要担负起主体责任,严格遵守广告管理相关法律法规,对广告和带有广告性质的视听节目,特别是涉及医药产品的广告和节目,严格审核,坚决抵制虚假违法违规广告,切实维护人民群众的切身利益。

这是继广电总局对电视医药广告进行大力度查处之后,对网络视听领域医药广告进行的一次规范和管理,主要起到了预警和防范的作用。该通知除了要求对目前存在问题的医药广告进行处理外,还要求各大平台担负起责任,严格把关和审核。

关于网络平台和电视平台统一标准,医药广告领域内的管理就是有力的证明,而这种管理趋势还在继续和强化。

综上,无论是从网络视听内容具体审核标准的确立,对低俗内容的持续清理,还是对相关领域的监督和管理,线上线下统一标准、电视不能播的网络也不能播,成为总体思路和核心,并且不断得到落实和强化。

三、直播平台管理进一步规范

对直播的监管是 2016 年网络视听领域的关键现象,这一现象在 2017 年也得到了延续,持证、备案、清理低俗内容,成为监管的重中之重。将直播持续纳入规范化管理体系当中,是 2017 年网络视听领域政策监管的一个重要组成部分。

(一) 文化部与全国扫黄打非办公室对直播平台加强监管

2017 年 5 月 24 日,文化部和全国扫黄打非办公室分别发布公告,总结了一段时间以来针对网络直播内容的查处成效。公告显示,文化部严管严查网络表演经营单位,开展了集中执法检查和专项清理整治,关停 10 家网络表演平台,行政处罚 48 家网络表演经营单位,关闭直播间 30 235 间,整改直播间 3 382 间,处理表演者 31 371 人次,解约表演者 547 人。①

文化部表示,前期主要是以淫秽色情低俗、侵害未成年人身心健康、赌博暴力、封建迷信等禁止内容为检查重点,对 50 家主要网络表演经营单位开展"全身体检"式执法检查。同时,将进一步加强网络表演市场监管,严管网络表演平台,严查网络表演禁止内容,查处关停违规网络表演平台。督查督办网络表演市场重大案件,涉及淫秽表演的,移送公安机关追究刑事责任;违规情节严重的,依法吊销许可证、关停平台、督促其停业整顿。

在同一天,全国扫黄打非办公室也发文表示,"净网 2017"专项行动将打击直播平台的传播淫秽色情信息行为作为 2017 年的重点任务,集中开展违法违

---

① 文化部严管网络表演市场,严查关停违规直播平台[EB/OL].(2017-05-24)[2017-12-15].http://www.mcprc.gov.cn/whzx/whyw/201705/t20170524_684768.htm.

规网络直播平台专项整治。截至2017年5月20日,除北京、江苏等地处罚并关闭"夜魅社区""微笑直播"等一批"涉黄"直播平台外,广东、浙江、山东、福建等地对"LOLO""馒头""老虎""蜜直播"等10多个传播淫秽色情信息的网络直播平台进行了刑事立案侦查。

(二)国家网信办开展互联网直播服务企业备案工作

2017年7月12日,国家网信办发文称,为进一步治理网络直播乱象,加强对网络直播平台的规范管理,加大对违法违规行为的处置力度,全国互联网直播服务企业自7月15日起,须到属地互联网信息办公室进行登记备案。至此,网络直播服务企业被纳入规范管理的系统当中。

此次通知规定,备案主体包括提供互联网新闻信息转载服务、传播平台服务的互联网直播服务企业(包括开办直播栏目或频道的商业网站新闻客户端),以及提供其他类型的互联网直播服务的企业。而取得互联网新闻信息采编发布服务许可的中央(地方)新闻单位(含其控股的单位)主管主办的相关业务平台不在此次备案之列。

相关消息显示,截至2017年7月,国家网信办依法查处关闭的直播平台有73家。网信部门督促各主要直播平台落实主体责任,加强自查自纠,累计封禁38 179个违规主播账号,将1 879名严重违规主播纳入永久封禁黑名单,关闭91 443个直播间,清理120 221个用户账号,删除5 000余万条有害弹幕评论。①

从文化部到扫黄打非办公室再到国家网信办,对网络直播平台及其内容的监管,是2017年的一项重要任务和工作。随着对相关违规行为进行有力度的查处,直播平台的管理进入常态化和系统化,并且呈现出多部门协同管理的态势,这种监管加强的趋势还将继续。

---

① 国家网信办开展互联网直播服务企业备案工作[EB/OL].(2017-07-12)[2017-12-15].http://www.cac.gov.cn/2017-07/12/c_1121305080.htm.

四、版权问题依旧被强力治理

版权问题一直是互联网领域整治的重点。2017年,相关部门对互联网领域的版权问题进行了重点整治,其中也包括对网络影视内容的版权管理。

(一)四部门联合发起"剑网2017"专项行动

2017年7月25日,国家版权局、国家网信办、工信部和公安部在京联合召开"剑网2017"专项行动通气会,宣布启动"剑网2017"专项行动。此次专项行动的宗旨是维护良好的网络版权秩序,以版权保护促进舆论环境净化;工作目标则是重点整治影视和新闻两类作品的侵权盗版行为,集中整治电子商务平台、App两个平台的版权秩序;工作内容是开展影视、新闻等重点作品版权专项整治,开展App领域版权专项整治和开展电子商务平台版权专项整治。

"剑网行动"从2005年开展以来,一直将影视作品版权保护作为工作重点予以推进。此次"剑网行动"就是针对目前网络传播领域存在的问题进行的一次专项整治。

(二)AcFun、哔哩哔哩大量影视内容被下架

2017年7月12日,AcFun(简称A站)、哔哩哔哩(简称B站)大量影视内容被下架。B站的日剧、英剧、泰剧、印度剧、挪威剧及部分海外电影、综艺节目、纪录片等都被下架,同时,包括《我的团长我的团》、李少红版《红楼梦》在内的部分国产剧也被下架,而A站的电影、电视剧内容被彻底清空。

有分析显示,版权问题可能是此次A站、B站影视作品集体下架的一个重要原因,一直依靠"UP主"自发上传内容的A站、B站的很多内容并没有取得版权方的授权,尽管两家视频网站在内容版权领域的采购力度加大,但其大量海外资源的版权仍处于灰色地带。而广电总局一直对境外剧的引进播出有严格

的限令,对境外引进剧的管理遵循"数量限制、内容要求、先审后播、统一登记"四个原则,此次 A 站、B 站境外剧的大量下架与此规定也有一定关系。而 A 站被清空,与其未取得《信息网络传播视听节目许可证》也有关系。

〔罗姣姣,清华大学博士后;微信公众号"看电视"创始人〕

2017年网络动画产业：产业新浪潮 文化新语态

吴炜华　高胤丰

摘要：网络动画，是指以数字技术为基础，以网络为发行载体，具有鲜明网络文化特征的动画作品。中国网络动画在政策与资本的双重支持下，生机焕发并快速发展。本文从网络动画市场、文化定位、文化自信、艺术实践等角度，回顾了2017年度"互联网+动漫"产业模式下，中国网络动画产业呈现出的产业新浪潮和文化新语态。

关键词：网络动画；文化产业；产业革新

一、前言

中国网络动画，作为一种网络视听文化现象，萌生于20世纪90年代末闪客动画的原创潮流之中，经过艰难发展，推动了第一波草根原创、具有鲜明青年文化特质和非主流动画语言风格的视听文化类型的出现。在之后的十年中，得益于视频分享网站、网络门户网站纷纷设立少儿频道与动画频道，大量的传统动画电影与动画电视作品被搬上网络，日美动画也通过字幕组的辛勤"搬运"占据了中国网络动画的灰色收视地带，以动画电影、动画系列剧为代表的第二波网络动画的趋势得以形成。第三波网络动画的趋势，因弹幕网站尤其是 A 站（AcFun）与 B 站（哔哩哔哩）所引起的"鬼畜"、弹幕风潮，正版日韩动画的引进以及原创动漫产业的兴起而成型。诚如黑格尔所言，"艺术的种类不是随便确立的，它产生于一定的社会和历史动态的具体规定性之中，并表现特定社会历史阶段的本质特征"①,网络动画已经逐渐衍生出独特的艺术品格和文化特征,拓展了中国传统动画的学术理论、创作领域和传播渠道。尤其是近年来,由数字媒体技术驱动的动漫创意产业蓬勃发展,"互联网+动漫"的产业模式获得了自上而下的政策引导与自下而上的创投资本的双重支持,网络动画更是生机焕发,形成了独特的产业市场。

网络动画,是指以数字技术为基础,以网络为发行载体,具有鲜明网络文化特征的动画作品。早期的网络动画受限于带宽,多以色彩单调、线条简单的Flash样态呈现,不足以形成大范围流行趋势。伴随硬件设备的升级及互联网的普及,个人或商业单位制作的高质量作品开始涌现,国外的优质动画也在国内迅速传播,并收获特定的受众群体。近年来,随着互联网及移动互联网的发展,网络动画在内容制作、平台搭建等方面获得自上而下的国家政策与自下而上的创投资金的大力支持,已成为中国青少年网络用户日常娱乐消费的主要对象之一。

21世纪以降,网络动画彰显出超越传统动画艺术与影视类型界定的一种跨文本、超媒体的文化特性。相较于传统动画,网络动画多以专业公司和工作室为创作族群,其作品多具有"相对"免费观看、自由点阅、实验性质等特点,在形式与主题上都有较高的自由度与多样的延展性。网络动画的草根原创性,"二次元"特征,较儿童文化更偏重青年文化的特点,叙事话语的复调性与形式的自我衍生性、变异性极为明显;作为新生的视听文化文本,网络动画更是凸显了极强的亚文化性。"网络在传统动漫以形象为先导的大生态系统中,对动漫亚文化的构成要素进行技术创作和创建,历史性地改写了青年亚文化的特质"②。

互联网开放共赢的文化定位影响了新时代网络视听创作者与观众的内容创作取向与价值理念,创作者们试图用多元、奇特、新潮的形式来超越传统的中国动画范式。网络动画就是这代人进入社会后进行自我表达的创新实践。他

---

① 黑格尔.美学[M].北京:商务印书馆,1979:95.
② 谭雪芳.虚拟异托邦:关于新媒体动漫、网络传播和青年亚文化的研究[M].桂林:广西师范大学出版社,2016:214.

们利用戏仿、拼贴、挪用、嘲讽等艺术创作手段,结合网络文学、网络漫画重构图像秩序,创建独特的仪式化符号,改变着受众的审美趣味及审美范式。"二次元"族群的概念及所指范围不断扩大,动画正在突破"次元壁",以全新的网络视听文本的身份重新进入主流市场。

二、网络动画市场格局初现

近年来,我国网络动画的目标受众逐渐向青年,甚至是中年人群转移。在国家政策的支持引导下,各大互联网公司开启了"大文娱""泛娱乐"等计划,将网络动画、漫画作为重点扶持产业及用户黏性增长点,网络动画市场被彻底打开。2017 年,网络动画行业呈现出作品数量增多、影响力增强、渗透率提高的高速发展态势。

(一)政策推动,构建原创网络动画的创用生态体系

在政策方面,政府重视扶持动漫产业的政策,持续营造适合中国动画产业发展的环境。国家"十三五"规划制定了动漫发展的总体思路、目标和任务。2017 年,文化部发布了《关于推动数字文化产业创新发展的指导意见》及《文化部"十三五"时期文化产业发展规划》,强调要将动漫产业作为数字文化产业重点,推动动漫产业提质升级,推进产业生态、产业内容、产业人才的培育。对于符合认定要求的动漫企业,国家也提供了减税等优惠政策。

此外,国家加强版权保护力度,重视和规范版权问题,"倡导创新文化,强化知识产权创造、保护、运用",为动画产业保驾护航。2017 年 7 月 12 日,A 站、B站下架大量作品,清理无版权视频,并要求"UP 主"实名上传视频,更好地推进行业生态建设。

(二)平台竞争,创造网络动画市场的分层营销模式

网络动画的发展带动了 A 站、B 站等动画专门网站的优化升级。这些网站

既购买国内外动漫作品的版权,也接收用户生产或专业团队生产的动漫内容,从而实现动漫内容的集成,尝试打造符合幼儿、儿童、青少年以及成年人收视倾向的分层营销模式,并且通过弹幕等独特的观看模式,垂直化深耕以网络动画为核心的新型网络社交模式。

除了专业的网络动画网站,各大综合型互联网企业也将网络动画作为与电影、电视剧、真人秀平行的重要板块,开始抢购国内外优质动画内容的代理版权,扶持优质原创动画内容的制作与上线,尝试将儿童频道与动画频道分开,以试验网络动画的分层营销理念。各大平台的争相布局,加速了传统动画行业向互联网过渡的进程,使得网络动画在数量上及质量上都有了显著提升。

电视动画市场的潜力被重新挖掘。因电视台对于动画作品的审核较为严格,过去鲜有网络动画与电视台合作。2017 年,优质的网络动画开始反哺电视,打破了既有的电视向网络输出的格局。《龙心战纪》《神明之胄》在上海炫动卡通哈哈少儿频道播出,成为网络动画占据电视荧屏的成功范例。

(三)跨界运营,建构 IP 品牌拓展之路

与影视剧相同,网络动画也进入了"IP 为王"的黄金时代。资金雄厚的视频网站通过对现有的 IP 进行改编,树立 IP 品牌,迅速获取数量庞大的用户。例如 2017 年上半年,腾讯视频先后推出了两部由网络小说改编的网络动画作品;《斗破苍穹》《全职高手》《斗罗大陆》等多部 IP 动画以季播形式登陆视频网站,一经上线就成为现象级作品,带来了可观的流量及较好的口碑。这些作品都以近 10 亿的播放量完美收官。"网文+动画"的组合,是全网泛娱乐产业链开发的重要一环,填补了市场的空白,也为国产动画提供了一个开阔的发展空间。

具有原创内容生产能力的网络动画制作公司,也在网络动画市场中脱颖而出。柏言映画推出的 3D 原创动画《少年锦衣卫》,凭借精良的三维制作技术及丝丝入扣的叙事,迅速获得了各界关注和广泛认可,成为可被拓展的 IP 作品;北京若森数字科技有限公司在 2017 年继续发挥《画江湖》系列的品牌效力,推出新作;"有妖气"也将同名漫画改编作品《十万个冷笑话 2》大电影推向了

大众。

　　塑造动画品牌,是建构超强 IP 矩阵的重要前提。深入挖掘品牌 IP 价值,进行资源整合,以形成游戏、动漫、影视、文学等多方联动的泛娱乐生态闭环,有利于扩大 IP 影响力、提高 IP 变现能力、实现 IP 长线运营。品牌化的运作模式,更增强了其针对性、专业性等特点,使得动画的头部效应大大提升,有利于实现全行业的拓展。例如,《全职高手》和麦当劳餐厅进行全方位的合作,在动画中进行品牌植入及产品露出,在线下打造主题店面、推出主题套餐;《狐妖小红娘》与《奇迹暖暖》《天涯明月刀》等游戏合作;因《王者荣耀》而出现的《峡谷重案组》等作品获得成功,实现了游戏与动画的互利共赢。

三、网络动画的文化发声与重新定位

(一) 青年动画语态重塑,去低幼化趋势显现

　　过去,我国动画市场的定位呈现过度低龄化、低幼化的状态,动画作品内容简单、剧情单一、形式老套、人物单薄。另外,很多动画作品并不具备审美娱乐的功能,而是以教育为诉求进行创作的,以成人为目标受众的动画在中国动画市场中长期缺席。

　　互联网用户年龄的整体增长,使动漫用户群从原来的低幼儿童向较为年长的少年、青年,甚至中年移动和拓展。[①] 特别是在我国青少年和成人的观看需求长期以来未能得到满足的情况下,《十万个冷笑话》《西游记之大圣归来》《大鱼海棠》等面向全年龄段受众的作品引爆了成人参与的狂欢。2017 年,由于网络动画的强势发力,我国动画产业已有近七成的市场由非低龄动画作品主导,逐渐与日本、美国等动漫产业大国的动画市场受众分层比例接轨。

　　2017 年暑期《大护法》的上映,更是中国动画电影成人化探索进程中的标

---

① 孙平.互联网生态下的"动漫出版"之变[J].出版发行研究,2017(12):43-47.

志性事件。这部电影彻底剥离了过去观众对动画"低幼化""儿童化""小红小蓝动物化"的刻板印象,远远超出了人们对当代本土动画电影的习惯认知,并开创了国产院线动画电影分级制度的先河:浓烈的色彩下隐藏的是对人性的丑陋、黑暗的批评和思考;荒诞的笑料包裹着抽象的隐喻与诡谲;暴力、血腥等元素贯穿始终,凸显着风格鲜明的暴力美学的张力。

(二)新媒体技术传播力抢眼,艺术动画、另类动画语态更新

新媒体技术的更新迭代,为艺术动画的语态更新和内容表现带来了全新的可能。虚拟现实与增强现实技术的崛起、流行,不断超越观众的想象,特别是动画作品超现实的观感,为观众带来沉浸式的视听盛宴。如何将数字技术、视听语言与交互体验相结合,引导用户进入人造虚拟空间,成为国内外影视公司正在努力解决的问题。灯塔工作室在 2017 年 9 月推出 VR 交互动画短片《拾梦老人》,从传统动画制作向 VR 动画过渡,寻找新的故事讲述模式。作品上线 24 小时后,微博话题"拾梦老人"讨论量近 700 万。

另外,随着影视特效的进步,观众对技术的审美及应用也提出了特殊的要求。画风精良、刻画细腻、仿真度高直接与动画作品的质量挂钩,倒逼动画制作公司运用新媒体科技,尝试全新的传播模式和市场布局,更新网络动画的创制理念。《斗罗大陆》虽在"跨界中国风"上做足了文章,以虚拟引擎构建游戏模块,场景、物品设计美轮美奂,画质优良,但行动细节、人物表情优化却乏善可陈,很是遗憾。

(三)创投资本持币以待,网络动画发展两极化明显

网络动画市场需求量提升、行业快速发展、国家集中出台鼓励政策为动漫产业吸引了大量资本。"在规模经济和范围经济的作用下,实力强的动漫企业开始频频采取收购、兼并、注资、参股、控股等手段整合行业优质资源,从而拓展

产业价值链条,增强自身市场竞争力。"①然而,网络动画行业中制作公司的发展在 2017 年却呈现两极态势。

2017 年 2 月,获得过三轮融资的动画聚合播放平台布丁动画发布了动画服务下线公告,不再向用户开放动画视频播放功能;2017 年 6 月,A 站宣布正式商业化,并将自身定位为"先锋的亚文化垂直社区",然而因管理层混乱、融资不畅等问题,网站短暂关停,直到阿里巴巴宣布控股 A 站。

与 A 站相反,B 站在 2018 年 3 月向美国证券交易委员会提交了招股说明书,计划在纽交所挂牌交易,预计融资金额 4 亿美元,商业模式与变现渠道日渐明晰,活跃用户量稳步增长。

然而,我国还有许多网络动漫企业仍然在行业中徘徊,没能找到适合自身的长期发展规划与目标,形成切实可行的盈利模式,而需要靠外部资本的注入维持生计。外部环境一旦发生变化,便可能对其造成严重影响。

四、网络动画重塑艺术品格与文化自信

网络动画要想进入主流网络文化市场和动漫市场,将自己打造成全新的视听文化类型,不仅需要依托中国文化、坚定文化自信,更需要重新定位网络时代的艺术品格、开辟独特的发展道路、推动社会主义网络视听文化的繁荣兴盛。只有这样,网络动画作品创作与传播才能展现文化自觉,紧贴现实,讲好中国故事,体现时代精神与民族精神。

(一)搭建国产原创内容平台

2015 年《西游记之大圣归来》的成功,回应了民众对于国产原创动画作品的呼唤。近几年来,国产动画行业不负众望,不断突破,推出了许多质量上乘的原创作品,逐渐形成了发展体系与脉络。

---

① 孙平.互联网生态下的"动漫出版"之变[J].出版发行研究,2017(12):43-47.

2017 年 3 月,B 站将国产动画从旧的平台中分离出来,单独设立了"国创"专区,专区内包含国产动画、国产原创相关视频、布袋戏、资讯等栏目。数据显示,截止到 2017 年 12 月 1 日,国产原创动画播放量累计达到 4.4 亿,超过同期境外动画作品总播放量。① 同时,B 站对发展势头正旺的国产原创动画进行了深度布局。

(二)奏响主旋律作品

国产网络原创动画不仅仅要注重娱乐效果,更要注重文化内涵及民族特色,弘扬主旋律、传播正能量。原创作品《那年那兔那些事儿》以动画形式描述了中国近现代历史上的重大事件及军事科技发展,以有趣又不失严肃的方式表现了爱国主义情怀。该作品在推出后获得了《人民日报》、新华社、共青团中央官方微博等的推荐,感动了许多青少年观众,成为现象级作品。

在 2018 年春节前夕,B 站推出了颇具规模和仪式感的"拜年祭",并推出了一部主旋律作品《乒乓帝国》,它被观众称为"2018B 站'拜年祭'最精彩的节目"。国球与国力,个人命运与集体荣耀,作者通过乒乓球将主旋律融入作品之中,用体育竞技调动观众的情感;不断出现的红旗、红球拍等意象在黑白的画面中极为抢眼,点燃了观众的爱国之情,获得了观众的高度认可。

(三)"引进来"与"走出去"战略初探

日本、韩国、美国等国家的动漫产业起步较早,已形成了成熟的动画制作体系与动画技术,而我国动画产业正处于高速发展时期,市场需求与创作水平无法完美匹配。因此,向国外寻求合作,进行交流与学习,有利于提升国产动画的创作能力,为我国动画产业发展注入新的活力。《一人之下》第二季就采取了多国合作制:中方主导项目,与日本、韩国等国家或地区的动画团队进行深入合

---

① B 站 COO 李旎:全流量支持国创动画[EB/OL].(2017-12-01)[2018-01-23].http://tech.hexun.com/2017-12-01/191834211.html.

作,最终创作出了这部优质的网络动画作品。

随着我国原创动画制作水平的提高与成熟,国家开始积极推动优秀的动画作品走出国门,在世界上打造自身的品牌名片。腾讯动漫不断探索和开拓日本市场,输出了《狐妖小红娘》《灵契》等作品。其中,《狐妖小红娘》于2017年7月1日起在日本东京都会电视台播放,颇受日本观众的好评,在日本社交网络上引起了热议。此外,动画电影《大世界》获得第67届柏林国际电影节金熊奖最佳影片提名;《大鱼海棠》获得第15届布达佩斯国际动画电影节最佳动画长片奖。

(四)对传统文化的继承与创新

政府机构等官方部门开始采用动画这一人民群众喜闻乐见的形式进行宣传推广,特别是将动画与传统文化相融合,在动画作品中注入民族文化内涵。这就需要创作者对传统文化有深入的认识,在全球文化语境中不忘初心,使中国风成为青少年观众的新审美。

《中国唱诗班》为上海嘉定区委宣传部投资出品的系列原创公益动画片,讲述嘉定名人雅士的历史故事。这部作品充分还原了历史面貌,精准把握细节,将国画与当代动画完美融合,呈现出中国古风的韵味与意境。

五、反思与展望

网络动画经过快速发展,适应了受众的娱乐习惯,满足了其审美需求;市场不断壮大,题材不断拓展,品牌不断升级,嵌入到各种生活场景中。而观看网络动画也成为人们日常进行休闲娱乐与社交活动的重要方式。2017年,我国网络动画产业取得了喜人的成绩,推出了一系列优质的动画作品,也通过反哺电视台及向海外市场输出,开创了网络动画发展的新格局。如何通过发展动画来满足人民日益增长的精神需要,实现经济效益与社会效益的双丰收,使网络动画行业砥砺前行?

(1)垂直深耕动画内容,提升市场竞争力。尽管近年来中国原创网络动画持续发力,在数量与质量上实现大幅度提升,但是在内容上仍然后继乏力,无法与国外动画巨头,如迪士尼、梦工厂等公司出品的动画作品竞争。究其原因,依然是在内容上未能回归现实、回归文化,未能获得受众深层次的情感共鸣。此外,网文IP改编动画是一种快速消费模式,取材有限,容易造成题材单一化、同质化等问题,远非动画发展的长久之计。

(2)培养用户付费习惯,实现多元渠道变现。多年来,受众养成了免费观看的习惯,爱奇艺、腾讯视频、B站推广动画付费的尝试遭到了不少非议。付费观看是动漫产业营利的重要手段之一。网络动画付费的从无到有,需要网络动画和视频用户的逐渐适应。如何在中国本土环境下完成变现,需要进一步探索。

(3)加强把关力度,保障行业健康发展。2017年,国内外网络视频平台上成规模地出现了恶意冒用经典卡通形象(如蜘蛛侠、艾莎)制作的涉及暴力、色情等严重不利于儿童成长的情节的不良视频,这些恶意动画视频利用孩子对动画人物的喜爱,误导和伤害未成年用户,严重污染了网络视听的清朗空间。腾讯视频特别成立由技术、安全、运营等人员组成的专项小组,24小时不间断地对有害内容进行技术筛查,及时作出删除下架和封号等处理,并受理举报投诉,维护用户安全。专项小组永久封停上传账号121个,禁止有害上传及屏蔽搜索关键词4 000个以上。在应急处理的过程中,腾讯视频经过技术侦测,发现存在着大规模、有组织的恶意上传行为,腾讯和其他视频网站开始运用技术反制,以保护网络动画新生之地的纯粹与健康。

互联网信息良莠不齐,在没有有效监管引导的情况下容易加剧受众的审美失范和审美倒错,特别是以青少年群体为目标受众的网络动画,更应当加强把关,发掘正能量,满足青少年的精神需求,激发青少年对美好生活的向往和热爱,防止"邪典动画"这类不利于青少年身心健康的作品混入市场中,更好地推动动画产业的全面发展,保障动画行业健康发展。

〔吴炜华,中国传媒大学新闻传播学部教授;高胤丰,中国传媒大学新闻传播学部博士研究生〕

2017 年网络热点视频事件：价值碰撞与秩序重建

马梁英　付晓光

摘要：当下，社交媒体和短视频平台已经成为舆情触发和传播的主要空间，而短视频的爆发使网络视频事件越发常见。本文基于微信订阅号"知著网"2017 年对社会网络舆情的记录，从中选取十个引发社会广泛关注的网络视频事件进行分析，涵盖综艺节目、电影电视、网络短剧、微视频、突发事件等焦点议题。透过这些典型案例，本文试图剖析多元复杂的社会图景，并一窥网络时代的传播特点与深层运行规律。

关键词：视频事件；民族主义；舆论监督；危机公关

回首过去一年，从弱势群体、阶层区隔、生存焦虑、公权力的实践与制约、女性的觉醒与反抗到全球化下的民族主义，种种焦点议题与热门事件持续搅动着舆论场，无数关键节点连缀起波澜起伏的 2017 年。自媒体意见领袖影响力日盛，甚至能够调动"千军万马"；传统媒体变中求生，凭借深度调查报道发挥引导作用；网民表达意愿强烈，频发的反转新闻动摇着社会互信基础，标签化传播下极易出现群体极化现象……技术变革不断推倒、重建着传播秩序，互联网承载着工具与价值、真相与谎言、认同与冲突、繁荣与危机、自由与霸权等诸多对立，无数个体迅速分崩离析又强烈碰撞，融合为新的共同体，改造并重塑着社会结构与社会生活，书写集体记忆中不可或缺的部分。

当下，短视频的爆发使网络视频事件越发常见，在专业新闻媒体、网络名人与普通用户的内容生产之外，综合类尤其是资讯类视频自媒体的崛起显现出更为强大的传播与表达效力。在网络视频事件中，视频所扮演的不仅是提供事件元信息文本的角色，还可以是引导舆论焦点，使事件不断发酵且传播范围不断扩大的要素与手段。兼具内容提供与渠道分发功能的社交媒体和短视频平台，已经成为舆情触发和传播的主要空间。正是在媒介与公众的复杂互动中，网络议题得以进一步形成并成为网络视频事件。

中国传媒大学中国网络视频研究中心官方微信订阅号"知著网"在2017年紧跟网络热点，不间断发布相关文章，本文从中选取十个引发社会广泛关注的网络视频事件，试图透过典型案例剖析多元复杂的社会图景，观察当代文化心理，对情绪沸腾的公共领域进行理性分析，一窥网络时代的传播特点与深层运行规律。为避免与本书中其他案例重复，本文所选择的十大网络视频事件排除了高热度话题，如《人民日报》时政报道、综艺节目《吐槽大会》与《中国有嘻哈》、手游《王者荣耀》等，本书中其他文章已经详尽分析的热点，本文将不再赘述。

事件一：文化情感类节目《朗读者》火爆荧屏 "清流综艺"彰显朗读仪式感

（一）事件回顾

2017年初，《中国诗词大会》《朗读者》《见字如面》等展现文学之美的文化类节目火爆荧屏，其中《朗读者》被赞为"娱乐至死"的综艺生态中的"一股清流"，受到网民追捧。

《朗读者》的官方定位为"文化情感类节目"，其中"文化"主要体现在每期节目设定不同主题，如"遇见""青春""那一天""味道""选择"等，邀请嘉宾朗诵相应的传世佳作或个人作品；而在"情感"上，嘉宾包含企业家、演员、作家乃至草根，他们身份不同、成长背景各异，对个人独特经历与情感体验的分享使人动容。《朗读者》凭借温情而自然的表达区别于其他文化节目，实现了"清新突围"，成为现象级的文化类节目代表作。

（二）事件分析

董卿作为《朗读者》的主持人与制作人，是节目号召力的基础，她在《中国诗词大会》中展现出的深厚文化底蕴吸引了众多关注,《朗读者》的节目设定也可谓为其量身打造,董卿的主持风格、高超的采访水平与节目把控能力则进一步保证了《朗读者》的精良制作水准。《朗读者》等文化类节目的火爆证明,尽管综艺市场泛娱乐型真人秀扎堆,节目同质化严重,但观众的审美趣味却并未江河日下或单一化;相反,精神文化需求不减,"良心制作"的原创模式一旦出现,便会赢得大量拥趸。

《朗读者》的火爆既是传媒事件,又是文化事件。《朗读者》能实现垂直小众题材的广泛传播,核心在于以声音与文学为载体,放大"人"与"人文精神",充分发挥了综艺节目的社会价值导向职能。节目中的朗读过程并没有复杂的形式,名人与素人以动人读本传递生活语境下的深沉情感,彰显美好道德与优秀品质,不同阶层的观众既能作为旁观者获得精神滋养,亦可以在共情中成为跨越时空的经历者。

在纸质书阅读逐渐回暖之际,《朗读者》的出现为阅读以及朗读活动增添了更为庄重的仪式感:《朗读者》舞台为半圆形图书馆,观众席则如同西方剧场包厢,整体设计古典神圣而极具象征意味;抛开华美的舞美设计和表演化的节目呈现,民众拥有了主动进行朗读的原动力,伴随节目而生的线下"朗读亭"受到热烈欢迎,前来朗读的市民最长甚至排队九小时。可见,"朗读"这一行为本身已经被越来越多的观众视作记录生命体验和抒发情感诉求的仪式,而《朗读者》作为文化类节目的成功先行者,也为中国电视综艺节目的未来发展提供了一个值得借鉴的优质范本。

事件二:电影《战狼 2》口碑票房双丰收 "好莱坞+主旋律" 激发爱国情怀

(一) 事件回顾

2017 年 7 月电影暑期档,《战狼 2》以 56.8 亿元人民币的票房一举打破国产电影历史最高票房纪录,不仅登上亚洲电影票房排行榜首位,还跻身全球票房前 100 名,与一众好莱坞电影比肩。最使观众狂热的是《战狼 2》中的爱国主义精神,从经典台词"犯我中华者,虽远必诛"到"在你身后有一个强大的祖国",《战狼 2》再次将商业主旋律电影提升到了新高度。

《战狼 2》在制作上使用好莱坞班底,被称作国内首部军事动作战争电影,拳拳到肉的动作戏、大量先进武器装备、惊险刺激的战争场面无不使人肾上腺素飙升。片中的主人公设定被称作中国版"孤胆英雄",内容上涉及强拆、援非与跨国撤侨等热点话题,不仅超越了同为主旋律商业片的《湄公河行动》,也不同于完全按照好莱坞电影工业模式生产却获得"压倒性差评"的《长城》。《战狼 2》实现了口碑与票房的双赢。

(二) 事件分析

有评论认为,基于中国在近代饱受外国列强"治外法权"屈辱的历史,《湄公河行动》中的跨国执法"具有相当微妙的代偿感"①。《战狼 2》意图彰显中国国际话语权的提升,或者说中国国际地位的提升,同样选择了异国国土上的刚性对抗。中国人与白人雇佣军的殊死搏斗高潮迭起,不难使人联想到中国对美国主导的世界秩序的挑战,而中国海军直到最后一刻才进行武装干预的剧情,或许还暗含着中国"和平崛起"中所受掣肘与做"负责任的大国"的谨慎与诚意。

与军事对抗相对,中非经贸合作中和着杀伐之气,中方对"非洲兄弟"的援助主导地位在电影语言之中延续,以"老大哥"般的财力与实力满足着观众的想象:冷锋营救华资工厂中的黑人员工,尤其是他还认了一个黑人干儿子,这些都是"中非一家亲"的体现,而冷锋营救美国女医生,则凸显了中国的国际担当。

当然,《战狼 2》为人称道之处,也是招致争议之处:对比逻辑下的优越感唤起的民族自信对民众的实际凝聚力是否真正与其汹涌好评相当?

《战狼 2》提供了一个动员民族主义的情感化模板,基于集体记忆中令人悲愤的民族国家屈辱历史,指向电影金句"那是从前……"所带来的快意,但这不

---

① 马涌.《战狼 2》或许透露了主旋律商业片成功秘诀 [EB/OL]. (2017-08-09) [2018-01-23]. http://ent.sina.com.cn/m/c/2017-08-09/doc-ifyitApp3482735.shtml.

能提供激发爱国情感的持续性动力。电影结尾以"中国护照"提醒中国公民背后有强大的祖国,而电影开篇表现的却是在强拆面前毫无自保之力的平民,全片中并未刻画出和谐的个人与集体的关系,壮怀激烈的宏大话语只能使观众更为茫然。伴随热度的衰退,影像中表演式的抗争在强化身份认同与价值共识上力有不逮的问题会逐渐显现,"好莱坞制作+中国主旋律故事"的融合路径仍有待探索。

事件三:警务微视频《民警李建国》走红网络　互联网思维下的新"群众路线"

(一)事件回顾

2017年7月,一部名叫《民警李建国》的网络短剧在微博上引发关注。这是由江苏常州新北公安分局出品的系列视频,全部由一线干警和辅警出演,旨在对青少年进行暑期安全知识教育,如"如何正确处理溺水事件""不要给陌生人开门"等,并展现了基层派出所民警的日常工作。视频一经上线就获得新华社、《人民日报》、央视新闻等多家媒体转发,几位主角被称为"被警察事业耽误的演员"。

《民警李建国》之所以获得了远胜于过去传统说教式安全教育宣传的传播效果,主要是因为其拍摄风格和剪辑节奏借鉴了热门网络剧《万万没想到》,此外还融入了多部经典影视剧中的元素,剧情设计生动有趣,贴合年轻群体口味。短剧播出前,警方邀请中学生观看视频并进行了问卷调查,得到了积极的反馈;警方还为剧中角色开通微博,与网友互动,使民警亲民而接地气的形象更为真实可感。新北分局准备收集网友意见后继续推出相关剧集。

(二)事件分析

在新媒体时代,官方机构在社交平台上的影响力往往并不与其权威身份相当。为做好突发事件的舆情管理,各地政务自媒体越发重视事发后的快速反应与舆论引导。然而,仅将微博、微信视作承担信息发布功能的官方"宣讲"平台,使得不少政务自媒体活跃度较低,对日常的与网民的互动交流重视不足,导致突发事件爆发后因缺乏公信力而难获受众信任,甚至因信息公开迟滞和避重就轻等问题激起网民负面情绪。

挖掘优秀政务自媒体的共同点可以发现,它们最为突出的特点在于采用了年轻化而灵活多变的宣传方式,具体体现为:更新频率高,原创内容多,集网络热点话题与专业知识科普于一身,兼具关注度与可读性;采用微博长图和短视频的形式,既能更全面地梳理整合同类信息,又符合网民碎片化阅读习惯;在信息传递与观点表达中使用表情包和流行语,利用可以表达丰富情绪的民间表意形式模糊了官民身份界限,在搞笑与戏谑中促进民众理解、加深民众记忆并使官民双方达成共识,显著提升传播效果;与用户互动,及时答疑,则不断增强着粉丝黏性。

从微博"@江宁公安在线"到出品《民警李建国》的新北公安分局,不少知名政务自媒体在互联网思维指导下提供公众服务,通过对受众心理的把握与迎合,实现了有效的形象塑造,提高了公信力与影响力水平,促使更多粉丝关注、参与公共事务,增强了自身在网络舆论场中的主动权与引导力。可见,政府开设自媒体账号不只是增加了发声渠道,在日常运营中还应不断进行多种形式的新媒体宣传尝试,积极跟踪舆情,关注受众反馈,掌握社情民意,畅通官民沟通渠道,并进一步加强线上线下的相互配合,这正是建设服务型政府的意义所在。

事件四:《人民的名义》成现象级热剧 "大尺度"反腐迎合青年的政治诉求

(一)事件回顾

《人民的名义》是2017年电视剧市场最引人注目的一匹黑马,它由最高人民检察院影视中心等单位出品,云集一众老戏骨,剧本出自沉寂八年的著名编剧周梅森的笔下。甫一开篇,检察官搜出两亿贪污巨款的场景便使网民直呼

"尺度大"——一整面墙大的书架上、床被下、冰箱里,密密麻麻都是堆叠的百元大钞。在大量仙侠玄幻剧的挤压中,反腐题材的《人民的名义》反而成了霸屏的现象级作品。

尽管《人民的名义》没有"流量明星"参演,以"达康书记"为首的"大叔"角色依旧备受年轻人追捧,粉丝"煞有介事"地结成阵营,制作表情包和应援口号,表示要为达康书记"守护 GDP"。此外,网民拍下的"蹲式办事窗口",正是剧中李达康批评的"光明区信访办接待窗口",大量此类展现公权力高高在上的设计因此被整改。艺术照进现实,这体现出《人民的名义》入木三分的刻画现实的功力。

(二) 事件分析

《人民的名义》这部掀起全网热议的电视剧,架起了不同年龄层观众、娱乐话语体系与主旋律正剧以及民众与公权力之间沟通的桥梁。与反腐正剧的严肃性截然相反的话语潮流,并未以娱乐性消解作品的价值,反而提醒着电视剧创作者:对想传达的行为准则、理想目标、核心价值理念进行精益求精的呈现,坚持"内容为王",才是使年轻观众理解、认同并受到感染的最佳途径。

真正使《人民的名义》走向全年龄段受众,实现主流意识形态与青年价值观沟通对话的关键,在于它作为一部反腐剧,迎合了当代青年的社会诉求与政治诉求,提升了青年作为积极公民的政治效能感。《人民的名义》对现实中反腐工作的还原,满足着青年群体对公平正义的追求,也提高了他们对政治体系的信任程度。作为网民主力,青年群体有着更为强烈的表达欲望与政治参与诉求,他们在社交网站进行《人民的名义》相关话题的讨论、披露"蹲式窗口"、曝光过高的公交站牌等,推动着相关机构的整改。群众对政府的回应性持有更高的评价,其政治效能感得到进一步提高。

但需要注意的是,现实生活中的现象因与《人民的名义》剧情相似而成为热点话题,说明此类现象长期存在却并未得到解决,公众需借助电视剧的话题热度,才能实现意见上传并收获迅速有效的反馈。这在彰显出电视剧极大影响力的同时,也说明基层民众的表达渠道不畅通与政府"懒政"的情况并不罕见。借《人民的名义》的东风,城市管理人员应着力于改善工作细节,提升百姓接受公共服务时的体验,修正政治生态与社会风气。

事件五:新华社微视频《大道之行》 全新视角看千年丝路

(一)事件回顾

2017 年 5 月 14 日,"一带一路"国际合作高峰论坛在北京开幕,为此,新华社推出了特别节目《大道之行》。《大道之行》所属的《国家相册》是新华社打造的微纪录片栏目,尤以纪念建党九十五周年的《红色气质》为人所熟知。但是,9 分 5 秒的时长对于建党九十五周年的宏大叙事已经显得十分紧凑,丝路的千年历史何以在 6 分 11 秒的《大道之行》中铺陈开来?

不同于以往由新华社领衔编辑陈小波娓娓道来的口述方式,《大道之行》的"讲述者"是习近平总书记,这使文字的严谨性得到了最大保障。以习近平总书记访问哈萨克斯坦与东盟时提出"丝绸之路经济带"与"21 世纪海上丝绸之路"倡议的照片为轴,一幅回溯历史、贯通欧亚大陆的宏伟画卷徐徐展开。取自国家相册,讲述私人记忆,描绘民族文本,唤醒集体共鸣,《国家相册》的"套路"在这一篇章中显得尤为动人:视频中习近平的原声亲和而坚毅,重新剪辑的不同演讲构成的流畅叙事段落贯穿始终。民生视角的国家述说,体现了《国家相册》克制又深情、柔和却有力的品牌调性。

(二)事件分析

"一带一路"至今仍保持惊人的生命力的根源可追溯至古代中国人"天下大同"的最高理想。与"大道"同源的天下大同的情怀,不是仅适合中华民族的特殊价值,而是全人类普遍适用的价值,与现代性的语境也十分贴合。如何阐释这一充满积极意义的古老情怀,才不会导致宣传色彩浓厚、缺乏现代气息?《大道之行》为"一带一路"主题节目创作提供了新的思路。

《大道之行》充分展现了解说在影像中不可替代的作用,它与图片的经典重现、视频剪辑、特效、音乐有机融合,使得情绪的起承转合饱满又紧凑;沙海、骆驼与郑和下西洋船队等 3D 动画呈现的丝路经典影像,展现了两千年的历史底蕴;"一带一路"倡议下多个项目的建设热火朝天,工业园、铁路、大桥都被微缩为各国民众可以一手托起的小小场景;这些与充满硝烟和绝望的战地纪实摄影作品中无法掌控个人命运的孩童相对照,凸显出了"一带一路"谋求和平发展、促进繁荣稳定的重大使命。

尽管新华社是以拥有千万照片的中国照片档案馆为依托的,但从丰厚积淀中细致遴选出最具代表性的影像,才是作品简洁却有力的关键;在对历史照片进行立体透视的特效包装之外,穿插运用实景录像与动画,则体现了创作者对制作精良的动画画面感染力的自信,在此基础上进行虚实衔接,使影像的历史现场感大为加强,更使"畸变"的现实妙趣横生。追溯中华民族的厚重历史,聚焦于不同族群的个体生活,抽象概念的可视化与可切身体验的美好场景共同使这部作品成为诚意十足的匠心之作。

事件六:走出文化"舒适圈"　波士顿大学中国留学生毕业演讲获好评

(一)事件回顾

2017 年 6 月,马里兰大学中国留学生被指辱华的毕业演讲的视频降温没多久,又一名中国女孩登上了美国大学毕业演讲的舞台:南京姑娘蔡语婧在波士顿大学发表了充满正能量的毕业演讲。

不同于马里兰大学的杨舒平对于祖国"空气太差,出门需要戴口罩"和"无法自由表达"的吐槽,蔡语婧在演讲中表示,她曾打算一直待在"舒适圈",交流也仅限于思想同自己相似的人,但是当看到中国国旗被他国国旗包围时,她才真正意识到在文化背景多元的学生群体中,最重要的是拥有开放的思想和拥抱文化多样性的能力,而这正是未来成功的关键竞争力之一。这与马里兰大学中国留学生演讲内容形成鲜明对比,获得了国内公众称赞。

(二)事件分析

蔡语婧作为中国留学生在美国高校的演讲之所以能引发国内关注,是因为这一行为带有全球化语境下中国公民身份认同政治表演的意味:在融汇多国学子的校园中以学生代表的身份发言,打动远隔重洋的中国网民,与"帝吧"出征Facebook的戏谑调侃殊途同归,二者都通过网络而非官方主流媒体展现出民族共同体情感维系的力量。

蔡语婧并未回避在美国捍卫自己的信念时被怀疑与厌恶时的愤怒,但她尝试理解同学们的多样经验与观点,他们分享信息、激励并接纳彼此。其过人之处在于,她的观点既区别于杨舒平试图以贬损中国来赞美异国体验的简单二元对立思维,也并未显现出植根历史创伤的受害者情结反弹后的盲目自大,而是在怀抱家园情怀的同时,面对文化差异,以平等语态对话,凭借观察、参与和反思并重的主观能动性,在多元文化中开阔视野,并发出自信的声音。蔡语婧的发言不仅基于她"姓氏发音是'cɑi'"的中国人身份,更是对所有"作为家庭成员、作为企业总裁、作为人类"的听众的宣讲,因此更具备获得打破国界的认同感的魅力。

费孝通在《论文化与文化自觉》中指出,中国文化因其多元一体的特征而具备将不同制度凝合在一起的力量,能够各美其美、美人之美,乃至达到美美与共之境。事实上,不仅是中国留学生,对于中国而言,如果停留于自身文化的"舒适圈",画出清晰的民族与文化边界,只能导致对不同文明间联系的忽略,建构起被异化的他者形象,而充分利用文化资源,促进中外文化交流、借鉴、吸收和融合,以多元文明为底色,方能使中国文化获得历久弥新的生命力。

事件七:《我是范雨素》刷爆朋友圈 底层写作击中网民痛点

（一）事件回顾

2017 年 4 月 24 日,一篇名叫《我是范雨素》的微信文章刚发布不久,阅读量便迅速超过了 10 万。这篇刷爆朋友圈的自传体散文发表于界面新闻旗下非虚构平台"正午故事"公众号,开篇一句"我的生命是一本不忍卒读的书,命运把我装订得极为拙劣"直击人心,引得无数读者惊叹。文章作者范雨素在北京做育儿嫂,是来自湖北的务工者,住在东五环外的皮村——这里以"工友之家"为外界所熟知。

在范雨素的笔下,乡村生活因她对文学的追求而透出诗意;她揭露传统伦理纲常对女性的压迫,追求女性独立与尊严,拷问阶层差异下两极分化的现实……有人认为范雨素的文字出尘绝艳,也有人认为不过中上之姿。但在文笔之外,范雨素架构的"底层物语"并非沉湎于劳动、苦难与挣扎的个体遭遇,而是带着调侃与距离感书写自己,以关怀与同情书写身边人,又以冷峻批判的目光审视社会,质朴却通透,有力但克制,展现了书写激荡人心的力量。

（二）事件分析

从《穿过大半个中国去睡你》的作者余秀华到范雨素,不可否认的是,她们的爆红离不开猎奇的社会心理:无论将她们称作脑瘫诗人还是工人作家,舆论探讨的话题始终围绕着身份、学历与知识文化尤其是文学素养的落差展开。伴随大众传媒的发展,媒介平台上的品位展示也成为阶层划分标准之一。主流世界作为"观赏者",掌握文化价值合法定义权,而"底层"是"展示品",主流世界和"底层"构成被割裂的两极,中间隔着经济与文化资本的鸿沟。

《我是范雨素》之所以能唤起"非底层群体"的共鸣,是因为范雨素的散文创作不同于其他"难登大雅之堂"的文化实践,是能进入代表更高社会地位的审美框架内的,新奇陌生但又情感细腻、有深度、带有革命与解放意志的文化现象,因此范雨素被认为是"底层群体"的新文化代言人。范雨素在追寻自我认同时面临的困境——个人的知识文化与人生境遇,尤其是在北京的生活深刻影响了她的价值取向:即便有无法隔断的情感维系,她仍无法认可养育她的村庄,但是大城市身份、地位与财富的准入门槛之高又使她始终游离在边缘。

文学赋予了范雨素更丰富的表达能力,也可以说为她开辟了新的通路。媒体与公众透过"底层文学"狂想、多情或尖锐的精彩篇章,试图对其中沉重的个人体验进行探究,这为女工向来被湮没的呼喊提供了扩音器,使这一群体为更多人所知乃至让他们产生共情。然而成为话题人物后,范雨素又难逃被传媒与公众进行"收编"的痛苦:聚焦的镜头描绘出能满足不同阶层审美需求的作品,对日常生活造成干扰而没有改善生存状况;对"底层"间歇性关注的热潮也存在加深误解的风险。当媒体散去,更多"范雨素"又将被遗忘,社会转型下个体的苦难、不知出路何在的命运,还是并未完结的课题。

事件八:满分公关难掩舌尖风险　海底捞敲响食卫警钟

(一) 事件回顾

2017 年 8 月,《法制晚报》记者公布了在海底捞后厨暗访时拍摄下的视频:后厨的各处都有老鼠的踪迹,簸箕、抹布等工具与餐具同池混洗,洗碗机内部油污已经发臭,火锅漏勺被用于掏下水道……新闻曝光约三个小时后,海底捞迅速发出致歉信,约六小时后发布事件处理通报,其内容被网友总结为"这锅我背、这错我改、员工我养",即承认卫生问题属实,进行停业整改并表示涉事门店员工无需恐慌,公司董事会承担主要责任。

当天,一篇名为《我当然是选择原谅海底捞啦》的微信文章阅读量迅速超过10 万,不少网友表示选择原谅,舆论重点转变为对海底捞强大公关能力的称赞。也有不少评论指出此事并不容乐观,长久以来餐饮行业一直存在"后厨痛点",商家越发重视以口味、环境、服务取胜，却忽略最为重要的食品安全底线。追问海底捞后续整改的热度很快消散，但是对卫生状况与食品安全的关注不能淡去。

(二)事件分析

海底捞能凭借三小时危机公关迅速扭转舆论，甚至博得消费者赞美，关键在于避开了诸如拒不承认、推卸责任、满篇套话等容易引发网民对立情绪的"雷区"。迈克尔·里杰斯特(Michael Regester)提出的"3T"原则是危机公关的经典技巧之一：以我为主提供情况(Tell it your own)、尽快提供情况(Tell it fast)、提供全部情况(Tell it all)。"3T"原则强调了信息披露的重要性。对比2017年9月引起轰动的五星级酒店被爆不换床单事件中企业排斥媒体报道而无所作为的态度加深了信誉危机，海底捞的危机公关正是融入了"3T"原则，成功抢占舆论高地，其声明发布高效，坦诚表态而不推诿，处理过程与后期保障公开，迅速转移了媒体与公众注意力，极大地修复了顾客对其品牌的好感度，弥补了形象、声誉损失。

社交媒体的发展使危机传播呈现出加速趋势，既为危机公关带来了更多挑战，也改变了传统话语权力关系，公民舆论监督效力被加强，能够促使责任主体作出实质行为改变。但在海底捞后厨事件中，舆论却并未形成强大震慑力，原因在于大量媒体报道对海底捞"满分公关"进行反复渲染，使事关食品安全的公共事件演变为一场媒介事件，这既美化了消费者的"次坏选择"，削弱了社会风险感知，还可能导致更多商家将危险归因于新闻曝光，试图依赖公关实现舆情逆袭，而非加强自身管理。这警示媒体应避免在报道中成为另一种风险源，承担起风险预警与风险批评的社会责任；同时，加强公众媒介素养培育也至关重要，人们需要提升对媒介信息的评估与质疑能力，监督媒体内容生产，通过理性表达沟通进行社会事件参与，促进社会的良性运行。

事件九:"格斗孤儿"被迫返乡　舆论监督引两极争议

(一)事件回顾

2017 年 7 月 20 日,梨视频发布视频《格斗孤儿:不打拳只能回老家吃洋芋》,将成都恩波格斗俱乐部与"格斗孤儿"推入公众视野。视频中在铁笼内搏斗的儿童格斗士来自四川凉山和阿坝州,大多家境困难而无人抚养,在恩波格斗俱乐部生活并进行格斗训练。

格斗对于儿童是否太过残忍、俱乐部是否利用未成年人参与商演牟利、收养儿童是否合法、能否保障义务教育,诸多质疑使俱乐部深陷舆论漩涡,公安、民政与教育部门介入调查。同时,对声讨俱乐部、支持"格斗孤儿"回乡读书的"圣母"网民的批判也不绝于耳,譬如获得 10 万多阅读量的微信文章《恭喜圣母,你们堵死了"格斗孤儿"唯一的生路》,就直指"汹涌的'民意'"正是罪魁祸首,担忧"格斗孤儿"被强制要求回家实则是重新跌入恶劣的生存环境。

2017 年 11 月末,成都恩波俱乐部已通过与体校合作解决了孩子异地就学的学籍问题,已有"格斗孤儿"返回俱乐部重新进行学习、训练。梨视频与《局面》栏目宣称将保持后续回访。

(二)事件分析

在"格斗孤儿"事件中,媒体的功能定位饱受拷问。首先需要言明的是,作为监视环境的观察者,媒体理应对公共政策及其执行效能进行审视与纠偏。但媒体履行报道职能、进行舆论监督的关键在于真实、准确、客观、全面地发布消息。受短视频的体量所限,视频自媒体在剪辑时更为注重以"奇观"吸引点击量,"格斗孤儿"事件正是因此掀起舆论狂潮的。但这却压缩了复杂背景信息的呈现空间,媒体对当地社会结构尤其是经济与制度背景缺乏调研,使最重要的对政府的质询反而远离舆论场;至于对儿童福利的追踪监督,则应依托于政府在社区层面的服务而非媒体回访。

新媒体平台使媒体的信息发布变得便捷,采访者和消息来源的互动与网络舆论风向紧密相连。鲜少接受采访的儿童是新闻报道中的弱势群体,极易受采访者引导,"无忌童言"既可带来新鲜视角,亦会因儿童表达能力欠缺而显得反复无常,理应被谨慎使用,却成为本次事件中媒体间相互攻讦的依据。《局面》与王志安作为意见领袖进行单方面强势引导,对涉事多方的采访流于扁平化铺陈,陷于对"格斗孤儿"与俱乐部人员情感的渲染,使作为新闻调查报道准则的平衡、理性与深度都大打折扣。

视频自媒体具有巨大的影响力,强化了媒介作为社会公器的推动力量,然而从"格斗孤儿"一事的报道效果来看,它们左右着网民的态度与理解方式,在动员公众支持时强化舆论对立有余,而与基层政府的良性合作互动不足,放大了自身的信息把关粗放、话语偏好明显以及整合社会资源与协调利益能力欠缺等方面的问题。由此可见,视频自媒体组织内部仍需加强报道实践中的新闻规范培训,审慎报道弱势群体,加强舆论监督实效,如此方能为实现社会公平出一份力。

事件十:江歌案重回网民视野　警惕舆论模糊道德法律界限

(一)事件回顾

2017年11月,新京报"我们"视频出品的《局面》栏目发布数条专访视频,使一年前中国女留学生江歌在东京遇害的案件再次在微博引起轩然大波——时隔294天,《局面》促成了江歌母亲江秋莲与江歌室友刘鑫在江歌遇害后的首次见面。

事发后,舆论焦点汇聚于刘鑫及其家人反复推卸责任与逃避交流的表现,江秋莲痛失爱女使网友同情,加之刘鑫在专访中透露的江歌遇害细节被指漏洞百出,网民对刘鑫的辱骂愈演愈烈;咪蒙发布的文章《刘鑫江歌案:法律可以制裁凶手,但谁来制裁人性?》掀起了新一波高潮,使不少网友表示赞同网络暴力,堪称极具煽动性的檄文。

随着江歌案在日本开庭审理,更多陈世峰杀害江歌的现场状况与证据被陆续披露,批判刘鑫与呼吁判处陈世峰死刑的声音充斥网络。也有人批评网民的极端言论与非理性状态,还指出案件本身与杀人凶手未受到足够关注属于舆论失焦。直至一审判决结束,围绕刘鑫的争议仍未停止。

(二)事件分析

在江歌遇害案中,网民的痛点集中于朴素的正义观表达与无法满足舆论诉求的法律判决。《人民日报》评论指出,法律是实现正义的基本途径,但并不是实现正义的唯一方式,公序良俗、舆论监督和非正式制度都是法律的补充。陈世峰的一审判处结果与国人"杀人偿命"的认知相距甚远,但舆论难以左右异国审判,且与陈世峰相关的讯息十分有限,反倒使其远离风暴中心;而未对江歌施救、被公众同样视作"杀人凶手"的刘鑫,因完全不必承担任何法律责任,受到网民"罔顾人伦"和"忘恩负义"的激烈道德谴责。网民的攻击一定程度上也是对"好人没好报"的社会道德焦虑的回应,人们试图以道德和舆论弥补法律无法实现的对"恶人"的惩戒。

互联网的赋权催生了网络暴力,真实身份难辨使网民可以随意进行攻讦谩骂,个人情绪借助便利多元的传播路径,对超大群体系统进行大范围迅速清洗,甚至进一步趋于群体极化。"以牙还牙"的朴素正义观是使网民在行动时获得强烈群体认同的公理,亦是支配行动的无形权威,提出异议则面临损害名誉的风险。因此,网民用舆论为刘鑫判处"死刑";利用熟人社会的权力关系围攻刘鑫,试图切断其社会支持;党同伐异,批判为刘鑫开脱的言论……这种代替法律进行制裁的行为已经走向极端,显现出人们根深蒂固的"肉刑复仇"思想与现代法治之间的裂痕。

引导朴素的正义感更为适应并认同现代法治价值,并不仅仅依赖于法律界普法,更需要网民选择性接受信息,理性地进行价值判断,建构成熟文明的舆论空间,分清民意表达与网络暴力的边界以及道德评判与道德审判的边界。同时,如何在法律框架中做到媒体引导社会舆论风向与司法审判独立性、司法公信力之间的平衡,也同样值得反思。

〔马梁英,中国传媒大学新闻传播学部电视学院硕士研究生,知著网副主编;付晓光,中国传媒大学新闻传播学部电视学院副教授〕

2017 年网络剧:头部凸显与产业升级*

周 逵 叶奕宏

摘要: 2017 年的网络剧行业正在经历由量变到质变的过程。尽管上新数量有所减少,但整体播放量大幅提升,头部剧相较往年更是整体迈上新台阶。随着业内对市场和用户需求的理解逐步加深,在政府"同一标准、同一尺度"的导向要求下,2017 年网络剧集打破了网络剧、电视剧的界限,摆脱了以往粗制滥造的固有模式,以"超级剧集"的全新面貌刷新了用户和行业对网络剧集的认知,引领了视频行业竞争的新一轮洗牌。

关键词: 网络剧;网络视频;产业发展

2017 年的网络剧正在经历由"量"到"质"的飞跃。一方面,类型丰富多样,不断开拓题材"蓝海";另一方面,原创剧本为行业注入新鲜血液,IP 剧也不再一味依靠粉丝效应,开始回归"内容为王"。此外,在资本和巨头的"加持"下,剧集界限进一步消弭,网络剧的创作正加速向专业化、成熟化、精品化迈进。尽管迎合受众的现象依然存在,但可以预见通过政府、平台和制作方三方的共同努力,2018 年的网络剧市场必将迎来新一轮迭代升级。

一、产业数据解读

2017 年全网共有网络剧 295 部,相比 2016 年的 349 部,减少 15.5%,相比

---

* 本文系国家社科基金青年项目"媒体融合条件下广播电视业创新发展调查与研究"(项目编号 17CXW004)的阶段性研究成果。

2015 年的 379 部,更是减少 22.2%(见图 1)。①

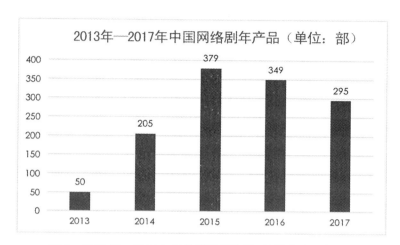

图1 2013 年—2017 年网络剧数量比较(统计自公开数据)

尽管数量相对减少,但网络剧的"成绩单"越发亮眼。2015 年至 2017 年,网络剧前台总播放量翻倍甚至增长数倍(前台总播放量 2015 年为 274.4 亿,2016 年为 892.5 亿,2017 年为 1 631.1 亿);单部网络剧平均前台播放量大幅增长(见图2)。具体到单季播放量,2017 年网络剧市场除第二季度表现相对普通以外,整体播放量涨势明显:2017 年第三季度上线的网络剧斩获 322 亿播放量,同比增长 422%;第四季度以来,截至 12 月 14 日,网络剧总播放量达 234 亿。不仅如此,2017 年以来的头部剧相较往年更是整体迈上新台阶。2016 年网络剧市场中除《老九门》播放量破百亿,成为一大爆款之外,其他网络剧播放量均不超过 30 亿,而 2017 年网络剧播放量 TOP10 门槛就已达 30 亿,其中不乏《军师联盟》《白夜追凶》等口碑、播放量双高剧集。第一季度优酷独播的古装悬疑网络剧《热血长安》的播放量继 2016 年《老九门》之后再破百亿。

---

① 国家新闻出版广电总局监管中心.2017 网络原创节目发展分析报告·网络剧篇[R/OL].(2017-11-29)[2017-12-05].http://www.sohu.com/a/209368218_728306.

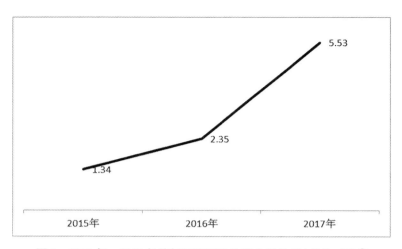

图 2　2015 年—2017 年单部网络剧平均前台播放量(单位:亿)①

此外,网络剧受众类型仍比较单一。具体来说,网络剧受众中女性的数量几乎是男性的两倍;而在年龄上则以 90 后"网生代"为主,45 岁以上的观众群尚待开发;其中最主流的观看人群是在校大学生,初高中生多因学业繁忙而无暇观看网络剧,非学生人群则是因为工作生活节奏太紧张,观看时间有限(见图 3)。

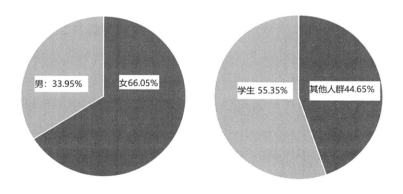

① 骨朵数据.2017 年网络剧报告:年度总播放量猛增,口碑剧频出,好故事成制胜关键[EB/OL].(2018-01-08)[2018-02-13].http://news.guduomedia.com/? p=24811.

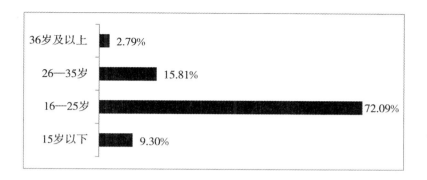

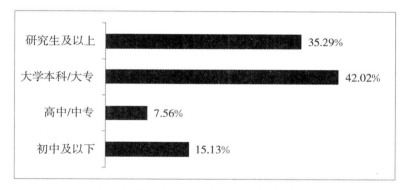

图 3　网络剧用户画像图：性别、年龄、学历①

随着精品网络剧不断增加，流量向头部和腰部作品集中，这必将助推网络剧产业向付费时代更深入的领域前行。可以预见，2018 年的网络剧市场必将经历从"量"到"质"的进一步"提纯"。爱奇艺、优酷、腾讯相继公布的 2018 年剧集播出计划显示，三家平台 2018 年共公布了 204 部影视剧，除去重复播出的剧目，共计将推出 181 部新剧集，其中网络自制剧就占了近一半（47%）（见表 1）。

① 张鑫.12 万分钟的网络剧,300 亿的点播量,2017 年网络剧行业步入黄金时代[EB/OL].(2017-03-31)[2018-02-13].http://www.sohu.com/a/135587624_570250.

表1　三大网络平台2018年计划上线网络剧数量①

平台	片单数(部)	自制剧数	版权剧数	自制比例
腾讯	58	19	39	32.76%
爱奇艺	67	26	41	38.81%
优酷	79	40	39	50.63%

二、产业政策分析

2017年5月国家新闻出版广电总局(简称广电总局)发布的《关于进一步加强网络视听节目创作播出管理的通知》,围绕大力弘扬中华优秀传统文化、革命文化和社会主义先进文化,弘扬以爱国主义为核心的民族精神和以改革创新为核心的时代精神,较为细致地阐述了网络视听节目中什么样的内容应该是大力弘扬和认真坚持的,什么样的内容是不能触碰和应该自觉抵制的。

2017年6月30日,中国网络视听节目服务协会常务理事会审议通过《网络视听节目内容审核通则》(简称《通则》)。《通则》是协会在2012年根据《中国网络视听节目服务自律公约》的精神制定发布的《网络剧、微电影等网络视听节目内容审核通则》的基础上修订完善的,其中增加了五年来中央和广电总局关于发展社会主义、推动广播影视和网络视听节目繁荣发展的相关政策。《通则》同时要求,网络视听节目中涉及重大革命和重大历史题材,以及政治、军事、外交、国家安全、抗战、民族、宗教、司法、公安等特殊题材的,应该按照广播影视有关管理规定制作。这为网络视听行业健康发展提供了良好的政策环境。

2017年9月7日,时任中宣部部长刘奇葆在全国电视剧工作座谈会上发表讲话时强调,"要规范引导播出平台,切实把好上线关口,实现电视剧和网络剧统一导向要求、统一行业标准,更好地弘扬主旋律、传播正能量"。

---

① 伊一.回顾2017年网络剧华丽转身,且看2018年网剧如何步入升级之战[EB∥OL].(2017-12-25)[2018-02-13].https://www.sohu.com/a/212614505_509883.

2017年9月21日,广电总局副局长田进在《人民日报》发表署名文章,回顾了广电总局在过去五年坚持网上网下导向管理"同一标准、同一尺度"的具体措施,他提到,"在电视内容标准基础上,结合网络文艺特殊规律,制定实施《网络视听节目内容审核通则》,对原创网络视听节目实行先审后播、自审自播、未审不播。加强网络审核员的培训管理,建立重点节目规划备案、重点网络剧备案和内容抽查制度;及时下架一些导向错误、价值观混乱、格调低下的网综网剧"。

与此同时,2017年广电总局发布的《关于进一步加强网络视听节目创作播出管理的通知》以及广电总局与发改委、财政部、商务部、人力资源部和社会保障部等五个部委联合下发的《关于支持电视剧繁荣发展若干政策的通知》,都在文件中明确规定了"同一标准、同一尺度"的导向要求。

三、产业发展综述

整体而言,2017年是网络剧市场产业链各个环节迭代升级的一年。

首先,内容方面,网络剧在保持类型优势的基础上多元发展,以高品质内容进一步打破剧集界限。

2017年网络剧共涉及23个类型,包括喜剧、爱情、悬疑推理、青春校园、古代传奇、玄幻/奇幻、软科幻、言情等。其中喜剧数量最多,共85部,占全年网络剧总数的28.9%,爱情、玄幻/奇幻/科幻、悬疑推理、青春校园依次位列第二、三、四、五名,数量分别为48、39、34、25(见图4)。这五大类型数量占全年网络剧总数的78.6%[①],从侧面反映了网络剧受众的观剧偏好。

---

① 骨朵数据.2017年网络剧报告:年度总播放量猛增,口碑剧频出,好故事成制胜关键[EB/OL].(2018-01-08)[2018-02-13].http://news.guduomedia.com/? p=24811.

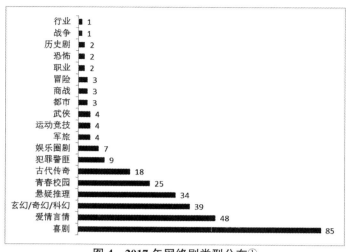

图 4　2017 年网络剧类型分布①

在自制网络剧类型方面,各平台基本遵循"保优势类型、追热点类型"的原则。其中,爱奇艺、腾讯视频、优酷为新类型、新题材的探索提供了有益支持。作为第一梯队视频平台,三大平台手握充足的资金、资源和数量庞大的(付费)用户群体,在剧集内容上持开放态度,力争建成满足用户一切喜好的"内容航母"。三大平台在综合影响力上也是旗鼓相当,各有所长。

爱奇艺可谓喜剧、悬疑推理、爱情这三大类型独播网络剧的集中地,不仅在数量上占绝对优势,还推出了一批头部内容,比如喜剧类《花间提壶方大厨》系列、悬疑推理类《河神》和《盲侠大律师》系列等。另外,罪案类《无证之罪》、青春校园类《你好,旧时光》也表现亮眼。

腾讯视频的独播网络剧中,喜剧类如《乡村爱情9》《小五当官》等表现不错。该平台更开发了运动竞技类这一网络剧新类型,并在全网所有的 4 部作品中占据 3 部,代表作是《蔚蓝 50 米》。不过,2017 年腾讯视频最大的黑马是言情剧《双世宠妃》。

---

① 骨朵数据.2017 年网络剧报告:年度总播放量猛增,口碑剧频出,好故事成制胜关键[EB/OL].(2018-01-08)[2018-02-13].http://news.guduomedia.com/? p=24811.

优酷独播网络剧的头部内容表现比较突出,如历史剧《大军师司马懿》系列的《军师联盟》《虎啸龙吟》、罪案类《白夜追凶》等。

其他平台各类型网络剧数量如表 2 所示。

表 2　2017 年其他平台各类型网络剧数量①

	搜狐视频	乐视视频	芒果 TV	PPTV 聚力	多平台
喜剧	3	2	0	1	2
爱情	0	1	3	0	2
校园青春	1	0	0	0	1
奇幻	2	0	0	0	2
言情	1	1	0	0	0
古代传奇	3	0	0	0	3
玄幻	4	1	0	0	2
软科幻	1	0	0	0	0
悬疑推理	3	0	0	0	2
都市	0	0	0	1	0
武侠	1	0	0	1	0
运动竞技	0	0	0	0	1

更为重要的是,2017 年各平台涌现的头部内容除了收割大批流量外,在品质和口碑方面也较往年有了长足突破。无论是深耕垂直领域、精准定位受众的《春风十里不如你》《河神》《鬼吹灯之黄皮子坟》,还是拥有"电影级"制作和阵容的《大军师司马懿之军师联盟》《大军师司马懿之虎啸龙吟》《海上牧云记》,这些风靡市场的"超级剧集"无不显示出电视剧与网络剧的评价标准正在进一步趋同。可见,高品质的内容永远是市场刚需,正如杨卫东在 2017 年"优酷秋集"发布会上所说的,"电视剧和网络剧作为阶段性的名词,即将完成历史使命。现在是从超级网络剧和电视剧过渡到超级剧集的时代"②。

---

① 骨朵数据.2017 年网络剧报告:年度总播放量猛增,口碑剧频出,好故事成制胜关键[EB/OL].(2018-01-08)[2018-02-13].http://news.guduomedia.com/? p=24811.

② 优酷刷新超级剧集标杆　揭秘内容新物种独门秘方[EB/OL].(2017-10-24)[2018-02-13].https://news.znds.com/article/27114.html.

其次,网络剧产业仍以 IP 剧为主打,但原创内容的影响力正在扩大。

现今发展 IP 网络剧已经成为视频平台的重大策略。以阿里巴巴、腾讯、百度为首的互联网企业纷纷提出以 IP 为中心的泛娱乐战略布局,网络剧作为其中重要的一环,展现出了对 IP 开发巨大的推动作用。可以说,2017 年整个网络剧产业链围绕 IP 发展出了一个囊括"IP 购买—剧集孵化—动漫、游戏等周边衍生品开发"的完整产业闭环。由 IP 贯穿始终的运营、开发模式也成为网络剧行业中最普遍的商业模式。视频网站、新兴媒体影视制作机构也将原创网络剧培养为原生 IP,逐步开始 IP 开发布局。以 IP 思维开发网络剧是大势所趋。

2017 年 IP 剧保持了一贯亮眼的成绩,不仅数量稳步攀升(2016 年较 2015 年增幅为 51%,2017 年较 2016 年增幅为 32%),前台总播放量更是快速增长(2016 年较 2015 年增幅为 242%,2017 年较 2016 年增幅为 79%)。截至 2017 年 12 月 31 日,2017 年上线的 74 部 IP 网络剧中前台播放量超过 1 亿的有 65 部,占全年 IP 网络剧总数的 87.8%,其前台总播放量共计 904.4 亿,占比更是高达 99.6%(见图 5)。

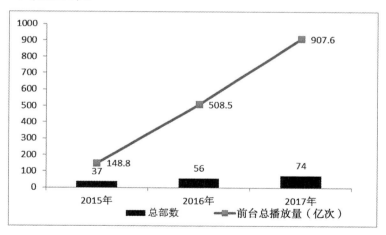

图 5 2015 年—2017 年 IP 网络剧数量和前台总播放量比较①

① 骨朵数据.2017 年网络剧报告:年度总播放量猛增,口碑剧频出,好故事成制胜关键[EB/OL].(2018-01-08)[2018-02-13].http://news.guduomedia.com/? p=24811.

此外,IP 网络剧也开始突破"粉丝经济"模式,依靠内容赢得观众。2017 年不乏口碑突出的 IP 网络剧,如《射雕英雄传》《河神》《镇魂街》《你好,旧时光》《琅琊榜之风起长林》等,IP 来源覆盖小说、动漫、经典影视及热播剧,品质可圈可点。

相较之下,原创网络剧成绩略显逊色,但其前台总播放量和部均前台播放量依然呈逐年攀升之势(见图 6),并且在原创作品剧本占比略有下降的前提下,仍将与 IP 剧播放量占比的差距从 2016 年的 12 个百分点缩小到了 5 个百分点。同时,2017 年的原创作品中也确实出现了影响广泛的头部作品,如《白夜追凶》、《大军师司马懿》系列、《盲侠大律师》、《卧底》、《一起同过窗 2》等,不论是在类型题材的创新上,还是在制作的水准上,都具有一定的典范意义。越来越多的原创者投身其中,标志着网络剧逐渐开始摆脱对 IP 的依赖而成长为一个独立、有影响的作品类型。

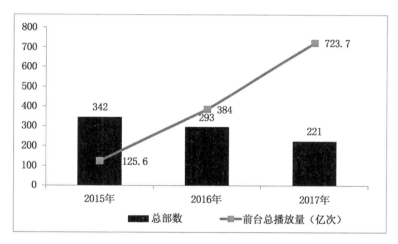

图 6　2015 年—2017 年原创网络剧数量和前台总播放量比较①

---

① 骨朵数据.2017 年网络剧报告:年度总播放量猛增,口碑剧频出,好故事成制胜关键[EB/OL].(2018-01-08)[2018-02-13].http://news.guduomedia.com/? p=24811.

再次,平台方呈现出"三足鼎立、多方争雄"的格局,"网台联动"成为大势所趋。

2017 年各大平台在网络视频领域的竞争进入白热化阶段。从资金上看,爱奇艺对版权剧、综艺、自制剧和网络综艺的投入超过 100 亿;乐视投资超过 150 亿;腾讯视频的内容投入是 2016 年的 9 倍;阿里未来三年计划投资超过 500 亿到以优酷为首的大文娱产业中。从资源上看,爱奇艺提出"大苹果树"模型,以 IP 技术为核心成立文学版权库;腾讯整合旗下的文学、阅文集团以及庞大的社交用户群;搜狐视频作为网络喜剧发源地,拥有大鹏工作室的"屌丝男"和煎饼侠等强大网生 IP;优酷依靠阿里巴巴的电商生态,拥有 4.4 亿消费用户;乐视启动了超级 IP 计划。

但爱奇艺、腾讯视频、优酷三大视频平台仍然占据市场大部分份额,同时也是热门网络剧的高产地,其独播网络剧数量总和占比高达 82.1%(见表 3)。

表 3　2017 年网络剧综合排名表①

排名	剧名	播放平台	上映时间	评论数	百度指数	豆瓣评分	播放量（万）	市场占有率
1	大军师司马懿之虎啸龙吟	优酷	2017/12/7	177 661	暂无	8.4	361 347	2.88%
2	柒个我	腾讯视频	2017/12/13	360 795	65 749	4.9	356 369	4.03%
3	琅琊榜之风起长林	爱奇艺	2017/12/18	2 346	66 228	8.5	161 941	5.19%
4	溏心风暴3	腾讯视频	2017/11/27	55 456	暂无	6.2	108 702	0.92%
5	龙日一你死定了	腾讯视频	2017/12/7	109 377	暂无	2.8	88 652	0.65%
6	艳骨	优酷	2017/12/27	67 675	34 084	6.9	87 703	1.89%
7	那刻的怦然心动	芒果 TV	2017/12/18	16 830	7 626	暂无	53 917	0.04%
8	端脑(网络剧)	搜狐视频	2017/12/6	4 108	暂无	7.6	42 238	0.79%

---

① 骨朵数据.网络剧总播榜[EB/OL].(2017-12-31)[2018-02-13].http://data.guduomedia.com/.

排名	剧名	播放平台	上映时间	评论数	百度指数	豆瓣评分	播放量（万）	市场占有率
9	梁山伯与祝英台新传	腾讯视频	2017/12/4	20 257	暂无	暂无	37 059	0.15%
10	国士无双黄飞鸿	腾讯视频	2017/12/5	29 900	暂无	暂无	31 987	0.39%
11	器灵第二季	搜狐视频	2017/12/22	1 795	暂无	暂无	18 871	1.03%
12	见习法医	爱奇艺	2017/12/19	2 916	3 839	暂无	15 424	0.74%
13	龙凤店传奇	爱奇艺	2017/11/6	149	暂无	暂无	14 666	0.06%
14	不负如来不负卿	腾讯视频	2017/12/20	16 766	暂无	暂无	8 785	0.24%
15	假凤虚凰第三季	爱奇艺	2017/11/28	54	暂无	暂无	4 449	0.05%

其中,爱奇艺是数量和口碑的双重赢家。2017 年爱奇艺的网络剧多达 160 部,占全网总数量的 54.2%。同时,全网豆瓣评分 8.0 分、评分人数达 1 万人及以上的网络剧共 11 部,爱奇艺独占 6 部。① 另外,爱奇艺高口碑网络剧的豆瓣评分非常集中,主要在 8.0—9.0 分之间,豆瓣评分 TOP10 的独播网络剧的平均评分为 8.0 分,展现出平台的高品质内容创作水准(见图 7)。

优酷同样成绩耀眼,2017 年网络剧播放量 TOP10 中六成剧集为优酷独播网络剧,占领头部剧市场半壁江山,其中《大军师司马懿之军师联盟》《大军师司马懿之虎啸龙吟》《白夜追凶》三部大剧评分均在 8.0 分以上(见图 8),前两者凭借精良的制作在排播上实现了先网后台,后者则是首部走电视剧立项流程的罪案题材网络剧集,原创剧本悬念十足,最终播放量达 47 亿、豆瓣口碑破 9.0 并成为首部出口海外的国产网络剧。

---

① 骨朵数据.2017 年网络剧报告:年度总播放量猛增,口碑剧频出,好故事成制胜关键[EB/OL].(2018-01-08)[2018-02-13].http://news.guduomedia.com/? p=24811.

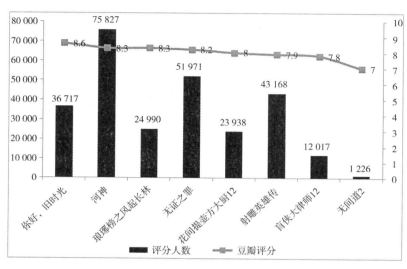

图 7　2017 年爱奇艺独播网络剧豆瓣评分 TOP10①

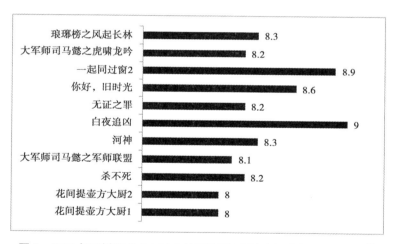

图 8　2017 年豆瓣评分 8.0 以上的网络剧(部均参评人数万人以上)②

①② 骨朵数据.2017 年网络剧报告:年度总播放量猛增,口碑剧频出,好故事成制胜关键[EB/OL].
(2018-01-08)[2018-02-13].http://news.guduomedia.com/? p=24811.

在爆款网络剧盛行的当下,互联网平台不再慢卫视一步,网台联动的现象开始增加(见表4)。自2015年各地方卫视开始执行"一剧两星"政策以来,先网后台经历了从无到有的飞跃。2017年前三季度已有12部网络剧实现了网台联动。

表4　2017年网络剧进军卫视周播剧场情况①

卫视播出平台	剧名	网络播出平台
湖南卫视	择天记	腾讯视频
	漂亮的她	乐视视频
东方卫视	鬼吹灯之精绝古城	腾讯视频
	轩辕剑之汉之云	乐视视频
北京卫视	盗墓笔记之云顶天宫	腾讯视频
	诛仙青云志	腾讯视频
	风声	腾讯视频
	大唐荣耀	腾讯视频
	封神之天启	腾讯视频
	十年一品温如言	腾讯视频
安徽卫视	盗墓笔记之云顶天宫	腾讯视频
	诛仙青云志	腾讯视频
浙江卫视	极品家丁	优酷土豆

事实上,将网络剧输送给电视台,是网络剧制作方解决收入问题的途径之一。输入电视台的网络剧,版权费用归于制作方,视频平台方不参与分成。② 因此,尽管这一举措存在风险,但同时也倒逼平台方不断完善自身、开放合作。有业内人士预测,未来全媒体平台播放或将成为新常态,媒体间的受众、周期、传播效果的优势互补与跨媒体合作,将为网络剧带来更大的投放平台。③

---

① 2017年周播剧场前瞻,六家卫视台加入战局[EB/OL].(2016-12-29)[2017-03-01].http://ent.163.com/16/1229/12/C9F2GAGM00038FO9.html.
② 李星儒,佘贤君,王蓓蓓.网络剧内容博弈与商业模式变革[J].现代传播,2016,38(12):6-10.
③ 中国文化报.黄金3年:网络剧之路何去何从[EB/OL].(2016-08-06)[2018-03-10].http://www.ce.cn/culture/gd/201608/06/t20160806_14575161.shtml.

可以说,随着网络视听行业的发展、用户收视习惯的转变、商业模式的日渐多元以及对高品质内容需求的增加,平台方和内容制作方的合作发展出了更高级别的"共生关系":平台方逐步参与到内容生产的过程中,与内容制作方的关系从以往单一的产购模式延伸到制作、宣发、用户运营以及商业变现等多方面,实现了长期、深度协同。①

最后,资本增加,专业"玩家"入场,抬高网络剧制作门槛。

2017年网络剧产业依然获得了大量影视资本的青睐(见表5)。具体而言,2017年爆款网络剧的资本方有两种。第一,上市公司。出品方本身为影视上市公司,或有其他行业上市公司入股,譬如传统影视制作公司慈文传媒(禾欣股份)、华策影视、当代东方、盟将威影视,以及生产和销售毛线出身的鹿港科技等。第二,大财团、资本管理中心、有限合伙基金等,如正午阳光背后的华人文化、新圣堂背后的小米、五元文化背后的经纬创投、留白影视背后的诸多基金资管、华影欣荣背后的北京艾亿新融资本管理公司等。②

这些专业"玩家"中既有诞生之初就获得资本一路扶持的"幸运儿",如华策影视与剧可爱工作室,也有"出身贫寒",依靠自身努力获得资本方青睐、成功融资多轮的新公司,如五元文化、留白影视、小糖人文化、新圣堂影业、正午阳光、工夫影业。

表5 2017年网络剧制作投资情况(公开资料)

影视公司	代表作品	制作方向	投资事项
新片场	《魔力美食》《造物集》《魔力TV》《耐撕男女》	短视频、网络大电影、网络剧、网络综艺等	2012年获九合创投数十万天使创投;2014年红杉资本3 600万认购公司16%股份,整体估值超2亿;2016年天星资本领投、红杉资本跟进C轮7 000万,公司估值6.7亿;2017年D轮投资,公司估值10亿

---

① 杨伟东:大视频下半场 平台和内容方正从产购转向共生关系[EB/OL].(2017-10-25)[2018-01-15].http://tech.ifeng.com/a/20171025/44729825_0.shtml.

② 骨朵网络剧.2017年有14部爆款网剧,背后的出品方们活得可还好[EB/OL].(2017-12-21)[2018-01-15].https://www.huxiu.com/article/226738.html? f=member_article.

影视公司	代表作品	制作方向	投资事项
万合天宜	《万万没想到》	网络剧	2015 年 5 月获红杉资本 A 轮投资数千万；2015 年 10 月磐石资本和盈信资本跟进 B 轮投资
柠檬影业	《好先生》《小别离》《择天记》	电视剧、网络剧为主	2015 年获腾讯产业共赢基金/腾讯 A 轮投资 1 亿元；2016 年弘毅资本、腾讯产业共赢基金/腾讯和芒果基金共同投资 5 亿元
以梦为马	《装哔学院》	网络剧	2015 年获微影资本天使轮融资；2016 年获丰厚资本 Pre-A 轮融资 650 万
新圣堂影业	《花间提壶方大厨》《怪医黑杰克》	网络剧	2016 年获小米、华谊兄弟投资，金额未曝光
壹亿威威	《刀剑缭乱》	网络剧	2016 年鼎青资本领投、逐鹿资本跟投 Pre-A 轮 1 200 万元
奇树有鱼	《倩女箫魂》	网络大电影、网络剧等	2016 年获战略投资，金额 3 500 万，投资方为中南红文化集团、嘉信伍号；2017 年完成 B 轮投资，金额不详
淘梦	《四平青年》系列、《道士出山》系列、《国产大英雄》系列	网络大电影、网络剧等	2014 年获娱乐工厂 200 万天使投资；2015 年获游族网络 4 000 万 A 轮投资；2016 年获 4 400 万 A+轮融资，投资方为厚德前海基金，估值超过 5 亿
留白影视	《九州·朱颜记》	网络剧	2016 年获南山资本 A 轮融资数千万；经纬中国跟进 B 轮融资，金额未公布；富春通信领投，经纬中国、微影和南山资本跟投 8 000 万
蓝港影业	《我与你的光年距离》	网络剧	蓝港互动集团增资，A 轮融资 1.3 亿
乐漾影视	《太子妃升职记》	网络剧	A 轮融资，估值达到 12 亿，投资方包括鼎晖投资、柠檬影业和乐开花基金
红龙娱乐	《魔游记》	网络剧、网络综艺	A 轮融资 1 000 万元，上海云椿基金领投
向上影业	《牧野诡事》	电影、网络剧	天使轮融资，估值 3 亿，华谊兄弟领投，时尚集团、点睛基金跟投。A 轮融资近亿元，君联资本领投，投资比例超 7%，钧源资本跟投。本轮融资后，估值 14 亿
铁马影业	中国版《世界奇妙物语》	网络剧、网络综艺	天使轮融资百万元，由薛蛮子投资

除了传统影视资本外,涌入局中的还有一大批传统影视从业者,如影视编剧、制片人于正(原名余征)近两年也开始与视频平台合作制作电视剧,代表作品有与芒果TV联合制作的《半妖倾城》、与爱奇艺联合制作的《美人为馅》。又如从演员转型为导演的侣皓吉吉于2015年执导了被称为中国版《来自星星的你》的网剧《ESP异能》和爆款网络剧《太子妃升职记》,其中,后者是由乐视网创始人贾跃亭的妻子甘薇持有的乐漾影视制作的;2017年,侣皓吉吉又担纲了网络剧《将军在上》的艺术总监。此外,《娱乐现场》的首席编导、搜狐视频影视制作部总监朱振华(现任北京小糖人文化传媒有限公司总经理),也曾担任过搜狐视频独立制作的网络剧《匆匆那年》的制片人、爱奇艺与小糖人文化联合制作的网络剧《最好的我们》的总制作人,前者是搜狐视频的周播剧项目,最终以4亿播放量收官,后者于2016年4月开播,在播毕时收获20亿播放量。

推动传统影视从业人员和制作公司投身网络剧的,除了网络剧为艺术探索提供的可能外,还有其新盈利模式所带来的可观红利。传统电视台的盈利模式过分看重收视率,这为收视率造假、购销环节腐败等问题提供了温床。这种风气难免使得一些精品长期得不到回馈,长此以往,带来的将是佳作和人才数量的大幅跳水。此时,网剧的分账模式(见表6)为注重品质、无意投机的影视剧制作公司打开了又一扇门。这种透明化、完全依靠会员点播率来确定分成的模式经过一段时间的磨合、完善,已拥有一定的成熟性和完整性,再加上目前移动端用户增多、传统媒体受到极大冲击的行业背景,涉足网络剧领域的"玩家"将越来越专业。在制作水准、影响力等方面,网络剧集和电视剧之间的差距将越来越小。

表6 2017年网络剧的合作方式与分账模式①

平台	合作方式	分账模式	推荐规格
腾讯	参股(控制在50%以内)	拉新会员	每集25—30分钟;16集
		CPM(前贴片广告)	
	无投资联合出品	发行渠道	

---

① 网剧分账模式初现"爆款面相",影视剧行业或面临"大洗牌"[EB/OL].(2017-05-03)[2018-01-13].http://www.sohu.com/a/138044993_505774.

平台	合作方式	分账模式	推荐规格
爱奇艺	委托承制	会员付费期分账金额	每集 45—60 分钟;一季 12 集
	联合投资	贴片广告	
	制片方拍摄,爱奇艺购买	植入广告	
搜狐	基本按照 5:5 投,也会根据合作方需求,合作按照 6:4 或 7:3 的比例进行投资	线上广告收益	每集 30—40 分钟
		会员付费收益	
		线下植入广告收益	
		电视发行收益	

〔周逵,中国传媒大学新闻传播学部副教授、硕士生导师;叶奕宏,中国传媒大学新闻传播学部硕士研究生〕

2017 年网络选秀节目:颠覆与重构

姜宇佳

摘要:2017 年,音乐选秀类节目在互联网平台蓬勃发展,四大主流视频网站均在暑期推出选秀节目,掀起又一股选秀热潮。以《中国有嘻哈》《明日之子》《快乐男声 2017》为代表的网络选秀节目在多个方面实现了对电视选秀节目的创新突破。在叙事方式上,充分挖掘并放大录播、直播两种模式的优势,剧情式真人秀大幅革新传统电视选秀节目形态和叙事理念,直播节目也融合真人秀元素,探索直播新玩法;在竞赛机制上,对传统评委角色的功能进行颠覆式创新,赋予网友更多话语权,赛制设置更为复杂多元,形成全新人物关系和矛盾冲突;在造星思路上,以互联网思维打造下一个偶像,题材垂直细分、展现圈层文化,同时布局全产业链、释放 IP 价值。

关键词:选秀节目;剧情式真人秀;竞赛机制;亚文化

选秀类节目的繁荣,是 2017 年网络节目市场的突出亮点之一。爱奇艺、腾讯视频、优酷、芒果 TV 等主流视频网站均在第三季度布局音乐选秀节目,在 2017 年暑期掀起了一股互联网选秀热潮。

腾讯娱乐综艺白皮书数据显示,《明日之子》《中国有嘻哈》播放量均远超 20 亿,《快乐男声 2017》的播放量也将近 20 亿(见表 1),进入 2017 年度网络自制综艺播放量前五位,与已成为季播品牌的《爸爸去哪儿》《明星大侦探》等共同组成网络综艺第一阵营,音乐选秀类节目经久不衰的对大众的吸引力再度展露。

表1　2017年网络选秀节目播放量与口碑概况

节目名	播出平台	播放量(亿)	豆瓣评分
中国有嘻哈	爱奇艺	29.10	7.1
明日之子	腾讯视频	41.41	5.4
快乐男声2017	芒果TV、优酷	19.95	6.3

受政策约束、传播渠道改变、视频自制市场成熟、视频消费习惯变化等多重因素的影响,音乐选秀类节目的主阵地由电视转移至互联网。这一批在互联网平台爆发的选秀节目,与《超级女声》《中国好声音》等现象级电视选秀节目又有着明显差异,在叙事话语、竞赛机制、互动方式、造星理念、文化输出等方面都实现了创新突破,而从制作规模、播放量、社会影响力等维度考量,2017年的网络选秀节目将网络综艺与电视综艺的距离再度拉近。

一、网络选秀节目概况:头部平台、资深制作团队对互联网选秀模式的全新探索

在电视选秀时代,音乐选秀类节目是各大电视台的年度重磅项目之一,往往被编排在竞争最为激烈的暑期周末档,肩负拉动平台收视率的重任。2017年的互联网音乐选秀类节目也是视频网站投入不菲、倾全平台之力打造的头部项目,爱奇艺的《中国有嘻哈》、腾讯视频的《明日之子》、芒果TV与优酷联合出品的《快乐男声2017》,都是各平台2017年的重点自制综艺。

其中,《中国有嘻哈》投资额超两亿,是爱奇艺2017年唯一的S+级重点自制综艺,据爱奇艺首席内容官王晓晖介绍,《中国有嘻哈》是迄今为止爱奇艺投资最多的头部网络综艺。《明日之子》《快乐男声2017》的制作投入也达到网络综艺的顶尖水平。各大视频平台均打通全站资源,为这些头部节目保驾护航。

从制作力量来看,三档节目均由电视选秀节目制作经验丰富的资深制作团队操刀,金牌电视团队在互联网平台展开了一场关于音乐选秀的正面对决。《明日之子》由"选秀教母"马昊领衔的团队打造,也是龙丹妮和马昊从天娱传媒离职、创办哇唧唧哇娱乐文化有限公司后制作的首个项目;《快乐男声2017》

的制作团队鱼子酱文化也曾是"电视湘军"的一股中坚力量,总导演陈刚是经过多届《超级女声》《快乐男声》历练的资深选秀节目导演;《中国有嘻哈》更集结了四大总导演级电视制作人——爱奇艺高级副总裁、原浙江卫视《中国好声音》《我爱记歌词》制作人陈伟,《蒙面歌王》总导演车澈,《奔跑吧兄弟》三季总编剧岑俊义和《跨界歌王》总导演宫鹏共同操盘这档超级网综。

制作团队即便都有着丰富的电视选秀和真人秀节目生产经验,但首次操刀互联网选秀节目,对节目形态、运营逻辑、突破方向都需要展开全新探索。《快乐男声2017》是三档节目中唯一拥有品牌和受众基础的老牌节目,转战网络后,在保留选拔男性音乐偶像的节目宗旨的基础上,融合互联网思维,把握新传播规律,探索互联网版"快男"的新模式和玩法。

《明日之子》的选拔目标与《快乐男声2017》颇为相近。曾专注于年轻偶像养成十余年的哇唧唧哇马昊团队,此次联合企鹅影视、东方娱乐、新浪微博在互联网时代音乐偶像的挖掘、养成和经营方面共同发力。与传统电视选秀不同的是,《明日之子》更注重圈层偶像而非大众偶像的养成,这是基于对95后、00后等新时代主流年轻受众兴趣爱好和审美需求的研究而做出的调整,主创团队预判,未来不太可能再产生大众偶像,接下来的偶像一定是圈层偶像,也就是在某个圈层做到极致的人物,而《明日之子》正希望制造"未来十年的偶像"。

《中国有嘻哈》是2017年三档互联网选秀节目中最具差异化特点的一档,也是近些年台网音乐类节目中为数不多的以小众音乐为切入口的一档节目,其定位于"中国首档hip-hop文化推广节目",只聚焦嘻哈音乐的综艺表达。由于选题过窄、内容不够主流、体量过大,起初《中国有嘻哈》并不被看好,但对国内音乐市场和年轻用户消费情况有较深入研究的车澈团队认为,嘻哈音乐近几年正呈现抬头之势,拥有广阔的市场前景,若将小众文化与大众化制作方法相结合,或能撬动这一拥有无限想象空间的细分市场。在主创团队的坚持和爱奇艺探索创新领域的决心的支撑下,这场"豪赌"最终取得成功,《中国有嘻哈》成为2017年一档爆款网综,在播放量、口碑、话题度、影响力等多项指数上领跑年度台网综艺节目,比肩一线卫视的王牌综艺。

二、叙事模式:剧情类真人秀与直播真人秀的选择

从节目形态和叙事模式来看,十余年来,音乐选秀类节目的创作主要集中于两大方向:一种是以《超级女声》《快乐男声》为代表的直播模式,以线性叙事为主,侧重于呈现比赛现场的真实情况,强调现场感和互动性;另一种是以《中国好声音》为代表的录播真人秀模式,打破时空限制,用丰富的蒙太奇手法重新架构故事,强化矛盾冲突与悬念设置,以形成更强的戏剧张力和感染力,激起情感共鸣。

网络选秀节目的叙事主要也基于这两种模式,力图充分挖掘两种模式的优势和魅力,并将其发挥到极致。《中国有嘻哈》和《快乐男声2017》前半程都定位为剧情式真人秀,追求戏剧性;《明日之子》和《快乐男声2017》最后阶段的个人冲冠赛则立足于直播,实现全民的实时参与和互动。

实际上,这两个方向也体现了音乐选秀类节目的两种迥异的叙事逻辑和表达诉求——真人秀要打造的是鲜活的人物和精彩的故事,而直播的第一要义是让全民参与到造星活动中来。叙述方式是由节目的首要目标决定的,而每种选择自然会伴随着取舍,直播放弃了精心编织的故事的戏剧性和流畅度,录播则损失了一定的互动性和真实感。

(一)剧情式真人秀的异军突起:选秀节目形态与叙事理念的全面革新

"剧情式真人秀"是2017年互联网选秀节目创作的一个关键词。梳理《中国有嘻哈》的"爆款法则"可以发现,除了创新垂直题材的大众化传播外,剧情式真人秀的叙事机制也是一大制作要点。主创团队将真人秀的属性置于比选秀更高的层面,打造以嘻哈偶像养成为主线的剧情式真人秀,而选秀只是这档真人秀节目的骨架和故事线索。相较于电视选秀类真人秀,《中国有嘻哈》的创作理念和表达方式向剧集进一步靠拢,也就是说,节目更注重塑造人物、讲述一个跌宕起伏的戏剧故事。《快乐男声2017》的叙事思路与《中国有嘻哈》不谋而

合,节目前半程的形态接近于记录真人真实故事的剧集,主创团队更是直接将节目形态定义为比真人秀情节更丰富的"真人剧",在真实记录、真人表达的基础上,提供更具有剧情连续性的收视体验,也就是类电视剧的观感。

《中国有嘻哈》对标的并非以往的电视选秀节目,而是《嘻哈帝国》(*Empire*)、《少年嘻哈梦》(*The Get Down*)这些嘻哈题材的美剧,节目所要呈现的就是以选秀比赛为底层逻辑,发生在嘻哈选手与制作人之间的充满冲突、悬念、转折等戏剧元素的故事;《快乐男声2017》则侧重于刻画男生们的成长之路,其中包含错综复杂的人物关系、各种情感和个人目标的实现等,整体上看,就如同一场能引起观众精神共鸣的"人生大戏"。这样的定位使得两档节目从策划、录制到剪辑,都与传统选秀节目有着明显不同。

这两档节目都引入了真人秀必不可少的编剧工种,凸显了编剧讲故事的功能和价值。具体来说,编剧团队的工作主要包括:尽可能全面地搜集、了解选手和制作人的信息;刺激选手、制作人还原真人秀状态,帮助他们释放真实性格;通过他们的种种表现,分析每个人的性格特点,在后期进行相应的放大或弱化;在后期剪辑时重新梳理故事架构,形成主次人物、强弱节奏,运用蒙太奇技巧设置悬念、放大冲突,树立人物形象。最终呈现的每一期节目内容,是主要人物、叙事话语、情节线索都不尽相同的多样性故事。

从真人秀内容所占分量和剧情化呈现方式来看,在2017年的三档网络选秀节目中,《中国有嘻哈》对传统选秀形态的突破最大。节目引入美剧化剧情架构,常用闪回、插叙、倒叙等突破常规的线性叙事方式,每期都会为故事情节提取一个主题并在结尾留下悬念,而塑造人物和完整叙事的目标则得以实现。仅前两期节目,就做到了有效突出三组制作人和部分选手的性格标签,吴亦凡的"有freestyle吗?"、张震岳的"我觉得不行"、热狗的"我觉得OK"在后期剪辑的强化下给人留下深刻印象,成为在网络上传播很广的"金句"。另外,"地下嘻哈歌手"与"偶像练习生"也明显被划分为两个阵营,两者之间的冲突和对抗是第一阶段的重要看点之一。

《快乐男声2017》也对电视版节目进行了颠覆革新式升级,将原有的舞台赛事逻辑变为真人秀体系的表达,叙事的重点也不再停留于竞技和晋级淘汰的过程,而是呈现赛制刺激下的人物真实表达和矛盾冲突,展现人物性格和个人魅力。因此,舞台下的记录内容占比明显升高,每个选手的性格得到全方位展示,冲突、反转等在故事中时有发生。从团战起,《快乐男声2017》戏剧冲突爆发的频率就很高,每期基本都会出现不同组人物之间矛盾的爆点,杨梓鑫屡次对决焦迈奇落败不服、黄榕生与洪雨雷"兄弟反目",这些真人秀记录内容甚至比舞台秀更受关注,同时也有助于塑造人物,让选手的不同面被观众看到。

真人秀形态与选秀、偶像养成题材的结合,两年前就已成为潮流,观众对这类节目已不陌生,但《中国有嘻哈》和《快乐男声2017》都选择将真人秀叙事置于音乐竞技逻辑之上,比赛进程中一个个插曲时常盖过选手们的音乐表演成为焦点,矛盾冲突比音乐更抓人眼球,还带有一定的冒险成分。海选阶段是《快乐男声2017》真人秀内容比例最高的阶段,人物和情节占据绝对主导地位,观众的关注更多集中于选手演唱片段之外的内容,但一些特色选手的形象已经树立起来。《中国有嘻哈》中也有近乎纯粹的真人秀内容,例如,连续两天完成两场即兴创作和演出的15进12、12进9,每期都只有3首歌的表演,过高比例的真人秀故事打破了观众对音乐选秀节目的传统印象,但节目上线2小时50分钟后,播放量便突破2亿,刷新了播放量纪录。从播放效果上看,观众对于剧情式真人秀形态的选秀节目同样买账。

从《中国有嘻哈》《快乐男声2017》对剧情式真人秀的极致追求能看出互联网选秀节目对传统电视选秀叙事理念和形态进行革新的力度,而这种相对较新的视频产品通过市场的检验并被广泛接受,在一定程度上也反映了观众对选秀类节目的审美的变化以及对新形态的渴求。

(二)直播与互联网的碰撞:融合真人秀表达,升级选秀直播玩法

与《中国有嘻哈》《快乐男声2017》相对应的是,《明日之子》选择了观众最熟悉的直播模式来诠释选秀。节目主创团队——马昊团队操刀过多届《超级女声》《快乐男声》,是电视音乐选秀节目制作经验最丰富的团队之一,而此次《明

日之子》的制作,继承了流淌在团队血液中的直播基因,继续以直播模式探索网络选秀节目创作。

"直播+综艺"是网络直播火爆后被争抢的一片高地,各大视频平台、直播平台都曾试水"直播+综艺"的新玩法。在电视选秀时代,选秀类节目就是直播形态最主要的节目品类之一。转战互联网后,选秀仍被视作最适合与直播结合的题材,直播的即时感、互动性、真实性,也是选秀类节目所珍视和缺少的。因此,《明日之子》在三期"新手战"后,开启全程直播模式,在节目内容和赛制设计中凸显直播优势;用户可以深度参与比赛进程,通过投票决定选手命运,获得与选手"同呼吸、共命运"、亲身参与下一个偶像的制造的体验。这是录播模式所难以实现的。

而直播需要解决的一大难题,是如何平衡直播播出模式与真人秀表达的关系,既要满足偶像养成进程中用户实时互动、参与造星的需求,又要在表现选拔性赛事的同时,叙述一个完整的戏剧性故事。兼顾两种要素和诉求的直播类真人秀,成为互联网选秀节目打造的目标。

《明日之子》《快乐男声2017》在直播阶段均在破解这一难题方面下了一番功夫,力求在传统电视选秀节目的直播形式上有所突破,在直播中融入更多的真人秀元素。编剧通过对选手、星推官和召唤师现场表现的预判,在流程和环节设计中有所侧重,如赛制的规划、VCR的主题和拍摄方向的设计、表演曲目的选择、现场互动等环节的设置,这些都能对人物性格魅力的释放和真人秀戏剧效果的强化起到一定的刺激作用。同时,在技术手段、叙事手法等方面,节目突破直播常规,利用创新方式在直播中捕捉关键性细节,从而达到塑造人物的目的。

较为典型的是《快乐男声2017》个人冲冠赛中的一个创新性尝试:导播将召唤师"私下"的互动交流传输到直播信号中,选手的出场准备与召唤师的交流形成类似两个现场的纪录内容,在直播模式下切换呈现,营造出了类真人秀的剪辑效果。直播类真人秀的操作难度不小,2017年的网络选秀节目在保证安全顺畅直播的基础上寻求新突破,从多角度完善舞台赛事直播,紧扣观众心理,更好地为节目叙事和造星服务。

近几年,各视频平台均在直播综艺领域积极布局和探索,而2017年的音乐选秀类节目是市场反响最佳的直播综艺品类。这几档取得不俗播放量的节目也为视频网站培养用户直播观看习惯作出了积极贡献。《明日之子》首场直播的在线观看人数便高达2 400万,一举打破了腾讯视频2016年王菲演唱会直播时2 200万的在线观看人数纪录,①12场直播平均在线观看人次超3 000万,单场最高达3 980万。这说明互联网直播选秀类节目的播出模式正逐步被观众所接受。不过同时也要正视的是,对主创团队大型直播操作经验、业务水平和应变能力要求颇高的互联网直播模式,仍存在一些制作难题待解,如《明日之子》发生了节目直播中断事故,给节目带来了一定的负面影响。另外,如何提高用户投票影响选手命运这一机制的合理性和专业度、保证投票数据的真实性和透明度等,都是网络选秀节目直播所要着力解决的问题。

三、竞赛逻辑:评委角色的重塑与选秀机制的迭代

作为竞技类节目的一个重要分支,音乐选秀类节目区别于其他类型的一大特点便在于竞赛机制。对比赛逻辑和选拔机制的不同选择,会给节目带来迥异面貌。规则,是真人秀叙事的重要结构元素。对于以竞技性为核心要素的选秀类节目来说,赛制、规则更是对故事的架构和走向起着举足轻重的作用,也是调节选手、评委等不同人物关系的杠杆。

2017年的网络选秀节目在竞赛逻辑、赛制设置等方面力求对传统电视音乐选秀类节目进行突破:推翻专业人士掌握主导权的传统规则,放权给普通大众,网友的选择意见成为重要的评判依据;舍弃"评委""导师"设置,明星在比赛中承担新角色,功能发生巨大变化,年轻偶像被大胆起用,打破资深音乐人垄断的传统;赛制复杂多变,人物之间不断产生新的关系、形成新的矛盾,戏剧冲突连续上演,反转不断、剧情起伏。

---

① 王老吉凉茶:泛娱乐时代　王老吉联手《明日之子》点燃夏季营销高峰[EB/OL].(2017-12-22)
[2018-02-27].http://www.qianjia.com/html/2017-12/22_281401.html.

(一) 弱化专业评委话语权,网友成为造星重要力量

选手与评委、学员与导师,是传统电视选秀节目中最为常见的人物关系。这样的设置也直接决定了主导权的归属。通常情况下,评委或导师在比赛进程中掌握着绝对的话语权,相对单一和不透明的评选机制使得选秀节目常年被"黑幕说"笼罩。2017年涌现的互联网选秀节目,都力图在竞赛规则上打破传统,改变由专业人士选拔下一个偶像的原有造星逻辑,弱化专业评委在比赛中的作用,放权给普通大众。

这也体现了网络选秀节目精神内核的变化。基于90后、95后的个性特征和表达方式,网络选秀节目多将年轻一代的反叛精神、对权威的解构融于赛制设计,弱化传统评委的绝对话语权,为更多年轻观众提供表达态度和观点的空间。这也是网络选秀节目回归受众本位、尊重用户在内容传播中主体地位的一种反映。

在竞技规则上,《快乐男声2017》《明日之子》都强调了对传统封闭式选秀模式的推翻,尽可能地将观众的喜好和选择列入参考范畴,甚至将大众的意见作为主要评判依据。《快乐男声2017》的创新点之一便在于"去评委化",不仅取消评委这一经典配置,让歌坛前辈扮演"音乐召唤师"这一新角色,同时首创"挑食少女团",尝试"女生选男声"的新方式,将选择权交由眼光挑剔的年轻女观众,让她们为自己定制音乐偶像。另外,网络人气也是重要考量标准,尤其是赛程的最末段,代表大众声音的网络人气成为决定选手去留的最关键的因素。"音乐召唤师""挑食少女团"和网络人气形成全新的"三方制衡"机制,综合音乐行业专业人士、年轻女性以及互联网网民三方意见的赛制,更利于对选手做出较为全面准确的评价,从而选出适合当下音乐市场的下一个偶像。

《明日之子》更直接地将观众所熟悉的以明星评委为主的选拔机制更新为明星和网友共同推荐的机制,节目中不再出现"评委""评判"等传统概念,而是用"星推"和"粉推"两大推荐模式来代替选拔。明星和粉丝作为最核心的两方力量,向大众推荐具备偶像潜质的选手,并将其打造成明日偶像;这两种力量的

定位更接近于经纪人,而非评审。"粉推"与"星推"的并列,实际上也在强化网民在造星过程中的价值。从三大赛道的"新手战"起,12强就由"星推"的8个名额和"粉推"的4个名额组成,而进入直播后,"粉推"的人气票数对比赛结果影响更大。《明日之子》希望通过这种新的竞赛机制,打造全新的"粉推生态",建立未来年轻偶像和粉丝之间全新的互动关系。节目的目标是用新的造星逻辑引领选秀类节目开启新篇章,构建真正由粉丝打造未来偶像的选秀生态。

(二)创新评委角色与功能,大胆起用年轻偶像

值得一提的是,三档互联网选秀节目无一例外地舍弃了"评委""导师"等传统角色设置,专业人士和前辈扮演的新角色都使用了网络感很强的新名称,从中也能看出新一代选秀节目颠覆人物关系和竞赛机制的强烈意愿。

《快乐男声2017》由李健、罗志祥、陈粒三位音乐人担任"音乐召唤师"——这个借鉴了网络游戏设置的新称谓具有浓厚的二次元色彩,与作为选秀主力群体的95后更为贴近。总导演陈刚介绍,"音乐召唤师"意为音乐的引领者和召唤者,这些音乐人根据自己对新生代"快男"的认知,对选手做出专业评判,"召唤"出符合他们心目中的标准的"快男"。而每位"音乐召唤师"选出自己战队的选手后,就将与他们的命运绑定,全力以赴打造音乐偶像,"召唤师找到符合设定的未来的'快乐男声',就要赌上自己的名誉、自己在节目里面的命运来打造"①。

《明日之子》则在"星推""粉推"的新机制下,设置了"首席星推官"的角色,杨幂、薛之谦、华晨宇分别担任一条赛道的"星推官","美颜""独秀""魔音"也与三人各自的优势和特色相匹配,这种各守一方的设置更利于他们基于自身的音乐审美和从业经验,发现并推荐人才。使用"星推官"这一定义,"是希望他们

---

① 江来.音乐召唤师取代传统评委,李健罗志祥陈粒与快男选手"生死与共"[EB/OL].(2017-05-17)[2018-02-27].http://mp.weixin.qq.com/s/MnoME7Ab-0xCod-pKjIl9w.

以经纪人的角色,用自己的能力为行业、大众,发现、挖掘、培养更多优秀的未来偶像"①。

《中国有嘻哈》中同样没有设置评委,而是由吴亦凡、张震岳和热狗、潘玮柏三组 hip-hop 音乐人担任"明星制作人"。不将明星定位为评委或导师,《中国有嘻哈》希望三组音乐人不单对选手的表演进行评判,更能在音乐制作、艺人包装等方面给选手更多实质性的帮助。因此,节目后半程中,"明星制作人"或与选手合作表演,或为选手的比赛支招,体现了"明星制作人"在比赛进程中的深度参与。

与电视选秀时代明星评委更注重资深、专业,多由在乐坛拥有高声望、老资历的领军人物、艺术家担任不同,网络选秀节目明星的选择标准更为多样化、年轻化,甚至多打破资深音乐人垄断评委席的惯例,大胆起用年轻一辈的偶像、实力歌手出任"类评委"角色,甚至出现了演员杨幂跨界担任"星推官"的情况。网络选秀节目从明星到选手,呈现出一派青春景象,一方面与电视节目形成明显区隔,高人气、高颜值的明星阵容更贴合网生代年轻观众的观看需求,能吸引更多网友关注和参与选秀活动;另一方面,多以剧情式真人秀为叙事形态的网络选秀节目选择这些综艺节目参与经验更为丰富的年轻艺人,对故事呈现更有帮助,新一代明星也能在与其他艺人、选手的互动中表现出更有趣的一面。

不过,伴随年轻艺人挑大梁的是部分观众对其专业性和权威性的质疑,尤其是对音乐经验和资历尚浅的吴亦凡、杨幂等人的非议声更高。而从节目赋予的权限和实际表现来看,这些年轻明星大多符合节目的角色设定,完成了推荐、选拔、指导、合作的任务。尤其是吴亦凡,充分展现了说唱方面的专业素质和对待音乐的认真态度,通过节目改变了不少网友的印象,第一期海选考核中出现频次极高的"有 freestyle 吗?"更成为年度热门网络用语。

在 2017 年三大选秀节目之后,年轻"流量"明星出演类似评委的角色逐渐成为常态,几乎每档网络偶像养成类节目、选拔类节目都有年轻艺人的加盟,一

---

① 薛之谦华晨宇任《明日之子》星推官　共证偶像诞生[EB/OL].(2017-04-10)[2018-02-27].http://ent.qq.com/a/20170410/029048.htm.

些节目甚至采用了全"流量"阵容。2018年最受瞩目的两档街舞节目的明星嘉宾分别为鹿晗、陈伟霆、王嘉尔、宋茜和易烊千玺、黄子韬、罗志祥、韩庚,另外,《偶像练习生》也邀请张艺兴担任功能性最重的"全民制作人代表"。

(三)赛制复杂多元,形成全新人物关系和矛盾冲突

由于2017年视频网站的多档选秀节目都以真人秀形态呈现,选秀与戏剧性表达的目的共存,所以赛制的设置更为复杂。观众所熟悉的传统选秀模式和全新赛制、规则都在节目中有所运用,这使得糅合多元玩法的互联网选秀节目呈现出令人耳目一新的面貌。其中,《中国有嘻哈》《快乐男声2017》对赛制的整合创新最为典型。

从海选到总决赛,《中国有嘻哈》的12期节目中包含12场比赛和近20轮比拼,而每轮竞赛的赛制都有明显差异,包含制作人投票决定晋级或淘汰、选手反选制作人、双选配对、挑战大魔王、车轮战败部复活、制作人帮唱等多元赛制,几乎囊括了所有选秀节目竞技规则(见表2)。这些赛制一方面来自真人秀叙事的需求,另一方面则来源于嘻哈音乐领域纯正的比赛规则,freestyle、1V1 battle等都是嘻哈圈原汁原味的比赛玩法。

表2 《中国有嘻哈》赛制

阶段	赛制	结果
海选	制作人面对面挑选	288进70
60秒个人秀	60秒即兴演唱原创rap作品	70进46
freestyle	制作人给出主题,考核freestyle	46进40
1V1 battle	两两分组,合作表演,二选一	40进20
败部复活	三组制作人在battle淘汰选手中分别选择一名复活	3位复活
双选配对	制作人公演,选手反选制作人并投票 制作人与选手进行双选配对,双选成功加入战队,反之则流局待定	23进15
战队5进4淘汰赛	24小时内准备规定主题的表演,观众投票淘汰每组最差的选手	15进12
战队4进3淘汰赛	24小时内准备制作人命题的表演,每组制作人淘汰一名	12进9

续表

阶段	赛制	结果
全国9进6突围赛	三组各出一名选手与三位"大魔王"(特邀嘉宾)PK,若胜出,则直接进入六强 三组制作人与组里两名选手合作表演,观众投票第一的团队,制作人选择一名直接进入六强,排名第二的团队两名选手待定,排名第三的团队制作人选择淘汰一名 待定的四名选手两两对决	9进6
全国6进4半决赛	六人两两PK,七位资深音乐制作人决定他们是晋级还是待定 待定的三人依次表演,七位资深音乐制作人决定一人晋级、两人淘汰	6进4
全国4进3半决赛	选手与帮唱嘉宾依次合作,观众投票的前两名进入总决赛 两名选手PK,由制作人决定晋级人选	4进3
复活赛	网络投票前六名的人气rapper进行车轮战	3+1→4
总决赛	制作人帮唱:观众投票 选手个人秀:三个直播平台实时投票,排名第一的成为冠军候选人,排名第四的淘汰 票数第三、四名1V1 battle,三组制作人决定胜出者 两名冠军候选人1V1 battle,评审团、制作人投票	冠亚季殿军

　　这样丰富的赛制带来了多样的戏剧性故事。从"地下军团"与偶像组合成员、练习生的竞争,到组队环节信息不对称的反选、盲选、互选,成就缘分或产生遗憾,再到三支团队为荣誉而战,火药味十足,以及帮唱环节选手同抢一位嘉宾、险些上演连环退赛,整季节目中冲突不断,赛况跌宕起伏,多期节目的戏剧冲突超出观众想象,也超出了主创团队的预期。制作人称录制过程频繁"失控",突发状况完全不在预想和掌控范围之内,但这些失控的桥段和画面都成为难得的真人秀素材。这些情节正是源于残酷赛制与选手的真性情、张扬个性的碰撞,在这一矛盾的持续发酵中,12场比赛在无预设和操控的情况下,便自然引发出这些强情节故事。

　　《快乐男声2017》的赛制同样多元,组队、团战、踢馆等阶段的真人秀故事极为出彩。这些阶段的赛制本身具备极强的不确定性,对选手和召唤师形成强烈冲击,在极限情境和赛制的刺激下,人物真实性格得到充分展示,戏剧效果自然产生。

而为了保证情节的丰满、扣人心弦,节目采用的赛制复杂多变,人物之间不断产生新的关系、形成新的矛盾。选手之间、选手与明星之间、明星之间等构成一系列矛盾关系,他们在竞赛中对抗、结盟、分裂、复合,使戏剧冲突不间断上演,整个过程反转不断、剧情起伏、高潮迭起。例如,选手与明星在三档节目中都深度捆绑,组成战队等形式的利益共同体,与其他战队形成对战关系,传统的选手与评委的二元对立关系被拓展为彼此选择、并肩作战的多维关系,这给剧情的发展提供了更多可能性。

另外,复活也是 2017 年选秀节目常用的一种竞赛机制。《快乐男声 2017》的 7V7 踢馆换位赛、《中国有嘻哈》的败部复活赛,都在关键时期提供新的刺激,不仅为在线选手带来强有力的冲击,也使节目衍生出了新情节,使得剧情更加曲折。

四、造星理念:亚文化的崛起与产业价值链的升级

造星,是音乐选秀类节目最根本的目的,无论选择何种竞赛机制、叙事模式,输出具有发展前景的下一个偶像是选秀节目的终极追求和出口。2017 年生长于网络视频平台的选秀节目,更为注重用互联网思维打造偶像,不仅在节目策划阶段就将造星的目标和方向植入主题、赛制之中,还进行了更为完善的偶像经营产业链布局,在节目制作之外持续推进偶像经纪、衍生品开发、线下演唱会等衍生业务,开拓多种盈利模式,拉长选秀产业价值链条。

(一)从大众偶像到圈层偶像,小众文化撬动大众市场

题材垂直细分、重推圈层文化,是互联网时代音乐选秀节目的特征之一。传统电视选秀节目以选拔全民偶像为要义,作为现象级的大众文化产品,其发展反映了大众审美的变化。十余年来,不同阶段的选秀节目中诞生的冠军、新偶像,某种程度上都对应着彼时大众的音乐审美,而满足大多数观众的审美需

求,是这些节目在造星方向上的共同特征。然而,随着社会群体和传播媒介的分众化发展,网民审美取向不断分化,即便是在分众属性更明显的互联网平台上,打造出全民偶像的可能性也变得微小。因此,2017 年网络选秀节目都在视角和策略上做出了调整,舍弃选拔大众偶像的思路,尝试培养各细分领域的圈层偶像。

《中国有嘻哈》是在所属品类中实现重大突破的一档选秀节目,它彻底打破了传统音乐选秀的文化属性,以史无前例的制作规模和大众化的表达手段,将嘻哈音乐这一垂直题材做成了在大众市场广受欢迎的爆款产品,打破小众文化难红的魔咒,实现了小众题材的破局。

嘻哈文化巨大的传播潜力和商业想象空间,是节目成功的根基所在。在海外,嘻哈文化已成为青年潮流文化的重要组成部分,嘻哈音乐是欧美音乐榜单上的常客,但在国内仍处边缘位置,市场价值未得到充分挖掘,在音乐选秀节目中只能成为佐料式的存在。不过,近几年嘻哈文化已经逐渐呈现出走红趋势,这一迹象在音乐热度、衍生品销售量等方面均有所体现。中国的嘻哈厂牌从2011 年开始大幅增长,2016 年国内嘻哈厂牌已经超过 33 家,并且分布于全国各地。中国最大规模的新音乐独立唱片公司摩登天空就在 2016 年成立了嘻哈厂牌 MDSK,并相继签下音乐制作人 Soul Speak、红花会、Tizzy T 等国内优秀hip-hop 艺人。[①] 年轻群体中流行的椰子鞋也是嘻哈文化的衍生品。因此,嘻哈文化看似小众,却蕴含电视化表达和商业化开发的无限潜能,尤其是在 90 后、00 后年轻受众群中,更有引爆热度的可能。对年轻人的审美偏好和精神需求的了解,使得这档嘻哈音乐题材节目具备了大众传播的条件。

《中国有嘻哈》的另一个突围逻辑是举全平台之力打造头部综艺品牌的"爆款"生产模式。爱奇艺整合所有可动用的资源,推动这一垂直节目的大众化传播,制片人陈伟将其描述为"最大的资源砸在一个最精准的小切口上,才能产生一次爆破"。此外,利用流行文化的融合和带动作用,选择在大众市场有号召力

---

① 申学舟.《中国有嘻哈》总制片人陈伟:4 小时破亿的纯网综艺是这么玩儿的[EB/OL].(2017-07-17)[2018-02-28].https://mp.weixin.qq.com/s/Z_pbqUWwNxOaBv6SZd66Iw.

的明星出任制作人并搭配大众喜闻乐见且有创新性的叙事模式和普适价值观，才实现了以小众嘻哈文化撬动大众关注潮流。

《中国有嘻哈》的成功，也让选拔竞技节目类型与亚文化的混搭成为综艺市场的一个风口。在扎根流行文化的传统选秀节目因制作程式化、审美庸俗化而显露疲态，市场趋于饱和后，深耕亚文化领域的垂直细分综艺节目便成为亟待开发的宝地。以亚文化为切入口，借助细分题材的陌生化特质，形成鲜明的差异化优势，成了音乐选秀类节目创作的新路径。经过《中国有嘻哈》的这次有益探索后，更多根植于亚文化垂直领域的综艺节目涌现出来。2018 年，街舞综艺成为市场热点，爱奇艺、优酷分别推出《热血街舞团》《这就是街舞》，在新品类上展开正面对垒。

《明日之子》虽然未垂直于单一领域，但在节目模式和造星逻辑上进行了全新设计，颠覆常规的依据便是分众传播时代受众审美的多样化和偶像需求的细化。节目对比赛的入口和出口都进行了更新，入口由以往的单一路径拓展为"盛世美颜""盛世魔音""盛世独秀"三大赛道，分别对应颜值、唱功和才华，选手可根据自身优势选择赛道，这体现了对年轻人主体性的尊重及对其自我意识的唤醒。而选拔标准的多样，也对应了大众审美观和价值观的多元。同时，节目首次引入"厂牌"概念，将选手的养成出口设定为"九大厂牌"，也就是为进入终极战的每名选手量身打造具有特定风格的独立偶像厂牌，设计专属 logo、VI，讲述独特的音乐故事，形成特色鲜明的个人 IP。这是音乐选秀节目首次以明星的标准对待选手，将每个年轻个体的特质发挥到极致。

《明日之子》从"三大赛道"到"九大厂牌"的设计，都围绕重塑多元审美观、展现圈层文化的初衷展开。最终在比赛中脱颖而出的准偶像都极具个性，都是相应圈层中的佼佼者，以往常见的选手风格重叠的现象被有效避免。"九大厂牌"涵盖二次元、嘻哈、民谣、古风等圈层文化，体现了九种年轻偶像的典型特征。与电视选秀节目的选手相比，进入"九大厂牌"的选手类型的确更为丰富，个人风格更为突出，一些不符合传统的大众偶像概念的选手也在多元文化共生理念的支持下，进入最后赛程，获得个人厂牌。例如，饱受争议的二次元选手荷兹成为选秀史上首个虚拟偶像;凭借原创歌曲走到最后的毛不易开创了全新的夺冠模式,其《消愁》《像我这样的人》《感觉自己是巨星》等原创作品获得了刷屏级传播效果。

(二)打通全产业链、IP价值最大化释放

长尾效应,是选秀类节目、偶像养成节目被看好的重要原因之一。选秀节目品牌化后,长尾价值超乎想象,衍生产业链的商业空间甚至比节目本身广阔得多。2017年视频网站集体"押宝"音乐选秀的背后,是对选秀节目的商业模式和产业布局的期待。因此,各大平台在项目启动前便进行了完善的产业生态构想。

在垂直细分领域投入大量资本,爱奇艺此举被行业视作一场"赌博",然而在承担巨大风险的同时,爱奇艺推出《中国有嘻哈》,实际上也饱含抢占潜在市场的意味。在节目策划阶段,爱奇艺就对产业链布局进行了相对完善的规划,力图搭建一个融合多元经营模式的嘻哈文化商业版图。

在立项之初,爱奇艺IP衍生品事业部就联合节目组为《中国有嘻哈》特别打造了衍生品潮牌"R!CH",即节目英文口号"Rising!Chinese hip-hop"(崛起吧!中国嘻哈)的缩写,"R!CH"在节目的VI识别系统中得到充分体现,成为标志性文化符号。爱奇艺围绕"R!CH"品牌,与各类产品线合作开发了服饰、配饰、3C数码、食品酒水等200多款不同品类的衍生品。节目产生爆款效应后,观众和嘻哈歌手的粉丝被导流进店内,转化为消费者,多款产品在爱奇艺商城等电商平台的销量明显提升。

除了围绕IP进行衍生品开发和运营外,爱奇艺还通过电影、艺人经纪、文学阅读等闭环式服务,以及巡演大秀、线下赛事,从产品、情感、体验等多种维度实现了IP内容衍生价值的释放。《中国有嘻哈》以剧情式音乐真人秀为本,线上通过奇秀直播、泡泡社区等垂直社交平台,实现rapper与粉丝的零距离交流;线下则借助VIP会员专场拉票会,邀请节目人气rapper黄旭、VAVA、TT、小白等与爱奇艺VIP会员现场互动。[1] 作为爱奇艺的一大头部内容IP,《中国有嘻哈》

---

① 《中国有嘻哈》播放量超20亿 爱奇艺构建嘻哈文化版图助推商业价值变现[EB/OL].(2017-08-28)[2018-02-28].https://mp.weixin.qq.com/s/AmWa7W1dFLNgfesqBuhtig.

在爱奇艺强大的资源整合机制下与其他各品类内容 IP 建立联动,如人气选手集体参加"尖叫之夜",带来了超过 4 000 万的播放量。这样的内容联动,在进一步释放爆款 IP 势能的同时,也助推了嘻哈文化的传播。

这些打通线上线下的创新玩法、覆盖上下游产业链的纵深布局,都发源于爱奇艺的"大苹果树"商业模型和"一鱼多吃"的大 IP 战略。爱奇艺建立了由广告、用户付费、出版、发行、衍生业务授权、游戏和电商组成的货币化矩阵,而《中国有嘻哈》的商业生态构建,就是其内容货币化能力的一次全面展示。在爱奇艺的构想中,《中国有嘻哈》不是以广告收益为唯一盈利来源的网络综艺,而是可进行多元商业变现模式尝试的大 IP。因此,爱奇艺围绕这一 IP 进行了全方位的生态开发,充分挖掘并释放了 IP 商业价值,布局全产业链,构建多元文化版图。这次探索也为音乐选秀类节目完善商业架构提供了有益借鉴。

《明日之子》的联合出品方腾讯视频、哇唧唧哇同样把 IP 产业链开发作为业务拓展的重要一环。与《中国有嘻哈》的"制播合一"生产模式不同,《明日之子》的播出平台与制作公司相对独立。哇唧唧哇的核心力量已专注于偶像制造十余年,公司致力于偶像养成产业闭环的搭建,从挖掘选手到一步步将其打造成偶像,再到有针对性地开发影视剧、综艺、演唱会等产品,打通覆盖选秀、养成、艺人经纪等各环节的偶像全产业链,是他们的终极目标;而腾讯视频则在资本投入、内容运营、大数据分析等方面有着得天独厚的优势。因此,两者强强联手,不仅更利于产出优质内容,而且使双方在节目后续的产业布局上占据了先机。

基于产业链思维对节目模式和赛制进行设计,以及"星推+粉推""三大赛道+九大厂牌"模式的确立,都是以选拔能对娱乐圈产生持久影响的十年偶像、引领未来偶像产业为依据的。《明日之子》开发出全新、可持续的偶像养成模式后,腾讯视频和哇唧唧哇打造的偶像产业链将持续运作。在节目最后脱颖而出的"九大厂牌"全部签约哇唧唧哇,在节目制作环节就已与他们深度接触、展开合作的经纪团队继续有针对性地对"九大厂牌"进行产品经理式的经营,同时为他们提供专业的培训,助力他们走出具有鲜明特色的发展路径,进而输出高辨识度、高审美价值和高商业价值的偶像产品,而腾讯视频也会结合网络剧、综艺等内容对偶像养成进行支持。从后续运营效果来看,"最强厂牌"毛不易的打造是最为成功的,其市场价值得到充分肯定,潜力和魅力持续释放,在节目落幕后又推出了一系列传播度较广的原创作品,并为《无问西东》《卧底巨星》《老男孩》《烈火如歌》等影视作品演唱了主题曲。

结 语

2017年,音乐选秀类节目时隔多年再成综艺市场的热点,互联网平台的传播特质与选秀品类的内容优势相辅相成,成就了选秀潮在视频网站的这一轮爆发。2017年的网络选秀节目的确在多个层面对电视选秀节目进行了革新,展现出了全新的叙事风貌和文化气象,成功聚集了众多网生代年轻用户。不过,一些维度的创新并没有让音乐选秀节目彻底跳出电视节目的桎梏。要从根本上颠覆传统电视选秀节目的生产逻辑和路径,制作理念与技术手段仍需要进一步突破,这些难题有待平台方与制作团队持续探索、着力解决。

〔姜宇佳,中国传媒大学新闻传播学部博士研究生〕

2017年网络综艺生产力：发展路径与走向

罗姣姣　姜宇佳

摘要：网络综艺在近两年迅速崛起，并逐步实现了主流化。网络综艺的崛起主要有两方面的原因：一方面是平台方对于自制内容投入的加大，另一方面是市场和用户对网络综艺内容表现出越来越积极的反应。网络综艺整体制作水准和品质的提高是其崛起的一个重要标志，网络综艺的崛起与生产力的注入和培养有着密不可分的关系，而网络综艺制作力量的成长也经历了一个独特的发展过程。网络综艺生产力主要来源于三个方面：一是制播分离带来的市场化制作力量，其中很大一部分是来自传统电视台的知名制作人或者成熟团队；二是传统广电机构机制改革所带来的体制内的网络综艺生产力量；三是网络平台人才增长的内生性所培养的网络综艺制作力量。网络综艺生产力决定着网络综艺未来的发展。

关键词：网络综艺；生产力；主流化；制播分离；人才内生性

网络综艺节目在2017年实现了主流化的成长与发展，从生产体量、传播影响、市场认可、制作品质等多个维度看，网络综艺开始与传统的主流电视综艺比肩，摆脱了"小打小闹"和"粗鄙低端"的标签，表现出引领中国综艺行业发展的趋势。

一、网络综艺崛起背后：生产力的增长和推动

网络综艺的主流化发展是多方因素发展和作用之下的结果。经过前几年

的探索,当市场、受众、平台、资本都开始在这个领域倾注更多的时候,2017年就成为网络综艺主流化的一个关键的时间点。其中值得注意的是,网络综艺崛起的背后还蕴藏着一个巨大的力量,那便是不断增长的生产力。所有内容行业的发展实际上都离不开生产力的推动,特别是对于综艺行业来说,承担制作和运营的节目生产力量,对节目的成败起着关键作用。

毫无疑问,网络综艺在2017年的崛起与这一领域生产力的补入和增长有着不可分割的关系。纵观目前的网络综艺节目,其背后的生产力量基本都来自于传统的电视综艺,这一领域的生产力向互联网的转移,是促成网络综艺产量和质量同步提升的关键。《吐槽大会》成为新崛起的网络脱口秀节目的代表作品,其背后的制作团队笑果文化虽是一家成立时间并不算长的内容生产和运营公司,但其主力生产团队来自东方卫视的脱口秀生产团队;在暑期引发全民热议的音乐选秀节目《中国有嘻哈》,其背后的主创人员也都来自传统体制内的电视台,制片人陈伟是浙江卫视节目中心原副主任,总导演车澈之前供职于东方卫视,而总编剧岑俊义则是浙江卫视《奔跑吧兄弟》前三季的总导演;同样引爆暑期收视的另外两档选秀节目《明日之子》和《快乐男声》,背后的制作力量实际上都来自于湖南广播电视台(简称湖南广电);《明星大侦探》作为芒果TV最受关注的一档原创节目,其制作力量也主要来自湖南广电。

除此之外,大量离开体制进行创业打拼的制作团队也开始将视线对准网络综艺领域,积极参与网络综艺的制作和运营,如米未传媒、哇唧唧哇、鱼子酱文化、欣喜传媒、远景传媒、原子娱乐等。与此同时,由于广播电视机构体制机制的改革和调整,一部分隶属于广播电视台或者台属集团的节目制作团队也开始进行网络综艺的生产和打造,如湖南广电和上海东方娱乐集团(SMG)就有不少团队在参与网络综艺的制作。

传统生产和制作力量的进入,为网络综艺的发展提供了强劲的动力,促成了近几年网络综艺蓬勃发展的独特景观。网络综艺的发展离不开生产力的推动,同时,网络平台也为中国综艺力量的成长提供了土壤,让中国综艺生产力有了成长发展的全新空间和动力。网络综艺生产力的来源、发展走向、生产模式等都与未来整个行业的发展有着密切的关系,应该被纳入研究和观照的视野当中。

二、网络综艺主流化与制作力量崛起

(一) 网络综艺的主流化发展趋势明显

网络综艺发展到目前已经经历了五六年的时间,但其在发展初期却"散发"着粗制滥造和边缘化的气质。2015 年,当时还隶属于爱奇艺的马东团队成功创作了中国互联网上第一档有影响力的网络自制综艺节目《奇葩说》,让网络综艺节目的品质和影响力得到了质的提高。由此,网络自制综艺开始摆脱给人留下的粗制滥造和低水平的印象,尤其是经历了两年的发展,于 2017 年实现了足以超越电视综艺的发展。

两三年的时间里,网络综艺实现了逆袭,这到底是如何做到的?首先,平台方对自制综艺的布局和规划越来越重视。爱奇艺、优酷、腾讯视频、乐视视频、搜狐视频等都不再执着于花重金购买电视综艺节目的版权,而是加大了对网络自制综艺的投入,甚至 2014 年重新改版上线的芒果 TV 也打出了独播和自制的口号,除了提供包括湖南卫视在内的传统电视频道的综艺节目外,芒果 TV 也在积极培养自己的自制团队,投入更多资源到自制综艺节目的制作中。

其次,市场对网络自制综艺的认可度不断提高也有积极影响。市场既包括受众市场,也包括广告市场。网络用户不断成长,用户规模,包括付费用户的规模,保持着一个稳定增长的状态,视听产品的网上消费变成了年轻一代的一种生活方式和潮流,为网络综艺的发展提供了基础。与此同时,随着一大批优质网络综艺的诞生,广告市场也开始向网络综艺倾斜,特别是网络综艺在内容营销和广告模式上比传统的电视综艺更为灵活,广告客户对网络综艺的青睐度不断提升。在对《奇葩说》第四季的投资中,仅小米一家的冠名费就达到了 1.4 亿,《奇葩说》可谓一档投入产出比非常高的代表性作品;而《中国有嘻哈》迅速火爆,农夫山泉以 1.2 亿拿下了冠名费用。这些仅在传统电视综艺节目中才能出现的招商体量,已经被网络综艺实现,大投入和大制作也将成为网络综艺未来发展的一个重要方向。

最后,生产力的进入和崛起为网络综艺的发展提供了强大的动力,生产力在一定程度上决定了网络综艺的整体发展走向。正因为网络平台价值空间和创作空间的不断释放以及对用户的不断培养,越来越多的相对成熟的制作力量不断进入,其中不乏一些知名的制作团队和制作人,很多团队也在网络综艺的制作过程中得到了历练和成长,生产力实现了大发展。

这些都促成了网络综艺节目在经过两年的发展之后实现了主流化的发展。从节目的投入和产出、社会影响力及制作品质上来看,网络综艺都与传统电视综艺的量级相当,甚至一些网络综艺整体上超过了很多电视综艺节目。网络综艺不再是人们视听文化消费和享受中的一种补充,而是成为一个重要的组成部分。管理部门自 2016 年起也加大了对网络视听内容的管理,线上线下统一标准成为一个重要指标,对网络综艺的生产传播产生很大影响。

以 2017 年热播的《中国有嘻哈》为例,这档节目在取得近 30 亿的播放量以及巨大的经济效益的同时,也在文化层面上实现了自身作为一档大众文化产品的价值,成功让嘻哈这种在过去的文化语境中相对边缘和处于青少年亚文化地位的文化形态进入到大众的视野当中,促成了全民嘻哈的盛况,并且成功引发了人们对小众文化的关注,街舞等元素也都在网络综艺的制作中不断得到凸显。如此种种都符合一档现象级节目传播的特质,将《中国有嘻哈》归类到现象级节目的范畴确实有有力的依据。

(二)网络综艺主流化背后制作力量的崛起

实际上,从马东团队制作的《奇葩说》开始,到 2017 年火爆全网的《中国有嘻哈》,其背后都有传统制作力量的身影。网络综艺发展初期的制作确实较为粗糙,这在一定程度上与其在生产力上的投入较小有关,但随着投入的增加、影响力的提高,网络综艺的制作者也发生了转变,传统优质力量的注入为网络综艺的发展提供了强大动力。

从体制内跳出并进行市场化的创业,是很多传统广播电视台内的制作人选择的一条道路。从 2015 年开始,这种制作力量跳出体制的现象就不断出现,而这些社会化了的生产力开始为网络平台综艺内容的生产所用。实际上,就市场化的制作力量来说,平台不受限是其最大的特质,以往隶属于某家电视台的制作人或者团队进入市场之后,更多地是跟随着市场的发展走向而动。网络平台的崛起必然为这些生产制作力量提供一个巨大的全新空间,因此进行网络综艺节目的生产也成为大部分市场化的制作力量的一种选择,有些团队甚至一直专注于网络内容的生产,比如生产了《奇葩说》的米未传媒、生产了《吐槽大会》的笑果文化,等等。

随着媒体融合的深化,生产网络内容也成为一些传统广播电视机构的选择,芒果 TV 作为湖南广电新媒体平台的重要发力端,其大部分制作力量就来自于湖南广电自身长久以来培养的制作力量,如《明星大侦探》的制片人和总导演都来自湖南广电的地面频道,如今依旧是湖南广电体制内的制作人。而腾讯视频的《放开我北鼻》和《WOW 新家》都是由 SMG 旗下的制作力量生产的。

传统制作力量在电视行业积累了大量的生产经验,对于节目生产的方法和模式有着多年的积累,他们的进入为网络综艺这种新生的节目品类的发展奠定了基础。目前来看,除了播放平台的差异以及在叙事形态和模式上的区隔,网络综艺和电视综艺整体发展的区别越来越小。

三、网络综艺生产力的进化路径、价值和走向

从生产和传播模式来看,网络综艺的主流化和商品化趋势越来越明显。网络综艺与电视综艺的区隔逐渐弱化,这一方面是台网监管力度加大产生的效果,另一方面,由于市场的迅速发展,网络综艺的主流化趋势成为一种必然。但与此同时,还是可以看到网络综艺在传播和运营模式上的确与传统电视综艺有不小区别。在注重运营力量的同时注重产业链条的开发,是网络综艺的一个重要特征。

可以预见,未来随着平台的进一步投入和市场的进一步孕育,网络综艺的持续发展将成为一种必然,而从目前的趋势来看,网络综艺由于其传播特性和受众属性,在类型拓展方面有着比电视综艺更丰富的可能性,除了大投入、大制作的网络综艺将继续产出之外,一些细分化的小而美的题材类型也将成为网络综艺开拓的重要领域。

(一)网络综艺有着自己独特的生产力进化路径

网络综艺的生产力进化基本上遵循以下三种路径。

1.综艺行业的制播分离和市场化带来大量传统媒体的生产力量

从 2012 年《中国好声音》开始,传统电视台与社会化制作力量在综艺领域的制播分离正式拉开了序幕,浙江卫视和灿星制作使用的收视对赌、广告分成模式,促进了大量社会化制作力量的出现。而从传统广播电视机构离职进行创业的电视人,成为这些社会化制作力量的主要来源。广电离职潮在 2014—2015 年达到顶峰,大量体制内的制作力量和知名制片人在这一时期离开了供职多年的电视台,进行自主创业,成为社会化的综艺制作力量。

马东领衔的米未传媒打造了包括《奇葩说》《奇葩大会》等在内的一系列网络综艺节目,专注于网络内容生产成为米未的一个发展路径;《爸爸去哪儿》原总导演谢涤葵则参与制作了腾讯视频的《约吧!大明星》;哈文离开央视后创立的公司酷娱影视参与制作了网络综艺《偶像就该酱婶》和《吐丝联盟》;深圳卫视原副总监易骅创业后成立的日月星光则打造了网络综艺《看你往哪儿跑》和《脑力男人的时代》;江苏卫视原项目部主任王培杰创业后成立的远景影视则打造了《美女与极品》《爱的时差》这两档网络综艺;《火星情报局》背后的制作公司银河酷娱的制作主力来自湖南卫视;生产出《吐槽大会》和《脱口秀大会》的笑果文化,其创始人来自东方卫视;打造出《快乐男声》的鱼子酱团队来自湖南广电;《明日之子》背后的主创团队哇唧唧哇,其创始人龙丹妮和马昊等也都来自湖南广电;《奔跑吧,兄弟》前总导演岑俊义离职创业之后打造的第一档节目就是网络综艺《单身战争》……

值得注意的是,由于大陆综艺行业的发展和台湾综艺节目的相对式微,台湾综艺制作力量也开始北上,补充到网络综艺节目生产力量当中。如原《康熙来了》制作人詹仁雄就带领团队与小 S 一起制作了全新网络综艺《姐姐好饿》。

这一时期恰好也是网络综艺孕育和发展的时期,以爱奇艺、腾讯视频、优酷等为代表的平台方开始加入对网络综艺节目的投入。一方面,这些平台方从传统媒体中挖掘人才,使其加入他们的生产制作体系当中,爱奇艺着力于打造自己的制作力量,如从浙江卫视挖到了其节目制作中心原副主任陈伟,打造出了《中国有嘻哈》《偶滴歌神啊》等节目,同时也将央视经济频道原副总监郑蔚挖过来成立工作室,为己所用,等等。另一方面,这些视频平台也积极探索与外部制作力量的合作,通过多种合作模式来扩充自己的生产力量,如腾讯视频并没有自己的制作力量,其内部制片人只对项目进行把控,制作生产力量则来自社会化的制作团队。

来源于体制内的社会化综艺生产制作力量让网络综艺节目的制作在短短两三年内就进入到了一个相对成熟的发展状态当中,生产力得到迅速补充和发展。这与网络剧和网络电影的生产力进化路径不尽相同,具有自己独特的属性。

2.传统媒体体制机制改革为网络综艺生产注入活力

近两年,以广播电视为代表的传统媒体的转型和改革成为广电领域的一个重要议题,媒体融合、转型升级成为广电媒体的一种选择,而在媒体融合领域,又以湖南广电和 SMG 探索得最为积极。

湖南广电于 2014 年升级成了全新的芒果 TV,独播、独特、自制成为其发展战略。湖南广电内部多年积累下来的生产制作力量为芒果 TV 的战略发展提供了动能。芒果 TV 的自制综艺在各大视频网站中都拥有一席之地,《明星大侦探》《妈妈是超人》《爸爸去哪儿》《萌仔萌萌宅》等自制综艺节目都是由湖南广电内容制作力量组织生产的,具备不亚于电视综艺的水准。

SMG 在媒体融合改革发展的大背景下,也进行了相应的机制调整,一方面通过东方娱乐传媒集团有限公司激活体制内的生产团队,让其积极参与到互联网节目的制作中,如东方卫视制作人李文好就制作了腾讯视频的《放开我北鼻》。另一方面,SMG 在 2015 年成立了互联网节目中心,这是目前国有广电媒体中唯一的专门从事互联网内容生产和运营的机构,其生产制作了《国民美少女》《WOW 新家》《就匠变新家》等网络综艺节目。

在媒体融合转型背景下,传统广播电视的机制调整为网络综艺的生产带来了一股来自体制内的生产力量。

3.网络综艺行业的人才内生性增长让生产力得到迅速发展

随着网络综艺行业的快速发展,网络综艺的制作方法以及制作力量也有了迅速的演进和成长,网络综艺行业本身具有了极强的人才成长的内生性。

可以看到,各大视频平台尽管在人才和生产力量建设上有着不同的路径,但都有自己的体系。其中,爱奇艺对综艺自制力量的培养最为积极,目前爱奇艺的网络自制综艺主要来自两种途径:一个是内容团队生产制作,一个是与外部团队联合开发和制作。爱奇艺目前成立了节目制作中心,下辖五个工作室,包括达尔文工作室、DNA 工作室、幼虎工作室等,负责自制综艺内容的生产,其中,达尔文工作室曾生产制作过《我去上学啦》,幼虎工作室的负责人车澈则是《中国有嘻哈》的总导演;同时,爱奇艺还设立了内容开发中心,负责与外部制作团队联合开发和制作网络综艺,如《爱上超模》《冒犯家族》等网络综艺都是由节目开发中心负责生产的。

腾讯视频内部同样设置了工作室,但却并没有自己的生产制作团队,而是设立制片人,让其负责项目的开发和运营,并与外部的制作力量进行合作。天相工作室是负责腾讯视频综艺节目制作的主要力量,目前已经拥有三十多名负责综艺节目开发与制作的制片人。而优酷则在网络综艺制作上开发出独特的"监制"职位,其任务是对自制综艺节目进行开发和把控。

正是视频网站作为平台方在生产力建设上的不遗余力,让网络综艺的人才得到了内生性的增长。可以看到,在大量传统媒体人进入网络综艺生产领域的同时,大量基于互联网平台而发展起来的制作力量也规模化出现,并且出现了生产制作力量年轻化的趋势,如芒果 TV 的《明星大侦探》,除了制片人和总导演等核心力量之外,大部分制作者都是年轻人,平均年龄在二十出头,网络综艺是他们职业生涯的开始。

正是通过这三种路径的补充、注入和培养,网络综艺的生产力量得到了迅速发展,在未来,网络综艺的生产力必将持续得到补充和提高。

(二) 网络综艺呈现出生产模式主流化与传播模式商品化趋势

网络综艺的主流化是 2017 年综艺行业发展的一个重要的趋势,主流化表现在多个方面,包括节目生产的规模扩大和量级提升、节目影响更具广度和深度、进入主流监管之下等。主流化最主要的表现,就是网络综艺与电视综艺的区别越来越小。

2017 年,以《中国有嘻哈》等节目为代表,网络综艺的制作体量进入了亿元时代,投入和产出都不亚于一线卫视的大型季播节目;原国家新闻出版广电总局一直在强调线上线下统一标准的重要性;中国网络视听节目服务协会通过发布《网络视听节目内容审核通则》对包括网络综艺在内的网络内容生产进行管理。网络综艺无论选材还是价值表达,都与电视综艺趋同。

与此同时,可以看到,网络综艺在传播和运营上确实与传统电视综艺有着很大的不同。由于网络具有非线性传播的特性,所以如何让节目在海量内容中被找到并产生黏性,是网络综艺生产者们不得不考虑的问题。如何运营节目,包括相关传播产品的开发、相关宣传渠道的打通、制作相应的物料和内容,都是网络综艺生产者需要面对的话题。同时,与传统电视综艺以广告为主要盈利方式不同的是,尽管网络综艺目前的盈利模式依旧是以广告为主,但会员付费模式也为网络综艺营利提供了另外一种可能性,它可同时基于内容进行产业链开发,被看作网络综艺发展的一种重要模式,并成为衡量网络综艺创作力的重要标准。

(三) 网络综艺引领综艺创作潮流,主流化和细分化并行

网络综艺在主流化发展的同时也呈现出多元化的趋势。网络综艺的用户相比传统电视用户要更丰富多元,个人化的收视行为也打破了传统电视合家欢的属性,这让网络综艺在题材选择和制作手法上有更多的空间。《中国有嘻哈》所展现的小众文化通过网络端口实现了大众化逆袭,就是一个较为典型的例子。网络传播空间的不受限制,也让网络综艺的探索具备了多样化的可能性,传统电视的合家欢式单一取向会被打破,在网络上针对特定的人群和社群进行节目产品的开发,是一种趋势。

因此可以看到,一方面,网络综艺拥有了比电视综艺更为自由的创新土壤,制作方与平台方的合作也较传统体制内的合作效率更高,网络综艺拥有了引领整个综艺创作取向和潮流的可能性;另一方面,网络综艺在逐渐主流化的同时,也在细分领域不断拓展,并在细分领域的开掘上有着比传统电视台更为广阔的空间,目前网络上流行的话语类节目、美食类节目、时尚生活类节目、纪实类节目等,都是这种细分题材开发之下的产物,满足着大量特定用户的需求。大制作和小而美并行将成为未来网络综艺发展的趋势,这将给网络综艺生产力的发展带来深刻影响。

四、深度访谈

采访对象:《明星大侦探》第三季、《我是大侦探》总导演 何舒

采访时间:2018 年 1 月 20 日

问:网络综艺的生产与电视节目生产最核心的区别在哪?

答:其实没有太大的差别,好的内容,用户都会去看。电视跟网络的区别在现在这个阶段可能在于,看电视的相对老一点,上网的年轻一点。但是当 80后、90 后到了现在 70 后、60 后的年纪,网络和电视就不分了,重点还是在于内

容是不是好看。

如果硬要说网络和电视节目的差别，我觉得还是在细分市场。中国现在人口基数是很大的，如果节目以有一定人数基础的某类人群为目标，就一定能产生影响力，只要针对一部分人做他们很喜欢看的东西，就一定会成功。《明星大侦探》的受众就是跟我们喜好一样的人，我们做的东西我喜欢，他们也会喜欢，这个是成功的关键。

问：与其他网络综艺制作团队相比，《明星大侦探》团队的特色是什么？打造出这档爆款节目的独特优势是什么？

答：我们团队其实很年轻，除了我和制片人是从电视台出来的之外，别的导演基本上都是 90 后，都是网生代出身，很多人都只做过《明星大侦探》这一个节目。这是我们团队很不一样的一点。

一档节目最后能不能取得成功，我觉得还是得看天时、地利、人和三个因素。从内容上来讲，我们整个团队的气质很符合《明星大侦探》的整体气质，这是一个先天的条件。从电视市场环境来讲，推理类节目还是非常少的，但一直存在这样的市场需求，《明星大侦探》是第一个这样的节目，而且这个节目的门槛比较高，很难被复制。

问：推理类节目的制作门槛很高，至今也只有这支团队的这档节目做成了，团队在编剧人才培养上有怎样的方法？

答：这个节目的门槛很高在于它需要花很大的成本去做，不仅是金钱上的成本，还有人力上的成本。我们做一个剧本，一般情况下都是用三个月到半年。

国内的推理编剧和相关人才基本上也被我们团队搜罗到了，他们跟我们是长期的合作关系。很多编剧也是跟随我们一起成长起来的，在节目当中吸取了很多经验和教训，慢慢才找到了创作《明星大侦探》故事的"套路"。

问：作为体制内的一支网络综艺制作团队，《明星大侦探》的团队与体制外团队有哪些差异点？

答：我们的节目是自制的，所以就不太会考虑要省下很多钱来创造利润。

从节目制作的角度而言,我们是预算制,在预算内解决一切问题,而外部制作的话,是在预算内节省一切成本获得利润。我们的考核标准也不在于省了多少钱,而是在不超预算的情况下,增加了多少广告收入。这使得我们在做节目的时候自由度更高一点,很多事情,在预算范围内我们一定做质量最好的,以效果为前提。

平台很尊重我们,这点是很难得的。平台很信任团队,不会质疑团队选择的东西有问题,当然,也会给一些方向上的把控,比如也有专门的审核部门来审片、提出自己的意见。

在现在的市场情况下,做外制节目,可能不太会遵循初心。而我们做节目的出发点是自己觉得好不好看,我们经常这样去反问自己。做的是自己爱看的东西,所以是带着感情在做。

采访对象:欣喜文化创始人、《单身战争》《中国有嘻哈》总编剧 岑俊义
采访时间:2018 年 1 月 23 日

问:为什么从电视台辞职创业后做的第一档节目就是网络综艺《单身战争》？后来为什么又去做了《中国有嘻哈》的编剧？在节目选择上会偏向于网络综艺吗?

答:《单身战争》就是按照一个优质内容的做法去做的。其实我一开始并没有说它是一个网络综艺或者电视综艺,只是说确定了它是一个网络综艺之后,里面的互动形式可能会变得更多一点。《单身战争》是国内第一个所谓的多机位、大素材量、重新构架故事线的节目。

我原来是传统平台的人,创业成立了一家制作公司,可以给各方做节目,包括网络平台,这是一个非常好的市场化的现象,也是必然的趋势。作为一家制作公司,我们没有必要区分网络综艺和电视综艺,而且从我的角度来说,网络和电视台内容逻辑其实是差不多的。

做《中国有嘻哈》是因为制片人陈伟来找我了,他判断对于《中国有嘻哈》来说,编剧特别重要。节目里我要把所有选手都了解一遍,然后同时还得有一

点点设计,我们要对素人进行设计,但这个设计是基于真实情况的,先设计好规则,然后在规则里面观察这些人的情绪,随时去调整。我觉得还是有很多人不够重视综艺编剧,每个节目里都应该有制片人、导演、编剧这样的三角架构。

问:如何看待目前的网络综艺内容生产?未来是否会继续专注于这一领域?

答:《中国有嘻哈》真的算是一个分水岭,其标志性在于它真的就在互联网平台上成了一个跟原来的电视台综艺火爆程度相似甚至(较之)更高的节目。现在广告客户的很多预算都已经投到互联网了,所以整个网络综艺的势头也就起来了。但是我觉得对电视的唱衰就有点过了,毕竟每年那么多网络节目都被淹没了。

我们作为社会化公司,跟网络平台合作是因为限制相对较少,一个是政策方面的,另一个是跟互联网的合作关系比较简单,所以很多制作公司现在更愿意跟互联网合作。我们是这样,想到一个好的主意,然后我到各个平台上交提案,电视和网络都会提,哪里合作条件谈得好,我就在哪里做。

我觉得未来的潮流就是剧情综艺,我们看的是人物冲突,所有的导师也好,所有的选手也好,都是里面的"角色",这必然是趋势,真人秀会更像剧。韩国文化跟中国文化很相近,但是欧美的制作手段、手法更先进。接下来就是原创的时代,只是看谁先做一个完全原创的东西出来,其实现在原创很难,如何把概念落实成一个节目,这真的是需要经验的。

采访对象:笑果文化联合创始人兼 CEO、《吐槽大会》出品人 贺晓曦

采访时间:2018 年 1 月 25 日

问:以《吐槽大会》为代表的网络综艺和电视综艺在制作思路和手法上有哪些区别?

答:电视综艺的生产过程主要是导演想到一个点,然后组织素材、录制,前期、后期各出一半台本。作为网络综艺,《吐槽大会》可能更偏"秀",有点像线

下演出的电视版本,像球赛而不像综艺。

第一,网络综艺的魅力其实来自于线下,它的根是线下的;第二,专业的编剧导演团队预设,提高内容成功率,这要求他们有很长时间的线下训练,要去演,要去想象观众的笑点;第三,脱口秀是三维甚至更高逻辑层的一个表演,所以跟原来的大部分综艺不太一样。

其他电视节目制作公司更多地是按导演的想法去组织,每个项目之间没有那么强的关联性。我们会相对集中在一个领域,更集中在喜剧上,编剧发挥的作用很大。我们的编剧不像剧情编剧,更多是表演型的,就是在导演的逻辑里面组织一个文本和表演。《吐槽大会》《脱口秀大会》《冒犯家族》,包括未来的一些节目,在笑点方面都讲究积累和审美的趋近,磨合时间越久的导演团队和编剧团队,越能够出新的东西,因为大家的审美是一致的。

制作手段上,在网络上制作的节目会有更多数据的支撑,我们用一些外部工具来测试我们要做的东西是不是对的,这样就可以更加精准地把握导演的预想设计与观众真实笑点之间的(匹配)精度。

问:笑果文化为什么专注于网络节目生产?

答:第一,与电视台合作的路线比较长。第二,因为找过来合作的网络综艺比较多。第三,确实网络综艺的制作和播出速度比较快,视频网站的整个反馈机制是很快的。比如,《吐槽大会》是2017年春节后才播完,之后就上了《脱口秀大会》,然后又做了《冒犯家族》。大家很快地完成磨合,自然形成紧密关系。

问:从电视内容生产转向网络,是否有一定的转变方法?

答:变化没有那么大。我们以前做的《今晚80后脱口秀》,是早年间电视节目里面第一个具有网络特质的节目,整个设定用的就是偏美式的方法,心态上保持开放性。具体工作方法上,其实就是我们要在这类结构里面保持开放的接口,而不是用一套工业化的逻辑去固化它。这不是说不运转、没有流程,而是说不能排斥外界信息、排斥新的反馈。为什么在《脱口秀大会》《吐槽大会》上我们敢于放池子这样一个偏新人的艺人?因为我们在线下看到大家喜欢他。大家还是认好东西的,你人再厉害,东西不好,弹幕里一样会骂人,这是很直接的。

问：网络综艺推新的速度很快，笑果就在 **2017** 年推出了好几季的节目，为什么会以这么快的速度生产网络综艺？

答：实际上，笑果做的所有节目只是笑果产业里面被大家看到的冰山一角，其他的还包括人的培训、线下的演出、编剧在线下的锤炼以及积累。只是我们找到了一个快速反应的平台，网络给了我们这样的机会，有出口的时候，大家的才华和积累就得到了展现，我们只是顺其自然地做了这些节目。

为什么说 2017 年的强度是相对大的？我们想验证市场的反馈和需要，比如《吐槽大会》这样的全明星风格有人喜欢，那素人风格有没有人喜欢？带表演的有没有人喜欢？这是我们从战略上不断寻找突破口的原因之一。有这两点的支持，公司也在探索产业性需求和大家能力的极限，所以刚好在这一年里面跑出了这个速度。

问：接下来内容生产的重心还是放在网络综艺上吗？产品线上有何规划？

答：不排斥某个平台。从发展方向上来讲，未来有两个比较重视的方向：第一是线下演出，线下演出不是只承载内容本身，还要向剧场运营的层级迈进，包括人的管理、人的产品的输出以及整个运营。如何让这个品牌运营得更有体系，让大家有更好的体验，这是我们所要做的一个功课。第二个就是短视频，我们想单独做一些短视频类的产品。比如围绕李诞做一些，看是不是有这种可能性，这是我们目前比较重要的产品线。

〔罗姣姣，清华大学博士后，微信公众号"看电视"创始人；姜宇佳，中国传媒大学新闻传播学部博士研究生〕

专题篇

短视频行业正处多重较量期 构建成熟产业链闭环成发展趋势

———— 韩　坤 ————

摘要：移动终端的普及和智能化使短视频的拍摄更加便捷，4G、5G 技术的快速发展不断改善网络环境，加之市场资本的不断注入，短视频行业在 2017 年呈现出迅猛发展的态势。当下，内容生产、分发推广、商业变现的产业链已经初步成型。完善产业链各环节、推动各环节协调创新发展、促进产业链快速成熟，将成为推进短视频行业发展的重要方向。本文将从短视频风口形成的原因、行业现状以及未来的发展趋势三个方面，对短视频行业进行分析与展望。

关键词：短视频；产业链闭环；趋势

短视频行业近年来快速发展，当前正处于爆发阶段。原有的短视频平台借力资本，加强了对自有生态建设的布局。目前，短视频行业马太效应凸显，头部梯队已经趋于稳定。与此同时，尽管面临进入壁垒增加的情况，但仍有新进入者不断涌入。总体来说，短视频行业依旧处于风口期，发展前景广阔。

一、风口形成：移动互联网时代背景下应运而生

近年来，短视频行业发展突飞猛进，造就这个风口的原因众多，但最核心的一点是，短视频行业是在移动互联网飞速发展的时代背景下应运而生的。

在移动互联网时代，智能手机普及，移动网络升级为 4G、5G，更加迅速、快捷，深厚的技术积累为短视频的爆发提供了技术支撑。

与移动互联网技术提升相对应的是,单一的图文、音频已不能完全满足用户的需求,而传播媒介正在经历着一个由图文到视频的变革期。同时,随着用户生活节奏的加快,信息碎片化获取已成一个趋势,用户不再以长时间的沉浸式内容消费作为获取资讯的主要方式。短视频制作简单,传播方便,凭时长短、门槛低、社交属性强等特点,受到了广大用户的青睐。

二、短视频行业现状:用户、资本、内容、变现模式的多重较量

短视频行业正处于快速成长期,经过 2017 年的发展,短视频行业巨头更加强大,而中小平台赶超困难,强者愈强、弱者愈弱的局面出现。从行业整体的角度来看,短视频行业当前存在着用户、资本、内容以及变现等方面的多重较量。

(一)用户规模持续扩大,头部梯队逐渐形成

从 2016 年的蓄积到 2017 年的爆发,短视频行业用户数量呈现出裂变式增长的态势。QuestMobile 发布的《2017 年中国移动互联网年度报告》指出,2017 年短视频独立 App 用户已突破 4.1 亿人,较去年同期增长 116.5%。同时,短视频行业的用户规模仍在持续扩大当中,尚未达到峰值。

尽管整个行业用户规模增长迅速,但是中小平台却依然面临着流量、资金、变现等问题,而头部梯队成员逐渐趋于稳定。易观发布的《2017 年第 3 季度中国短视频市场季度盘点分析》显示,头部短视频平台全网渗透率格局短期内难以打破,结合 2017 年易观数据历次十强排名情况可知,以秒拍、快手、西瓜视频、美拍为代表的第一梯队正在形成。头部梯队凭借资本"加持",不断加强自身短视频生态布局,打造了独有的商业模式。以秒拍为例,其与母公司一下科技旗下的一直播及小咖秀组成了移动视频矩阵,满足了用户观看、创作、沟通的完整需求,再加上与新浪微博的独家合作,形成了"N+1"的移动视频生态联合体,在吸纳全网流量方面具有得天独厚的优势。

(二)资本不断进入短视频市场

从 2017 年资本流向来看,短视频行业受到了众多投资机构的垂青。结合易观发布的《2017 年第 3 季度中国短视频市场季度盘点分析》可以看出,在 2017 年前三季度,短视频市场的投资以及融资的案例,粗略计算就有 68 起,而仅仅是第 3 季度就有 24 起,吸金估算值超过 8 亿元人民币,在这 8 亿资本当中,超过七成的资金是直接投给了内容机构。第 3 季度投向短视频内容机构的资本共有 15 笔,B 轮及 B 轮以上的共有 4 笔,并且投资金额基本都在千万级以上。其中一条视频完成 4 000 万美元 C 轮融资,二更完成 1 亿元人民币 B+轮融资,日日煮完成 1 亿元人民币 B 轮融资。

(三)抢占垂直领域的优质内容资源

移动互联网时代,用户生活节奏加快之后,每个人可供休闲娱乐的碎片化时间是有限的,短视频平台制胜的关键是有效地抓住用户注意力,而优质的内容,就是这个制胜关键中的有力武器。与垂直领域的深度结合,成为短视频行业竞争的焦点。秒拍每月发布的原创榜单显示,当前短视频内容已经涉及美妆、美食、旅游、母婴、军事、财经、汽车、文化、教育等众多专业知识类垂直领域,仅秒拍平台短视频创作者覆盖的垂直品类就已经超过 40 个。目前,短视频创作者和机构仍在持续挖掘新的领域,比如方言类短视频、从教育领域开发的益智类儿童游戏短视频等。接下来,短视频领域还将会有更多垂直细分领域的内容出现。

就目前而言,短视频行业的内容生产方为包括垂直领域达人、自媒体以及创作机构在内的各方力量。垂直领域达人是利用自身专业知识,在垂直领域进行短视频内容创作的个体头部生产者;自媒体创作者是个人或者以个人为中心组建的小型团队;创作机构是已经初步形成完整内容创作产业链的机构。比如,二更正试图扩大产品矩阵,从原来的自媒体形态向品牌集群转变,打造精品短视频内容平台,进一步探索商业化发展道路。内容生产方需要强大的平台支撑其进行信息的传播,而平台方又需要优质的内容来吸引用户,所以,双方都在积极促进合作,实现共赢。

(四)MCN(Multi-Channel Network)机构应运而生

随着短视频行业竞争的日益激烈,平台方对于优质内容的需求量日益增长。内容创作者作为独立的个体,孤军奋战已经难以为继,MCN 机构应运而生。MCN 机构可以从更加专业的角度帮助内容生产者进行运营推广、长期规划以及商业化变现,使得个体内容生产者能够专注于内容的创作,持续输出优质内容,短视频行业商业化变现的空间得到进一步挖掘。因此,MCN 机构诞生之后,这一模式就不断被复制。短视频平台也通过发挥 MCN 机构的规模优势,形成自己的差异化竞争优势。

《2017 年中国短视频 MCN 行业发展白皮书》[①]显示,2017 年中国短视频 MCN 数量规模已经达到 1 700 家。目前发展短视频 MCN 业务的平台包括社交平台、短视频平台、在线视频平台、电商平台、资讯平台、直播平台等,微博、企鹅号、美拍等都旗帜鲜明地提出了发展短视频 MCN 的战略布局。短视频 MCN 的快速发展成为短视频产业发展的催化剂和加速器。

(五)商业化变现模式初步形成

无论是争夺用户还是输出优质内容,商业变现才是对短视频行业的终极考验。一些中小平台仍然面临着流量获取与变现的难题,但短视频行业的变现模式已经初步形成。视频贴片、信息流广告是短视频平台基本的变现途径。扶持网红大 V,形成 IP 效应,挖掘粉丝经济价值;将电商与诸如母婴、美妆、时尚等垂直领域结合;和众多知名品牌开展合作,进行整合营销和创意营销,也都成为短视频行业的变现渠道。

---

① 易观.2017 年中国短视频 MCN 行业发展白皮书[EB/OL].(2018-02-01)[2018-02-02].https://www.analysys.cn/analysis/8/detail/1001185/.

截至目前,短视频行业从内容生产到内容传播,之后实现商业变现,再对内容生产进行反哺的产业链已经初步形成,为短视频行业的进一步爆发奠定了基础。

三、发展趋势:构建成熟的产业链闭环

在经历了 2017 年的爆发之后,短视频行业的快速发展尚未结束。2018 年,短视频也有望进入新的黄金时代,其总体发展趋势是在原有产业链基础之上不断进行优化,从而构建一个成熟的产业链闭环。

(一)移动网络技术支撑

在手机移动端、4G 网络普及后,短视频行业迎来爆发,先进的技术依旧是短视频产业链闭环中基础且具有支撑作用的一环。就在 2018 年 2 月结束的 2018 年世界移动通信大会上,包括中国移动、高通、华为、中兴等在内的移动运营商和知名电信企业展示了最新 5G 技术及其应用。业内人士认为,5G 网络的普及日渐临近,速度更快、资费更低的移动网络即将出现,届时短视频的传播和消费必将迎来新的爆发点。

(二)各大平台积极扶持内容创作

当前,短视频行业在迅猛发展的同时,也面临着优质内容资源不足的情况,为此,各大平台纷纷加大对内容创作者的扶持力度。2017 年,包括今日头条、腾讯、百度在内的众多互联网企业都采取措施加大对短视频内容创作的扶持力度。而在此之前,一下科技作为国内较早踏入移动视频行业的公司,已拿出数十亿元人民币来扶持、激励优质内容创作生产,成为内容创作者的强有力后盾。

在 2018 年,继续加强对内容创作者的扶持,形成上下游垂直内容生态,是短视频平台发展的趋势之一。在平台方的扶持之下,内容创作者和机构专注于创新,找准自身定位,生产出更加多样化、精品化的短视频内容,形成垂直内容

生态,这将会为短视频行业吸引更多用户、增强用户黏性,让短视频产业链中的内容发挥出更加强大的力量。

(三)探索多元化商业模式

实现高水平、深层次的商业变现,短视频产业链闭环才能真正走向成熟。探索多元化的商业模式,增强变现能力,是目前短视频行业发展的关键一步。在 2018 年这一新阶段,平台方和 MCN 机构深化合作,进一步发挥 MCN 机构的矩阵优势;双方团结协作,产生主流影响力,共同寻求商业化机会,是短视频实现商业变现的新机遇。

在短视频商业模式方面,"短视频+电商"依旧是一个着力点。将电商与垂直细分程度更高的领域进行融合,通过短视频进行个性化、场景化的商品展示,激发用户的购买欲,将粉丝群最大化地转化为消费者,提升转化率,是电商变现模式的发展方向。

随着短视频内容力量的凸显,短视频营销的独特优势也不断显现。短视频行业通过视频原创、内容植入等方式,做到了原生化营销,同时,充分利用 AI 技术,将大数据和算法推荐应用到短视频的分发当中,从而实现精准投放,使营销效果升级,深度发掘短视频营销的变现空间。

(四)短视频与直播双向融合

同样作为移动视频浪潮的产物,直播行业在 2017 年经历大规模洗牌。但是,如果能将直播和短视频进行融合,整合双方优质资源,使直播和短视频双向互动,将会催生新的发展机遇。

利用平台进行资源整合,充分发挥平台优势,是短视频和直播融合的一个方向。比如秒拍及其母公司一下科技旗下的一直播可以共享主播、审查技术和用户群,这使得平台的资源能够被充分利用。

在短视频和直播平台内部将二者进行融合,也成为一个发展趋势。短视频制作在成本、可控性、质量以及优质内容的沉淀方面,相比直播更有优势,已经有直播平台开始上线短视频功能,比如一直播上线了录制主播精彩瞬间功能,来疯、斗鱼、花椒也纷纷开始推出短视频功能。同时,包括快手、美拍、火山小视频、抖音在内的众多短视频平台也开始上线直播功能。直播的强互动性能够帮助短视频平台的达人和粉丝维系关系。直播的变现能力已经得到验证,短视频平台增加直播功能也将有利于进一步挖掘变现空间。

以先进技术为基础,短视频平台在内容扶持方面继续发力,加强与 MCN 的合作,释放 MCN 团队优势,平台的内容持续产出能力不断提升。结合直播优势,以优质内容获取用户关注,强化传播效果,促进实现高效变现,形成成熟商业变现模式,构建完善的产业链闭环,这样,短视频行业的发展将更加长久。

结　语

信息传播视频化的趋势仍在不断加强,碎片化时代,短视频与用户需求高度契合,发展势头正猛。风口之上,短视频行业角逐激烈,未来走向也在竞争中逐渐清晰。各大平台紧随行业发展趋势,以优质内容为破局点,强化资源整合能力,与内容生产方、品牌方真正建立联系,多方联动,形成合力,探索商业化变现之路,这必将推动短视频行业迎来新一轮的爆发。未来可期!

〔韩坤,一下科技创始人兼 CEO〕

竖屏资讯类短视频:形态创新与内容升级

——以优酷视频为例

王芯蕊　霍　悦

摘要:从2016年起,短视频成为内容创业新风口,行业内融资呈井喷态势。视频平台进入"精细+工艺"发展阶段,以期通过内容、形态、模式等各维度创新提升核心竞争力。在此背景下,竖屏视频引发了国内外多方关注,成为一种新的影像表达潮流。2017年10月,优酷发布竖屏资讯节目矩阵,打造全网首个竖屏短视频资讯内容聚合平台,塑造移动端原生资讯新形态。优酷竖屏短视频资讯平台是全网首例,其内容形态创新和模式生态构建对行业发展具有一定引领作用。本文将从形态、内容、模式三个角度分析其发展特点,并从属性、本质等维度进一步探讨竖屏资讯类短视频的未来发展。

关键词:短视频;竖屏;资讯;优酷

一、案例背景

从2016年起,短视频成为内容创业新风口,行业内融资呈井喷态势。伴随着网民总量接近天花板和行业巨头迅速瓜分市场,市场从增量竞争转入存量战场。视频平台进入"精细+工艺"发展阶段,以期通过内容、形态、模式等各维度创新提升核心竞争力。在此背景下,竖屏视频引发了国内外多方关注,成为一种新的影像表达潮流。

2015年,《华盛顿邮报》在客户端推出了竖屏视频播放器,制作符合手机屏幕比例的竖屏短视频。2016年底,英国广播公司(BBC)也将竖屏视频引入其

App,专门开设《每日视频》《故事》等栏目,并尝试在多个栏目中植入竖屏视频广告。相关报道显示,BBC推出《每日视频》等竖屏短视频资讯栏目之后,访问其App并观看视频的人数增加了30%,而每个用户观看视频的次数增加了20%。①

2017年,美国全国广播公司(NBC)、美国有线电视新闻网(CNN)先后在Snapchat上尝试竖屏短视频资讯,分别开设了新闻栏目 *The Update* 和 *Stay Tuned*,以更轻松的语言、年轻化的方式打造竖屏且与移动端适配的视频新闻,成功吸引了大批用户。Snapchat自从适配竖屏播放后,极大地改善了用户体验,播放完成率约为此前的9倍。②

在我国,竖屏格式最早在秀场直播中出现,后在短视频社交软件中被广泛运用,但是适配竖屏格式的视频节目的生产还处于起步阶段。2016年,竖屏短视频开始在内容营销领域出现——8月10日,在手机淘宝首页通过下拉方式进入的淘宝二楼,推出了季播竖屏短视频栏目《一千零一夜》。该栏目以淘宝美食为主题,以手机端用户为主要对象,以竖屏短视频为形式,定期更新与商品相关的都市奇幻故事。《一千零一夜》营销的商品的百度指数和淘宝搜索量屡创峰值,成功地为淘宝再造了一个夜间用户活跃高峰。

竖屏视频主要是指宽高比为3∶4或9∶16、符合手机等移动设备正常观看视角的视频格式。中国互联网络信息中心发布的第41次《中国互联网络发展状况统计报告》显示,截至2017年12月,我国手机网民规模达7.53亿,手机端观看网络视频的用户达5.49亿,占手机网民的72.9%。在移动视听时代,竖屏更符合人们用手机观看视频的习惯。

尽管传统影视行业以宽屏画面格式为标准,其能更为全面地展现画面环境及相关信息,但是横屏视频在移动设备中引出的横、竖屏切换动作不仅打断了用户获取内容的连续性,还容易让用户因屏幕面积有限而忽视重要信息。竖屏

① 全媒派.BBC竖视频实验一周年:流量&广告收入逆势上扬,神操作如何炼成[EB/OL].(2017-12-05)[2018-02-12].https://mp.weixin.qq.com/s/9mlnf9BooqDzYuYAvACbJw.
② 德外5号.CNN、NBC联合Snapchat打造传统媒体突围新战略[EB/OL].(2017-10-31)[2018-02-12].http://www.sohu.com/a/201441751_465245.

视频的视野更为狭窄,焦点更为明显,从操作到观看不需要调整手机角度,更容易抓住用户注意力,营造亲密平等的交流氛围,给用户带来更为便捷舒适的体验。

二、案例介绍

2017 年 10 月,优酷发布竖屏资讯节目矩阵,面向年轻人,采用电视频道模式,打造全网首个竖屏短视频资讯内容聚合平台(简称"优酷竖屏资讯"),旨在塑造移动端原生资讯新形态。

优酷竖屏资讯结合"Z 世代"①的语言、思维与行为模式,在产品设计研发上力图打造"三一"体验:一指"缠",一只手完成所有点、滑的动作;一眼见,一眼看见重点、看懂内容;一心用,不走神、不分心,进行沉浸式阅读。

具体来说,在平台方面,优酷 App 拿出优质位置,增加竖屏资讯曝光量。目前,优酷竖屏资讯内容集中投放在其 App 首页"新鲜事"板块,在资讯频道则通过三个栏目露出:《要闻主菜单》《是时候展现真正的资讯了》《今天你该知道的事》。

在内容方面,优酷目前采用"自制+媒体机构合作+PGC"的形式推出了 50 余档节目,具体包括《辣报》《总编辣报》《牛舌》《鬼爷拍案》《新视界》《军情一线》《新片快看》《鲜榨时尚》《人物》等,看鉴、papi 酱、日日煮、会火等知名短视频生产自媒体也先后入驻,优酷自制的头部综艺《这就是街舞》《这就是铁甲》《大片起来嗨》等也作为特别节目加入竖屏矩阵,节目内容涉及时事评论、综艺时尚、体育影视、人文生活、社会法制等多个泛资讯领域。优酷目前正与中国国际广播电台、《人民日报》、新华社等国家级媒体合作研发竖屏短视频资讯栏目,预计在 2018 年底达到 100 个栏目的体量。

---

① Z 世代是美国及欧洲的流行用语,指在 20 世纪 90 年代中叶至 2000 年之间出生的人。他们又被称为网络世代、互联网世代,即深受互联网、即时通讯、短讯、MP3、智能手机和平板电脑等科技产物影响的一代人。

在功能方面,优酷竖屏资讯"封面动图"功能和右下角"阅读详情"按钮用于切换图文,"观看"按钮用于切换到长视频,上滑页面切换至投票界面的功能于 2018 年 1 月上线,使用"购买"按钮切换到淘宝店铺的功能于 2018 年 5 月上线。此外,在屏幕上左右滑动即可实现栏目内部各个短视频之间的切换。

在广告和盈利方面,根据公开资料,优酷下一步将增加 Feed 流广告,以资讯中心为试点引进电视广告的代理模式,并探索手机端原生广告的新玩法,找到竖屏短视频和广告内容呈现的适配方法,让广告主得到更好的用户触达方式、更宽的流量入口和更大的曝光价值。

优酷统计数据显示,App 首页"新鲜事"板块上线后,CTR① 持续走高,用户逐步接受了此类新形态内容,优酷 App 将进一步加大竖屏资讯推广力度,把该板块移到有千万曝光量的位置。

三、案例分析

(一)优酷资讯短视频的竖屏创新

1.创新形态,打造富媒体传播平台

优酷内部统计数据显示,优酷资讯用户以男性为主(男性用户占比为 55.67%,TGI② 为 115.32),25 岁至 39 岁用户为资讯头部消费人群,40 岁至 50 岁及 50 岁以上用户为资讯腰部消费人群,18 岁至 24 岁及 18 岁以下用户为潜在消费人群,专科及以上学历用户占比超过 99%。结合用户画像特征和时间碎片化、消费场景化、操作便捷化的移动资讯大趋势,优酷突破了传统横屏观看的固化思

---

① CTR(点击通过率,Click-through Rate 的缩写),是互联网广告中常用的术语,指网络广告(图片广告、文字广告、关键词广告、排名广告、视频广告等)的点击到达率,即该广告的实际点击次数(严格地说,是到达目标页面的次数)除以广告的展现量(Show content)。

② TGI(目标群体指数,Target Group Index 的缩写),可反映目标群体在特定研究范围(如地理区域、人口统计领域、媒体受众、产品消费者)内处于强势还是弱势地位。

维,围绕年轻视频消费者的需求,打造了竖屏短视频资讯内容聚合平台。

人类的双手最适合竖着拿东西,在数字时代还没到来的时候,书籍通常都是纵向的。从"横"到"竖",由两只手横屏操作变成了一只手可以完成点击播放、滑屏换内容等操作,操作变得轻松方便。这提高了资讯接收效率,更加符合用户使用手机移动端的习惯。用户的使用方式也从横屏观赏过渡到竖屏交流。一方面,秀场直播近年的发展培养了网生一代年轻人竖屏观看与社交的习惯,竖屏由此获得的亲近属性能够拉近资讯与用户之间的距离;另一方面,与直播类似的弹幕评论方式既不遮挡视频核心内容、影响观看,又方便用户单手进行评论互动。

此外,优酷竖屏资讯观看界面增设了"阅读详情""观看""投票""购买""游戏"等功能,融合各种媒介形态,打造富媒体传播平台。点击"阅读详情"即可打开新页面;在当下竖屏短视频资讯满足用户碎片化、便捷化阅读需求的情况下,指尖上滑动作关联的音频、长视频、图文、H5 等多媒体形式可以满足一部分用户深入阅读信息的需求;上滑投票、上滑打开小游戏等功能设置则旨在放大竖屏资讯的互动属性,增强用户与资讯二者之间的黏性。

2.升级内容,以精品化为发展主线

竖屏视频在秀场直播和短视频社交平台中已被广泛运用,但是适配竖屏格式的视频节目生产还处于起步阶段。优酷以短视频资讯节目作为切入点,尚属全网首例。

从内容来源来说,优酷运用"自制+媒体机构合作+PGC"组合,打造 B2C 精品化内容模式。在"后真相"时代,用户普遍陷入信息焦虑状态。在海量信息中以精品、权威取胜成为优酷竖屏资讯突围制胜的努力方向。在平台现有的头部竖屏资讯节目中,《总编辣报》作为优酷自制节目,收获了不错的口碑与流量。该节目与全国十家平面主流媒体合作,请其总编、副总编或首席评论员每天发布实时评论,周一到周五每日更新,及时针对社会热点事件输出角度和观点,承担了媒体平台的舆论引导功能。在媒体机构方面,借助传统媒体的权威性和品牌价值,优酷竖屏资讯与中国国际广播电台、博雅集团、时尚集团、大麦网、

ELLE、*VICE* 等媒体机构开展合作,推出了《老 Why 辣么说》《戏说 Runway》《星酷玩》《麦叨》等竖屏短视频节目,还与人民日报社合作研发了关于"新时代、新家乡"的竖屏短视频系列节目,节目于人民日报社在全国的 2 万块数字大屏上同步播出。在 PGC 的选取上,则邀请了以口碑品质著称的 papi 酱、看鉴、日日煮等头部 PGC 入驻。目前栏目总量已近 50 档,平台节目数量上限为 100 档。节目量超出上限后,将引进进入与退出机制,保证平台百档竖屏节目的精品化与优质化。

从内容表现上来说,创新表现手法,深耕杂志视频化。人的视线是横向的,我们眼睛所看到的大部分活动是左右方向的,横向视频内容更容易展现环境、关系和场域。但纵向视频将镜头集中在最重要的内容上,省去了无关的细节,因此能够展现出一种横向拍摄的视频可能缺少的紧凑度。两种内容表现形式各有利弊,但手机深度融入日常生活使人们在无意中接受了由横屏到竖屏的变化,并越来越多地生产、传播、观看竖屏视频。为发挥竖屏呈现的优势,优酷竖屏资讯内容使用分屏模式,弥补竖屏在关系、环境表现方面的劣势,同时又突出主体。图1(左)中,既展现了五星红旗在蓝天下迎风飘扬的状态,又通过驻守边境的解放军战士

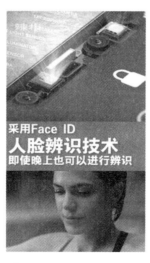

图1　优酷竖屏资讯界面

的站立姿态丰富了信息内容;在图1(右)中,将苹果手机与其拍摄的图片置于同一个画面中,同时通过文字说明画面的意义,便于强化用户记忆。

此外,优酷正在尝试将资讯类竖屏短视频与杂志跨界整合,主推杂志视频化。面对新媒体发展的冲击,纸媒、电视媒体近年来纷纷推进媒体融合,但其自建的新媒体渠道和融媒介质相比,仍难以触达海量用户,传统内容思维和操作手法的局限无法让传统媒体的内容价值得到最大限度的发挥。在此背景下,由于"竖屏与杂志共有竖向阅览基因",所以优酷竖屏资讯将杂志竖屏视频化作为产品开发的发力重点,并以付费订阅为产品建设目标,旨在从介质上解决传统杂志以纸张为出版载体、受众规模日益缩小的困境,从渠道上解决其出口单一、变现困难的问题,让更多的用户通过手机方便地观看、直观地了解杂志。2018年3月,优酷与博雅集团的《人物》杂志以及时尚集团的《男人装》《时尚先生》合作的竖屏视频杂志正式推出(见图2、图3)。动态封面、gif动图、短视频、长视频、音频、长图文、评论游戏、购买等多种功能元素在栏目中融合,用户通过手指的左右滑动即可在不同专题间切换,可以说,这是一种真正的融媒体产品。

图2 优酷与《人物》杂志合作的竖屏视频杂志封面图

图3 优酷与《男人装》杂志合作的竖屏视频杂志封面图

3.打造"内容入口"模式,形成生态闭环

优酷竖屏资讯的产品定位使用了"入口"概念(见图4):从用户的角度出发,把内容作为入口,提供更多服务。在信息严重过剩的今天,用户注意力稀缺且珍贵。依托阿里打造的包含电商、旅游、医疗、体育、电影、金融、音乐、地图、外卖等项目的庞大的服务生态版图,优酷竖屏资讯不断丰富平台功能,用竖屏资讯连接用户与各项服务,延长用户在产品内的逗留时间,增强资讯向服务的导流效果,打造手机端内容入口,满足用户的多种需求,把选择权和主动权真正交还给用户。

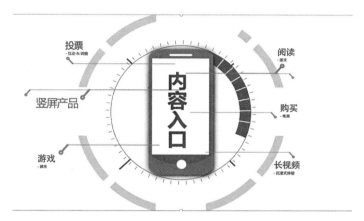

图4 "内容入口"模式概念图

对于入驻的媒体机构和 PGC 来说,优酷竖屏资讯同样依托于阿里天然的电商基因优势和优酷会员的付费制度,提供更大的流量入口、更高的品牌曝光价值以及更适合的变现方式。伴随着网民红利期的消失,全网流量逐渐出现"天花板"。从广告流量分成的角度来看,平台和内容生产商无法获得理想的收入,内容变现成了 PGC 和 OGC 急需解决的"痛点"。如何结合优酷现有的数千万会员触发竖屏短视频资讯的付费模式,如何依托淘宝等阿里商业服务应用的数亿级日活数据帮扶内容提供商变现品牌价值,都是优酷竖屏资讯在商业模式上需要解决的问题。

完善入口模式,先吸引更多的用户和优质内容入驻,之后形成从内容生产

到平台分发再到流量变现、进而反哺内容的生态闭环系统,这样产品才能获得持久生命力。优酷竖屏资讯现有的内容主力依旧为自制内容,但从产品下一步的经营方向看,打造生态闭环才是主要发展方向,其中,如何帮助内容提供商实现竖屏短视频量产是需要重点解决的问题。虽然竖屏视频越来越多地出现在我们的生活中,但是就如何制作竖屏视频这一问题,业界还没有形成统一标准,除了手机外,摄像机等设备拍摄的内容均需后期剪裁。如何调整画面构图,在新的框架内完成叙事,给竖屏视频制作者带来了挑战。虽然众多 PGC 和媒体机构都对竖屏资讯表现出了浓厚的兴趣,但是对于如何制作竖屏视频,都没有清晰的方向,这就导致优酷竖屏资讯现阶段还需花费大量精力在协助 PGC 和媒体机构制作内容上。目前,优酷竖屏资讯将"平台工具化"作为重点探索方向,研发平台剪辑工具,帮助内容提供商更高效、更便捷、更自主地制作视频,最大限度释放内容提供商的竖屏短视频资讯生产力。

在商业模式的探索上,优酷竖屏资讯还与人民日报社合作开展线下传播渠道建设。人民日报在全国各主要城市楼宇设置有大量数字屏。作为《人民日报》电子阅报栏,这些数字屏拥有竖屏阅览、传输速度快、容量大、画面清晰、可人屏互动等特点。为充分利用人民日报社大量的 54 寸实体竖览数字屏及其在办公楼、居民社区的优质传播位置,优酷将和人民日报社就竖屏短视频内容制作、资讯播放推广等开展研发合作。

(二)竖屏资讯类短视频行业发展趋势

从优酷竖屏资讯节目的播放统计数据来看,竖屏资讯短视频离新闻越近,流量越好。结合国内备受关注的"白银案"宣判的新闻热点,优酷推出了竖屏专题栏目,集合了前期调查获得的对高承勇家人、同学、老师、代理律师及办案刑警、犯罪心理专家等的独家采访。独家内容加竖屏形态使该栏目在海量媒体报道中脱颖而出,点击量、评论数持续走高。资讯作为新闻或信息事实的速览模式,对画质、镜头语言等的要求往往没有专业新闻作品高,如何保证时效性及在短时间内聚焦于信息主角是其首先要考虑的。这些因素都给资讯短视频与竖屏形式的结合提供了落脚点。竖屏形式便于制作者在资讯短视频中应用用手机拍摄的公民新闻内容,也便于其在资讯的"短小"时长中最大限度地放大资讯的"核心"内容。

但是竖屏资讯类短视频的发展仍面临技术层面的限制。从拍摄工具来看,除了手机,暂时还没有支持竖屏视频拍摄的专业设备。挪威国家广播电台通过侧转摄像机直接拍摄竖屏视频;新闻博客网站 Mashable 2/3 的竖屏内容仍采用水平方式拍摄,通过后期裁剪使拍摄的宽屏视频适应竖屏,从而获得宽屏和竖屏两种格式。① 然而,直接旋转式摄像机在没有配套辅助设备(如三脚架)的情况下难以长时间拍摄,且镜头稳定性难以保证;若通过后期调整,制作者又很难保证裁切出的画面适合竖屏表现。从移动端网络视频播放器来说,虽然众多视频网站接纳了竖屏格式并更新了自身的播放器,但全网更新尚需一段时间,只有竖屏播放器在全网适配,竖屏短视频的跨平台传播推广才可能发生。此外,手机尺寸也各不相同,虽然9∶16是主流,但是随着全屏(比如 iPhone X)的普及,9∶18也可能成为发展趋势,所以对于手机拍摄的视频也很难设定标准格式,这给后期制作和播放器适配都带来了一定困难。

宽屏作为影视产业的行业规范之一,在短期内很难被竖屏取代,但是由于竖屏与资讯属性的内在统一性,加之用户对竖屏观赏和资讯获取的便捷高效的双重需求,资讯短视频会成为继直播、短视频社交后,广泛运用竖屏的领域。结合正在发展的裸眼 3D 技术和全息投影手机的发展畅想,从整个视频行业发展的维度来看,竖屏不会取代横屏,横屏和竖屏将共存发展。

优酷打造的竖屏短视频资讯内容聚合平台在形态创新、内容升级、模式生态构建等方面的尝试,彰显了竖屏资讯类短视频的发展潜力。5G 时代将真正帮助"万物互联"。面对网速更快、资费更低、传输流量更大的 5G 时代,视频传播和场景消费将迎来新的爆发点,竖屏资讯类短视频也将在移动互联时代迎来更大的发展机遇。

---

① LICHTERMAN J. Vertical video is becoming more popular, but there's no consensus on the best way to make it[J]. Nieman journalism lab, 2016,2:10.

四、各方观点

竖屏视频的出现和以往的新媒体在内容形式层面的革新都不一样,因为它看上去并不是一个技术推动逻辑。但是,这也恰恰说明我们当下新媒体的发展进入了一个新的层面,就是越来越注重对人机关系的优化。因此,如果说我们已经进入互联网的下半场,那这下半场的发展逻辑必须淡化技术中心论,而应该更倾向于以人为主体。

——中国传媒大学新闻传播学部副教授　顾洁

我自己的视频公号是横屏模式,这次加盟优酷资讯《总编辣报》,是首次尝试竖屏模式。两相比较,横屏更传统、更正式、更有"开讲"的架势;竖屏则更即时、更现场、更轻灵,与《总编辣报》的"点评"定位高度合拍。就内容而言,尽管只有三分钟,但抓住受众、提高完播率,也不容易。除内容外,主讲人应该找到适合的视觉方式,增加自身的视觉信息,比如利用面部表情表达或褒或贬、或弹或赞的情绪。对于从文字写手转来的人,包括我自己,这是新挑战、新课题。

——《北京青年报》评论部主任　张天蔚

竖屏符合用户观看习惯,体验好,观看完成率比横屏高。结合人们使用手机的习惯,竖屏视频在未来有很大发展空间,但现在仍面临手机尺寸各异、拍摄标准不统一、后期制作存在技术限制等问题。面对市场需求及制作端、接收端的变化,会有更多的竖屏产品和制作工具出现。未来行业中 16∶9 和 9∶16 可能会共存,横屏并不会被取代。

——中央电视台新闻中心新媒体部制片人　李浙

自从用手机看视频,就习惯把手机横过来,以获得最清晰的观看效果。这个习惯一直持续到优酷竖屏视频的出现。习惯是可以改变的,因为竖屏视频的画面够丰富,短时间内承载的信息量够大,跳跃的感觉够律动。在移动互联的时代,一切以形成习惯为目标,一切又以打破习惯为宗旨。让受众为你打破习惯,优酷的竖屏视频,做到了。下一个被打破的习惯又是什么呢?

——资深媒体人　关娟娟

首先,手机本身就是竖屏的,这是由人脸的生理构造决定的。如果换成河马,我相信横屏手机才适合它们。所以从人的角度看,比起横屏,竖屏内容能带来沉浸程度更深的观看感受。除了拉近距离之外,也能让视角更集中、重点更突出,用户分散注意力的可能性也更低。而在今天,视频强调的是受众的参与和互动。竖屏可以让受众客观上获得很好的参与感,这也是移动营销的独特魅力!

——中央人民广播电台主持人　大铭

网友还在横屏刷新闻视频的时候,优酷资讯《总编辣报》抢先提供了一种竖版脱口秀时评的节目形态,这是对移动端视觉需求的提前供给、对浏览预期的提前兑现。我感觉,它降低了移动端的视频打开成本,令人耳目一新。

——《环球时报》总编辑　胡锡进

市场是跟用户体验紧密相连的。拥有了更舒适、更便捷的用户体验,就意味着可能拥有市场。而作为一款传播渠道产品,阿里巴巴大文娱集团优酷网创造的这款竖屏产品,在一定程度上优化了手机移动端用户的个人体验,调动了用户参与的积极性,激发了用户参与互动的热情,可以说是一款具有创新性的综合性传播工具。

——武警部队政治工作部宣传局副局长　舒春平

五、深度访谈

采访对象:阿里大文娱优酷事业群资讯中心高级总监 王立明

采访时间:2018 年 4 月 2 日

问:竖屏视频的创意来源于哪里?

答:在 2017 年优酷秋集·新资讯论坛上,优酷资讯专门开了一场发布会,推出竖屏资讯产品。竖屏资讯在国内其实是比较新的,因为竖屏的内容最早是

·143·

在秀场出现的,秀场主播做直播都是竖着的。但那个竖,其实是无意识的竖,直播时手机竖着摆放才是最舒服的,主播可以一边直播,一边通过打字跟粉丝进行互动,手机横着是没法打字的。竖屏最早是从秀场里面无意识地做起来的,有意识地做成竖屏的节目其实并不多。

问:竖屏视频的推广初衷是什么?

答:优酷资讯中心承担着为优酷产出资讯类视频节目的职责,获得影响力是我们的核心诉求。有影响力的视频节目必须通过题材、形态和模式三个层面的创新突破来完成。问题是,当下视频节目的创新已经非常难了。具体而言,首先是内容题材方面的创新,比如《白夜追凶》之所以能够成为 2017 年的一个现象级网剧,我认为是因为它对公安题材、法治题材表现尺度的一种突破。在当前政策监管不断趋严的环境下,从内容题材上进行突破和创新是很难的,风险也较大。

其次是产品形态方面的创新。最近这几年,H5 属于产品形态方面的创新,因为这种形态真正具有了互动性,人们能够"玩内容"了,人和信息之间、人和人之间能够真正进行交互了,这是传统媒体形态的内容无法做到的。VR、AR 也是一种新的传播形态,但是受制于技术和硬件的不成熟,用户体验不佳,一阵风过去之后,现在也消停了。

最后就是模式创新了,这是创新的最高层次,也是最难的,因为它不但需要对行业的深刻洞察、底层技术的支撑,还需要资本的推动。做媒体传播,我们最希望能在这三个层面取得突破和创新,我们认为,这样的内容和产品才是走在时代前头的,才是真正具有影响力的,才是真正有价值的。

问:为什么想做竖屏视频这种形态的资讯内容?

答:在当下的舆论环境中,如果从题材上突破,难度比较大,我们就转而从产品形态和模式层面去思考。2017 年年中的时候,我们了解到 Snapchat 是美国的年轻人最喜欢的一款社交软件,于是我们就开始试用它、研究它。我们发现,除了视频社交功能十分出色之外,它还有一个媒体产品——Discover 频道,里面集合了大约 60 个媒体和机构做的竖屏节目。我们觉得这个产品挺有意思,它只做竖屏,只匹配手机端,放弃了 PC 端和大屏端。竖屏形态看起来更直观,使用起来也最方便。受这个产品的启发，我们的产品经理给我们的竖屏项目起名叫"一阳指"，就是一个手指能满足你所有的需求和体验。

问：竖屏视频的产业布局和发展规划是什么样的？

答：我们要做的不是"节目"，而是一个"产品"，我们要把它做成多种功能的集合体。我们会把图文加进来，比如视频很短，可能才几十秒，但是上滑可以看到一篇图文，阅读起来可能需要三十分钟。这种操作能够同时满足用户浅阅读和深度阅读的需求，并将选择权和主动权交给用户。与此同时，竖视频并不是只能"看"，还能"用"和"玩"，这已经不是简单的"视频节目"的概念了，而是"内容入口"，它就像一扇门，推开这扇门，你可以进"长图文"的房间，也可以进"长视频"的房间，还可以"购买"和"投票"，从而满足自己各种不同的潜在需求。

问：在现有播放内容中，OGC、PGC 和 UGC 内容各自所占比例大概是多少？

答：现在有一些头部节目是我们自制的，比如《总编辣报》，这是跟十家平面媒体合作的，由总编、副总编、评论员每天评论时事。我们首选媒体机构、出版方和头部 PGC 进行合作，目前还没有接纳 UGC 内容。产品的定位是做精品化内容，只给用户精心筛选过的和有确定性的内容，诉求是消除用户因信息严重过剩而面临的信息焦虑问题。这个竖屏产品最多容纳 100 档节目，之后会形成进入和退出机制，力求做到留下的都是精品之中的精品。

问：截至目前，竖屏视频的用户画像和分布大概是怎样的？

答：性别上以男性为主，地域集中在一、二线城市，基本上是"三高"人群，高学历、高收入、高消费。人群画像跟优酷常规资讯的人群画像基本上一致。

问：从现在的内容来看，头部内容的点击量有没有一些共性？

答：共性是离新闻越近，流量越好。

问：下一步在竖屏视频领域的布局是什么？

答：经过长期思考，我们在想什么内容最适合竖屏。大概是 2018 年年初，我们找到了一个方向——杂志视频化。杂志本身就是竖着的，杂志受众的阅读习惯和行为模式与竖屏体验天然地一致。目前全国有一万多种杂志,它们是受互联网冲击最大的媒体产品,而在媒体融合过程中,又受机制、资本、技术和思维习惯的限制,难以完成真正的转型。它们的内容价值依然存在,只是渠道和用户转移了,纸张这种传播介质不再大众化了。而无论是渠道、用户、技术还是视频基因,都是优酷的优势,我认为,这种跨界融合一定会是互补和共赢的。视频杂志的特点就是彻底打破介质的局限,将长视频、短视频、图片、文字、音频、符号等各种媒介形态糅合在一起,这是一款真正的富媒体和融媒体产品。现在我们正在与四本杂志进行合作,时尚集团的《男人装》和《时尚先生》,还有博雅集团的《人物》《博客天下》。

问:在盈利模式方面做出了哪些探索? 未来的规划是什么?

答:在视频平台的盈利模式方面,目前会员收入和广告收入几乎是平分秋色。最近一两年,内容付费模式兴起。伴随着消费的升级,大家愿意为知识和内容付费,市场已经形成了,这是我们更希望做的一种模式,优酷庞大的会员规模也奠定了付费模式的根基,订阅付费模式尤其适合杂志。

问:如何看待竖屏视频这种形式的一些优缺点?

答:我们研究过横屏,它的信息量很大,画面里既有环境信息,又有主体信息和关系信息。但是信息量大的内容并不适配手机端,因为手机本来屏幕就小,又经常在移动场景下使用,太多信息用户根本无法接收。有效的传播绝不是你传播了多少信息,而是用户到底接收了多少信息。手机端的横屏内容需要耗费用户更多的注意力,竖屏内容的特点就是焦点单一、信息集中,一个焦点能一下子抓住用户就够了。所以竖屏和横屏的审美标准和叙事方式是不一样的,竖屏就是要"用细节讲故事"。尺有所短,寸有所长,一个终端有一个终端的优势和不足。从信息交互的角度来说,竖屏最大的特点是拉近了人和人、人和世界、人和信息之间的距离,让这些关系变得更直接、更平等和更亲密。

〔王芯蕊,中国传媒大学新闻传播学部博士研究生;霍悦,中国传媒大学新闻传播学部硕士研究生〕

资讯类短视频：专业化探索与多维度创新

—— 以梨视频为例

包圆圆　王宛艺

摘要: 2017年短视频成为网络视频行业的热点,一下科技、今日头条、快手三足鼎立,京东、淘宝等电商平台纷纷进军短视频行业,资讯类短视频、电商短视频异军突起,共构短视频新生态。加之资本、技术、用户等多方驱动,短视频得到了爆发式发展,呈现出垂直化、多元化等发展趋势。本文以梨视频作为典型案例,通过实地调研和访谈,深入分析梨视频的发展情况和突出表现,探讨资讯类短视频行业发展现状、困境和未来趋势。

关键词: 资讯类短视频;梨视频;专业化;创新

一、案例背景

2017年,移动短视频一枝独秀,整个行业呈现出一片欣欣向荣的局面。阿里文娱旗下的土豆网全面转型为短视频平台,腾讯以3.5亿元人民币投资快手,百度视频投资人人视频、布局PGC内容,互联网巨头们纷纷进军短视频行业。今日头条出资10亿元人民币扶持短视频发展,内部孵化抖音、火山小视频、西瓜视频,并布局海外市场。而快手已然发展成为国民应用和流量巨头,在App排行榜中仅次于微信、微博、百度,排名第四,估值150亿美元。这一年,无论是市场规模还是内容生产,短视频行业呈现出了前所未有的繁荣景象。

外部环境的改善和用户需求的驱动是短视频行业发展迅猛的主要原因。

资本驱动:近两年,短视频行业投资持续增长,BAT互联网三大巨头纷纷布局短视频市场,美拍、秒拍等企业完成了 C 轮、D 轮融资。大量资本的涌入为短视频在质量和数量上的提升提供了资金保障,促进了更多优质内容的生产。优质内容在吸引更多流量的同时提供了更加多元的商业化可能,从而吸引更多资本注入,形成良性循环。

技术驱动:Wi-Fi、移动 4G 网络和智能终端的普及使得随时随地观看短视频成为常态。如今智能手机可便捷地拍摄视频,这提高了视频制作的速度和质量。智能化的新技术为短视频行业的发展提供了多样化的新玩法,在丰富用户体验的同时,加强了用户黏性。而以今日头条为代表的平台借助大数据智能算法,根据用户观看足迹、停留时间等了解用户兴趣喜好,从海量的内容中为用户筛选个性化内容并推荐,以更好地满足用户需求。

用户驱动:在碎片化传播时代,用户更加青睐短、平、快的视频内容。相比文字和图片,短视频更加生动有趣,而相比长视频,短视频更符合用户随时随地碎片化接收信息的习惯。同时,短视频更能满足人们进行个性化表达和多样化信息传播的需求。用户消费需求的不断提升促进了短视频行业的多样化发展。

内容驱动:随着网络技术和视频技术的不断创新,视频拍摄和制作技术也在不断优化和便捷化。随着越来越多的短视频平台的出现,一方面,短视频数量不断增加,另一方面,对优质短视频内容的需求不断扩大。优质内容才是未来短视频行业的立足之本,也是短视频商业化的前提,因此,越来越多的专业团队纷纷加入短视频优质内容创作中,试图在短视频爆发式发展浪潮中分一杯羹。

目前国内短视频行业的内容布局包括娱乐、音乐、科技、美食、教育、游戏、美妆、资讯等多个领域,类型丰富且垂直化趋势显著。

梨视频就是在这样的背景下产生的主打资讯的短视频平台。在国外,早在前几年,以 Newsy、Vice、Now This 等为代表的资讯短视频平台就已经开始发展;而近两年,国内的我们视频、箭厂、梨视频等资讯短视频平台也发展迅猛。国内外的传统媒体也纷纷开始探索如何做好资讯短视频。资讯类短视频发展现状如何、未来将走向何方等问题也越来越受业界和学界的关注。

二、案例介绍

2016 年 11 月 3 日,梨视频正式上线。它由澎湃新闻原 CEO 邱兵创办,定位为主打资讯阅读的短视频产品,大部分视频时长在 30 秒到 3 分钟之间,偶有的一些纪录片的时长也控制在 10 分钟内。

在短视频领域已经有较大影响力的一条、二更等,侧重于生活服务类的内容,而有着"澎湃味"的梨视频势必要在"新闻资讯"上大展身手。在这个创业团队中,不少成员是邱兵带过来的媒体人,因而梨视频以时政类内容见长,在新闻的敏锐度以及挖掘力上是专业级水准;梨视频发布的突发类新闻"宁波老虎伤人事件"是传播最广的原始视频;①社会类新闻《拍客卧底拍摄常熟童工产业:被榨尽的青春》曝光了童工产业链,引发社会各界关注。

目前国内的资讯短视频市场还未被充分开发,梨视频的独特定位使它迅速抓住用户的眼球并取得了成功。2017 年 10 月 28 日,梨视频成为"2017 中国应用新闻传播领域十大创新案例"之一。②

(一) 深耕资讯领域,主打 PUGC 模式

梨视频有直播、音乐、娱乐、新知、社会、世界、生活、科技、万象、财富、汽车、美食、体育、拍客、排行榜等 15 个频道,目前主打偏资讯类频道。据梨视频副总裁魏星透露,其用户分布在上海、浙江、江苏、广东等经济发达地区,主要以男性用户为主。消费前五的内容为资讯、社会、搞笑、财经和科技。

梨视频的内容生产模式是 PGC 导向,原创分发。梨视频作为生产内容的新媒体平台,不同于单纯采用 UGC 模式的工具应用,其"用较短时间生产专业

① 宁波老虎咬伤的不只是人,可能还有一个 5 亿人民币的"梨"[EB/OL].(2017-02-13)[2018-02-07].http://tech.sina.com.cn/2017-02-13/doc-ifyamkzq1271266.shtml.
② 2017 中国应用新闻传播领域十大创新案例出炉[EB/OL].(2017-10-29)[2018-01-06].http://news.xinhuanet.com/politics/2017-10/29/c_1121872103.htm? baike.

的视频类资讯内容"的自我定位,决定了其内容生产以"UGC+PGC"模式(即PUGC)为主。梨视频的全球拍客计划引人瞩目,在上线前便网罗了3 100名拍客,遍及国内外520个城市,覆盖了不同的区域、职业、年龄。刚上线时,梨视频每日能够发布500条以上经过精剪的短视频,其中有约100条原创内容,高效的生产得益于其拍客网络的建构。①

(二)创建全球拍客网络,获取一手素材

打开梨视频,你可以方便地找到"上传视频"的地方,成为拍客中的一员。报酬也相当丰厚:"一经采用,提供400元的基础酬劳,并根据播放量发放奖金。"如果有人正处于一则新闻事件的发生现场,其手机拍摄的画面就能成为梨视频的素材。2017年,梨视频的拍客人数为2万多,2018年这一数字可能达到5万。

但与秒拍等为用户提供内容的分发平台不同,梨视频只将拍客拍摄的画面用作素材,最后发布的视频一定是经过梨视频剪辑后得到的。邱兵多次向媒体表示,视频一定要精剪,用户没有时间观看耗费时间的内容,必须呈现精华部分。因此,梨视频还从一家美国公司引进了机器智能剪辑技术,处理基础的剪辑工作。

除了自制内容,梨视频也为其他视频产品提供平台,其平台入驻者包括罐头视频、《微在涨姿势》节目、钛媒体《在线》栏目等。

(三)布局多元分发平台,弥补流量短板

梨视频的内容不仅仅在其App上发布,还在不同的强势媒体平台分发。相比于同样进军新闻短视频领域的今日头条而言,梨视频目前的竞争短板还是在流量获取上。在这一阶段,梨视频在各个平台上大量分发内容,以获取用户为主要目的。在梨视频的半年内测期中,覆盖财经、国际、文体、生活、娱乐、汽车

---

① 黄伟迪,印心悦.新媒体内容生产的社会嵌入——以梨视频"拍客"为例[J].新闻记者,2017(9):15-21.

等领域的《微辣》《一手》《冷面》《时差》《老板联播》等 20 余个子栏目被分发至部分网络平台。魏星表示,梨视频本平台日均发布视频 1 000 条,其中大约 200 条会分发至各社交平台,全网日均播放量达到 5 亿次。

梨视频主打的"资讯视频"经历过一次整改转型。2017 年 2 月 4 日,因群众举报,经查,由北京微然网络科技有限公司运营的梨视频在未取得互联网新闻信息服务资质、互联网视听节目服务资质的情况下,通过开设原创栏目、自行采编视频、收集用户上传内容等方式大量发布所谓"独家"时政类视听新闻信息。依据《互联网新闻信息服务管理规定》《互联网视听节目服务管理规定》等相关法律法规,网站上述行为属擅自从事互联网新闻信息服务、互联网视听节目服务且情节严重。①

2017 年 2 月 4 日晚间,北京市互联网信息办公室发布消息,北京市网信办、市公安局、市文化市场行政执法总队责令梨视频进行全面整改。2017 年 2 月 10 日上午,梨视频 CEO 邱兵在梨视频官方微信发布文章《劝君更尽一杯酒,醉了就看梨视频》,表示梨视频将在内容上做出较大调整,转而关注年轻人的生活、思想、感情。

三、案例分析

(一) 资讯类短视频生产平台现状:创新内容生产,探索多元布局

目前,在内容生产上,梨视频采用"拍客网络+专业制作"的创新机制打造 PUGC,生产具有社会价值的短视频。商业模式上,依然主要依靠广告收入,还有一小部分盈利来自版权售卖,在未来,这一部分的变现将呈现扩大化趋势。

但是梨视频的发展也存在一些问题,如流量转换率不高、资讯类新闻无法培养用户黏性、盈利模式相对单一等,这些问题都亟待解决。

---

① 梨视频被网信办等部门责令全面整改 未取得相关服务资质[EB/OL].(2017-02-05)[2018-01-06].http://www.chinanews.com/business/2017/02-05/8141201.shtml.

1.内容生产:"拍客网络+专业制作"

全球拍客网络和专业编辑生产是梨视频内容生产的两大基石,这也是梨视频与其他短视频平台相比,最具核心竞争力之处。梨视频建立了集身份认证、报题派题、审核、24小时支付为一体的 Spider 系统,用户可以在线完成从认证到稿酬领取的全部流程。

2017 年 1 月,梨视频和滴滴租车联合发起"全球拍客游记计划";5 月,和饿了么合作,外卖小哥成为拍客网络中的一员;6 月,开设全民拍客训练营,为全国各地短视频爱好者提供公益培训;8 月,联手 Zoomin.TV 打造全球拍客联盟;10月,梨视频和华为合作上线名为"30 秒,展现新世界"的拍客活动,向全球征集作品。2017 年底,梨视频的拍客数量已达 2 万多名,覆盖全球 100 多个国家、520 多个城市。拍客网络为梨视频的内容生产提供源源不断的一手资料,一方面降低了内容生产的成本,另一方面,提高了信息获取的速度,同时促使平台内容更加丰富和多元化。

专业编辑团队的设立补充了拍客视频生产的不足。由于拍客来自世界各地,有专业拍客,也有草根拍客,其拍摄水准参差不齐,所以梨视频专设专业编辑团队对所有视频素材进行筛选,专业团队根据经验和操作流程进行真伪识别、质量控制、专业加工和价值观把握。拍客网络和专业编辑团队的结合保证了梨视频平台视频内容的高效生产,实现了数量和质量的双赢。梨视频负责人表示,未来会将拍客规模进一步扩大至 5 万人,在结构上进一步夯实核心区域的拍客布局,并提升垂直领域的拍客数量和质量,如教育、财经等领域。在拍客的管理方面,每个地区都设有拍客管理员,负责拍客的线上联络、线下培训等工作。

正是全球拍客网络和专业编辑生产的相互补充,使梨视频可以对社会热点进行专业化处理,生产出一批兼具高点击量和新闻价值的视频内容,引发极大的社会反响。

2.商业模式:广告为主,版权为辅

梨视频目前的主要收入来源是广告,仍未打破传统的依靠广告的模式。广告形式包括冠名广告、贴片广告、传统广告和效果广告等常规广告形态,但原生广告和拍客广告是梨视频最擅长的广告形式。原生广告可以充分发挥梨视频团队在短视频策划、拍摄、运营分发等多个方面的优势,而拍客广告可以很好地将拍客资源与广告商相结合,通过梨视频庞大的拍客队伍挖掘广告品牌背后的故事。拍客广告突破了传统广告模式,其未来发展潜力巨大。之前梨视频与麦当劳、上汽合作拍摄的拍客广告都比较成功,得到了广告商的认可。

除了广告之外,版权售卖也是梨视频的一个盈利途径。梨视频将其优质的视频资源分发到社交媒体和其他视频网站,从中获得营收。从内容定位来看,梨视频主要聚焦在资讯类短视频的专业生产上,而在短视频市场中,这类专业的短视频相对稀缺。随着移动网络技术的不断升级、4G 网络的普及,人们对专业短视频内容的需求越来越大,专业资讯短视频的价值也会进一步凸显。可见,在未来,版权售卖这一盈利模式的潜在价值仍可挖掘。

3.问题与困境:流量转化为用户的程度不高,盈利模式相对单一

数据显示,梨视频生产的短视频,全网播放量较高,但全网流量对于用户转化所起的作用相对较小。虽然有些视频在梨视频平台独家播出,但很多用户都是通过社交媒体、视频网站等分发平台观看梨视频生产的内容的,且这些用户并未反哺梨视频自身的平台。为了吸引更多用户关注梨视频 App、提升用户量,梨视频推出本地频道,吸引更多用户制作上传带有本地属性的 UGC 视频。

从整个短视频行业的发展来看,商业模式的探索是其中的重中之重。目前梨视频的商业模式以广告为主,以版权售卖为辅,盈利模式仍相对单一。在短视频的发展浪潮中,充分发挥自身核心竞争力,挖掘丰富的拍客资源和一手独家素材所具有的价值,拓展现有的商业模式,是其未来发展的方向。

4.未来布局:实现全平台变现突破,打造 App 社交系统

内容生产和流量变现是短视频平台的两大核心问题。"专注资讯领域,创新生产模式"是梨视频始终坚守的重要原则。梨视频未来仍将主要布局资讯类短视频的专业生产,同时设置美食、搞笑、娱乐等板块,为个人用户以及团队和

机构的视频创作提供更多切入口,丰富内容类型。在此基础上,梨视频将重点实施视频流量变现计划,努力实现全平台的变现突破。除此之外,梨视频将调整一些栏目,重新打造 App 社交系统,加强栏目的个人化属性和社交属性,从而加强用户黏性,增加用户数量。

(二) 资讯类短视频平台发展趋势探析:专业化内容生产、多元化盈利模式、多维度技术创新

短视频领域已成为红海。长远来看,梨视频凭借自身"资讯类视频"的优势,依然有着巨大的发展空间,但是在未来仍然需要优化升级以顺应互联网信息时代的需求。优质内容和垂直化的服务将是其吸引用户的有力手段。梨视频的内容生产趋向于专业化、稳定化和规模化,它将进一步增加专业领域拍客数量并布局 MCN。在盈利模式上,梨视频仍以广告收入为核心,并不断创新广告模式,同时也发展多元的盈利模式来增加营收。多维度的技术创新将有助于进一步打造资讯类短视频生态链。更重要的是,在政策趋严的情况下,梨视频将完善自身管理机制,加强自我把关和引导。

1.优势突出,向垂直化发展

与传统静态图文类资讯相比,声画结合的短视频不仅更具代入感和感染力,而且降低了阅读门槛,拉近了与用户之间的距离。此外,梨视频中的视频内容不乏对原有视频资料的重新截取和处理,精彩的画面配上另类的文字,使视频获得了更多意味和内涵,或搞笑或深刻,吸引了更多关注,提升了传播效果。如今各个短视频平台内容数量呈爆发式增长,质量却参差不齐,绝大多数是泛生活类话题。在这种情况下,主打垂直化资讯短视频的梨视频,优势更为明显,其资讯内容的价值和社会意义日益凸显。

大势所趋,垂直化资讯将是梨视频未来的核心竞争力和吸引更多用户的有力手段。2018 年,梨视频将通过更具个性的栏目、更具人格属性的账号,来顺应互联网传播关系的变化,吸引更多用户。实践证明,只有垂直化"量身定制"的优质内容才能满足用户需求,吸引资本,并为平台开拓出更多的商业化渠道。除了基于大数据的"个性化"内容推送,梨视频还致力于打造垂直服务,根据不同平台特征,布局不同的传播内容:在微博,梨视频重点运营的是民生类的公众性话题;在 B 站,梨视频的军事类和趣味类内容很受欢迎,因此这一平台配备有专门的军事类直播团队;而在微信,梨视频高浏览量的视频则都跟国际政治有关,所以特朗普胜选演讲等相关内容会第一时间被投放到微信上。①

当内容不能满足需求的时候,梨视频试图拓展"拍客"这一主力参与群体,突出短视频的社交属性,通过打造全民有话题可聊、全民可以参与的活动,构建一个普通人也可以分享视频、参与互动、满足自身社交需求的平台。只有继续发挥资讯视频的优势,深挖垂直领域,梨视频才能留住用户,在短视频红海中经过大浪淘沙"留"下来。

2.专业化特征显著,布局 MCN 成重点

专业编辑生产和全球拍客网络一直是梨视频引以为傲的创新生产两大基石。因此,内容生产的专业化、稳定化和规模化将继续成为未来几年梨视频的发展重点。

梨视频负责人提到,希望拓展各专业领域的拍客队伍,不再局限于社会拍客、校园拍客,而是发展更多财经拍客、文化拍客等具有专业知识和专业技能的人。因此,"去新闻化"后的梨视频也将进一步强化自身与其他泛生活类视频平台的区别,向各专业领域拓展深挖,生产出具有深度的专业性内容,引发大众对社会议题的关注和思考。

除此之外,梨视频将改变以往短视频以 UGC 为主,依靠个人或者小团体进行内容生产的模式。这种生产模式缺乏稳定性,无法保证产品的数量和质量,更无法实现商业化的探索。梨视频通过以下两种方式弥补个体内容生产的不足:一是创造出"个体拍摄素材+专业团队编辑"的模式,来提升内容的质量;二是尝试布局 MCN(Multi-Channel Network,多频道网络播放平台),孵化有潜力

---

① 孙翔.如何抓住短视频的风口[J].新闻与写作,2017(1):83-84.

的个体和团队,帮助他们解决内容生产、运营推广和商业化发展等问题。

布局 MCN 是近两年的新尝试。众多超级网红、内容创作团队都逐渐从单一的内容生产者转向 MCN,在内容生产和运营推广方面取得了质的飞跃。而这种机构化生产是短视频行业未来发展的重要趋势,也是制作方源源不断地生产优质内容的重要基础,可以保证视频生产机制的稳定化、规模化运行。

3.广告为核心,盈利模式多元化

目前短视频领域还处于行业投入期,仍在探索变现方式的阶段。虽然短视频在生产上处于一个爆发状态,但是实际上不像图文内容的变现那样,套路已经很清晰了,它的变现逻辑并不明确。

目前,梨视频的盈利仍以广告收入为主,但是,梨视频已经在摸索"拍客广告"这种全新的广告模式,将互动、参与的特质植入广告中。此前梨视频曾推出过"五菱荣光"的拍客广告:许多豪车,如玛莎拉蒂、兰博基尼等,会在自己的车后贴上"五菱"的车标。平台动员千千万万普通拍客来拍摄他们和这个"五菱神车"的故事。不同于原先大片宣传的广告模式,这种全新广告模式通过社交化的方式和用户产生互动,不仅产生了传播素材,而且对广告品牌进行了传播和推广。这种基于互联网交互和互动功能的广告模式,在未来将被更加广泛地应用。

短视频可以利用覆盖量的优势,进行盈利模式的多元化探索。三多堂传媒股份有限公司创始人、董事长高晓蒙在 2017 年第五届网络视听大会上表示,短视频领域仍有很多处女地未开发,未来会出现更有意思的商业模式。从整个短视频行业的发展来看,付费、定制、贴片、植入、电商等模式都有待进一步挖掘。目前,资讯类短视频的盈利模式相对单一,主要以广告为主。深耕垂直领域,充分挖掘资讯类短视频的价值,探索更加丰富多元的商业模式,是资讯类短视频平台未来发展的重要一环。

探索多样化的商业模式,需要有海量的用户和优质的内容作为支撑。无论是定制内容、推广广告还是发展电商,都需要明确产品定位,深入了解用户需求并做到精准化传播,同时要保证优质独特内容的持续生产,打造垂直领域的头部内容,否则商业变现就会是"水中月、镜中花"。

4.多维度技术创新,打造资讯短视频生态链

梨视频在未来计划通过多维度的技术创新,"全面打造连接拍客、媒体和用户的资讯短视频生态链。这种多主体、系统化、可持续发展的内容生态体系可以良好有效地循环运作,为资讯类新媒体开启新思路"①。

一直倡导"技术先行"的梨视频目前已经进行了很多技术革新,通过机器辅助人工提高效率。比如在生产方面,"智能剪刀手"的引入大大提升了采编的效率,节省了新闻发布的黄金时间。

在选题内容上,梨视频有自己的直播栏目,同时在视频中引入人工智能、4K、全景拍摄、VR 视频技术,通过最新科技引领用户新体验,满足用户求新、求变的心理。在平台分发上,梨视频打造了包括竖屏在内的不同的屏幕呈现形式以适应在手机等新媒体终端上的传播。实现"社交化与平台化齐头并进,一个重在原创内容推广,一个重在自有平台搭建"②。

科技已经渗透到社会生活的方方面面,改变了大众的思维方式和消费习惯。整个视频领域也在推陈出新,优酷于 2017 年 10 月全网首推竖屏资讯,并入局直播领域。因此,如何适应互联网思维,如何将人工智能嵌入内容生产,如何更好地引导视频消费新方向来迎合多形态表达的需求,都是梨视频面对的问题。

5.短视频监管趋紧,把关引导刻不容缓

相比泛生活类短视频内容,资讯类短视频尤其是时政类资讯更容易引发舆论话题热点,对内容审核把关的要求也更高。因此,政策趋紧是梨视频在"可持续"发展道路上必然面临的挑战之一。为营造健康的舆论环境,对互联网视听服务的监管日益加强。2016 年 9 月,国家新闻出版广电总局下发《关于加强网络视听节目直播服务管理有关问题的通知》,要求网络视听节目直播机构依法开展直播服务,持证上岗。新申请牌照单位必须为国有独资或国有控股单位,

---

① 曾光,眭丽莎.资讯类短视频的发展趋势研究[J].青年记者,2017(14):84-85.
② 郝妍.资讯短视频的现状与前景分析——梨视频与 Newsy 比较[J].青年记者,2017(14):85-86.

此外,注册资本应在 1 000 万元以上。①

不仅开展互联网视听服务,还从事互联网新闻信息服务的梨视频所面对的监管更为严格,自我监管的标准把握也更为不易。2017 年 2 月,北京市互联网信息办公室发布消息,北京市网信办、市公安局、市文化市场行政执法总队责令梨视频进行全面整改。经查,梨视频在未取得资质的情况下,通过开设原创栏目、自行采编视频、收集用户上传内容等方式大量发布所谓"独家"时政类视听新闻信息,情节严重。②

整改后,梨视频调整了产品战略方向,"从时政及突发新闻转型为专注于年轻人的生活、思想、感情等方方面面"③。但是这也为它日后的发展敲响了警钟。我国互联网法规日趋完善,法规对资讯类视听服务要求更高,监管力度更大。在这样的背景下,梨视频也加强了对内容的审核把关,采取总编辑负责制和四审制④,建立专业的编辑团队对内容进行审核。同时,对后台发布系统实行实名制管理,明确管理权限,细化审核和编辑权限,从而加强对用户上传内容的审核和管理。在此基础上,梨视频还将加强与监管部门的沟通,及时了解政策方向,加强对内容的监管与引导,助力营造健康清朗的网络空间。

四、各方观点

从读图时代进入视觉传播时代,影像的移动传播状态更加凸显,文字的移动能力比较弱,而影像的移动能力比较强。在这一点上,短视频占很大的优势。从新闻信息传播视角来讲,短视频非常适合快速阅读,这与碎片化时代人们的需求及其阅读的方便性有关。人们早期阅读的都是长文章,后来变成短文章,

---

① 短视频监管趋紧[EB/OL].(2017-02-08)[2018-02-12].http://www.dvbcn.com/index.php? a = show&catid = 31&id = 138196&m = wap&siteid = 1.

② 梨视频被责令全面整改[EB/OL].(2017-02-06)[2018-02-12].http://news.163.com/17/0206/00/ CCI57KP3000187VI.html#from = relevant.

③ 邱兵:梨视频将从时政突发,转为专注于年轻人生活[EB/OL].(2017-02-10)[2018-02-12].http:// mycaijing.com.cn/news/2017/02/10/151596.html.

④ 四审制:用户上传的视频通过地方主管、视频编辑、总监和副总编审核后才能发布。

越来越短,视频也是同样的道理,阅读的单位越来越小。同时,短视频也降低了视频创作的门槛,个人化程度比较高。阅读单位变小之后,像短视频这样的信息传播形态的厉害之处就显现了出来,它能发掘出过去很多细节上的内容。过去的一些盲区、被忽略的个人化视角都被开发出来了。短视频的影响力在于它可以表现生活的细节部分,很多时候大家观看短视频,并不是为了追求它的完整性。喜剧的、幽默的,或者生活中有趣的内容,这些在短视频中占的比重更大。所以说,短视频在挖掘人类比较细腻的情感或者情绪方面比较有优势。

——中国传媒大学新闻传播学部教授　刘宏

资讯类短视频平台根据不同的内容生产方式分为两类——UGC 内容聚合平台和 PGC 内容生产平台,前者如秒拍、快手等,后者如一条等。就梨视频而言,可能两者皆有。未来也许随着成本投入和受众的增多,PUGC 会向 UGC 过渡,但如何平衡"质"与"量",仍是个难题。

目前梨视频上出现的内容更为草根化,内容也相对较窄,在传统媒体上可能只是一个小边栏或"豆腐块"。虽然其可能受到一部分受众的喜爱,但是影响力显然不够。这或许与梨视频的资质有关,后续如果解决不了这个问题,发展潜力将受限。这也是大部分资讯类短视频平台需要正视的一个问题。

——新华网上海频道采编部总监助理　梁鸿儒

资讯类短视频最早应该是由国外的 Now This 机构开始制作的,他们在 2012年开始尝试这种方式,是梨视频的学习对象。国内外这一类短视频面临的问题主要是过于依赖社交媒体和社交大号的分发。因此,这些机构最后都想成为一个平台,而不是内容提供商。但是成为真正的创新性平台需要的是新的技术支持,这一块是资讯类短视频机构的短板,新的技术加好的内容是未来值得期待的地方。

——Sixth Tone[①] 视觉总监　陈荣辉

---

① Sixth Tone(www.sixtone.com):由澎湃新闻团队出品,专注报道当代中国情况的英文网站,于2016 年4月上线。

前一阵出差到俄罗斯,有一个在湖南卫视、一条都工作过的拍视频的小伙子同行。他跟我讲,三分多钟的短视频现在不流行了,今后一段时间的热点是七八分钟、稍长一点的视频,因为看视频成为习惯之后,观众对信息的需求量就大了。我也有一些同行、朋友加入了梨视频,我觉得在提供新闻类资讯方面,特别是突发事件的现场报道上,有一个很大的市场——谁都想看看事情是怎么发生的,想知道过程、走向和阶段性的结果。传统记者的眼睛、笔及传统发布流程,比不过数字代码。但问题是,在现场很可能一团混乱的情况下,摄像把镜头对准谁,提供什么样的声音和画面——这几乎需要拍摄者不假思索地完成。短视频虽然是"碎片化时代"的产物,但也是可以形成自己的美学和伦理的。在信息量、音乐、画质及实用性方面,都会慢慢形成一套新的规范。

——媒体人　李宗陶①

五、深度访谈

采访对象:梨视频副总裁、副总编辑　魏星

采访时间:2017 年 12 月 21 日

问:梨视频目前日内容发布总数、日总播放量是多少?

答:梨视频本平台日均发布视频 1 000 条,其中大约 200 条会在各社交平台分发,全网日均播放量为 5 亿次。

问:梨视频受众的主要特征是什么?

答:梨视频的用户目前主要分布在沿海经济发达地区,广东、江苏、山东、上海、浙江的用户位居前 5,以男性为主,消费视频前 5 的领域分别为资讯、社会、搞笑、财经和科技。

---

① 李宗陶,原为《南方人物周刊》记者,在思想者访谈、人物特稿、历史写作、非虚构报道等领域均有出色作品,著有《思虑中国:当代 36 位知识人访谈录》《那些说不出的慌张》等。

问：梨视频的内容生产中 UGC 和 PGC 占比为多少？

答：本平台 UGC 的数量还不多，大约是本平台自产 PGC 和机构 PGC 总产量的一半。

问：在内容生产中，梨视频如何结合 UGC 和 PGC？

答：传统的 UGC 和 PGC 概念将普通用户和专业用户截然分开，而梨视频拍客体系其实已经结合了 UGC 和 PGC 的优点，将专业编辑和普通拍客结合在一起，普通拍客提供视频，专业编辑负责控制可信度、质量和价值观，他们发挥了各自的优势。

而在传统的纯用户生产内容方面，梨视频主要鼓励用户生产和上传泛资讯类内容。

问：梨视频的频道排序有考量吗？ 主打板块是什么？

答：梨视频目前有直播、音乐、娱乐等 15 个频道，默认的频道排序综合了用户点击和编辑推荐两个因素，但 App 用户可以根据自己的习惯更改频道的默认排序。目前，梨视频对偏资讯类频道更为看重，这是我们的主打板块。

问：梨视频经历了整改后，还坚持"资讯"路线吗？

答：资讯是一个很大的概念，目前梨视频依然专注于"资讯类短视频"，我们更多聚焦于民生资讯、社会资讯、国际资讯等垂直领域，娱乐资讯相对有限。从人员结构上说，梨视频资讯相关的视频生产人员的数量是娱乐相关的视频生产人员的数倍，平台发展还远不到要避免过度娱乐化的程度。

相比其他短视频平台和机构，梨视频最大的优势是对资讯类短视频的生产流程进行了创新，通过专业编辑团队和全球拍客网络的结合，高效地生产资讯类短视频。继续优化和完善专业编辑团队和全球拍客网络，将是梨视频在未来竞争中脱颖而出的关键。

2017 年 11 月，人民网以 1.67 亿元基金战略入股梨视频，梨视频还在和人民网洽谈一揽子内容战略合作协议。

问：在梨视频的运行模式中拍客处于什么地位？如何管理拍客？

答：全球拍客网络和专业编辑生产一样，是梨视频生产创新的两大基石之一，是目前梨视频难以被超越或复制的独门法宝。

梨视频在拍客管理方面，有一套 Spider 全流程自动响应机制，这是一个集身份认证、报题派题、审核、24 小时支付于一体的体系。在组织架构上，各地的拍客主管负责人工联络本区域拍客；在操作流程上，Spider 体系的后台系统可以在线完成从认证到稿酬支付的整体流程。

对于质量参差不齐的视频，梨视频有专业的编辑团队进行筛选，专业团队根据经验和操作流程进行真伪识别、质量控制、专业加工和价值观把握。是不是真的、质量如何、是否符合社会主流价值观，都是我们筛选时考虑的问题。

问：梨视频在 App 上的播放量不及分发平台，那么 App 将如何改进以更好地吸引用户、满足用户的需求？

答：梨视频全网点击量极高，相对而言，本平台点击量数据就没有那么耀眼。但是，无论是通过社交媒体观看视频，还是通过本平台观看视频，确实有很多用户消费了梨视频生产的视频，这对公司来说是好事而不是坏事，是优势而不是劣势。我们仍会在梨视频 App 内保留少量独家视频，吸引站外用户主动转化为站内用户。此外，站外视频流量变现的计划也正逐步成型，预计在 2018 年站外用户变现会有一些突破。

本平台用户量的提升，需要通过改进 App 产品来实现。梨视频 App 目前正在陆续推出各城市的本地频道，吸引用户上传和消费更多带有本地属性的 UGC 视频，从而吸引更多本地用户。

问：梨视频如何培养用户黏性？

答：2018 年梨视频将调整一些栏目，并重新打造 App 的社交系统。一些栏目的更强的个人化属性将呈现在 App 和各社交平台上，以此提高用户黏性。更有个性的栏目、更有人格属性的账号，相信会吸引更多的忠实粉丝。

问:梨视频的盈利模式是什么?

答:就像之前说过的,广告目前依然是梨视频主要的收入来源,此外视频版权收入也为梨视频带来了部分收益,但目前并不是主要的收入来源。

此外,外界对原创视频生产可能存在一些误解,原创的精彩的资讯类视频依然可以带来极大流量和用户量,随着4G普及和资费下调,消费资讯类短视频的群体仍在持续增长中。同时,市场上具有原创资讯视频生产能力的机构并不多,资讯类视频依然十分稀缺,所以使用和转载的价值很高。

目前,梨视频在冠名广告、贴片广告、传统硬广等方面的操作已经非常成熟。在短视频类原生广告和拍客广告方面,梨视频和麦当劳、上汽合作的拍客广告非常成功,拍客广告将是梨视频最具增长潜力的广告模式之一。

除了自有平台,梨视频仍将发挥全网分发量大的优势,探索全网流量变现的新模式。

问:短视频网站越来越多,面对市场竞争,梨视频如何保持流量和特色?

答:短视频网站很多,但资讯类短视频领域内可以达到梨视频生产量的网站独此一家,而且凭借庞大的全球拍客网络,梨视频可以快速高效地持续生产资讯短视频,这将是梨视频最坚实的护城河。

问:梨视频未来的资讯风格会怎么变? 内容生产如何创新?

答:未来,梨视频仍会坚持在资讯类视频的垂直领域深耕。我想吸引更多的都市年轻人消费我们的视频,通过更多的个性化栏目、优质的视频内容和互动设计留住用户。

我们将继续发展各专业领域的拍客,不再局限于社会拍客、校园拍客,还会吸收更多的财经拍客、文化拍客等具有专业知识和专业技能的拍客加入团队,因此梨视频的资讯类视频也将向各专业领域拓展。

问:梨视频未来的盈利模式将走向何方?

答:盈利方面,广告依然是梨视频的主要收入来源,原生广告生产体系会更加成熟,而拍客广告可能会异军突起。全平台变现会为梨视频带来惊喜。

我们将进一步优化现有的生产机制,继续扩大智能编辑系统的适用范围,提升工作效率,优化 Spider 响应机制以提升拍客的使用体验。梨视频目前已经有 2 万多核心拍客,希望在 2018 年这一数字可以达到 5 万甚至更高。

〔包圆圆,中国传媒大学新闻传播学部博士研究生;王宛艺,中国传媒大学新闻传播学部硕士研究生〕

移动短视频综合平台：矩阵化、社交化、垂直化
——以秒拍为例

———— 赵希婧　贾秋阳 ————

摘要： 2017年被誉为移动短视频的"投资风口年"，伴随资本的大量注入，我国移动短视频行业实现了跨越式的大发展。作为行业"头部产品"之一，秒拍自2013年创立至今始终保持强劲势头，为学界、业界所关注。本文将以秒拍为例，通过文献分析、实地调研、深度访谈等方法，梳理并分析秒拍的发展历程，以此为例，探讨移动短视频领域的行业状况与未来发展趋势。

关键词： 移动短视频；秒拍；视频矩阵；社交化；垂直化

一、案例背景

所谓"短视频"，一般是指时长在10秒至3分钟之间的视频内容。与文字和图片相比，短视频形象生动、形式短小，更具互动性与传播力。近几年来，短视频成为行业新宠，其市场明显扩大、受众快速增加。随着我国4G移动技术的普及，网络流量资费不断下调，用户通过手机看短视频不再受到技术和资费的制约，因此移动短视频被誉为最贴近用户的信息传播形式，用户的资讯传播、自我表达以及互动社交都逐渐视频化。

回顾移动短视频的发展历程，我们发现，2017年移动短视频的跨越式大发展并非一蹴而就，事实上，早在2006年，类似的概念——微视频就已经出现了，并受到了广大用户的喜爱。随着智能手机以及4G技术的发展，移动短视频逐渐兴起，占领了大量市场份额。

2011 年 4 月,移动短视频应用 Viddy 正式发布。2013 年,国外的移动短视频分享应用如雨后春笋般出现并进入大众视野。同年,Vine 在苹果应用商店正式上线,用户通过 Vine 可以拍摄 6 秒长的手机视频短片,并将其直接嵌入 Twitter 信息流之中,也可以分享到 Facebook。同时起步的还有 Facebook 旗下的 Instagram,这一照片分享应用也新增了移动短视频分享功能。

在中国,这一时期,移动短视频平台从无到有,逐渐驶入"快车道"。2013 年 8 月,一下科技推出秒拍,这一产品成为新浪微博官方独家视频应用。同年 9 月,腾讯推出独立的短视频 App——微视。与此同时,GIF 快手从工具型社区转型成为短视频社区,由于产品转型,App 名称中的"GIF"被去掉,改名为"快手"。2014 年 5 月,美图秀秀推出了口号为"10 秒成就一部大片"的短视频应用美拍,iOS 版上线一天即登上 App Store 免费榜榜首,并成为当月苹果 App Store 全球非游戏类免费下载榜冠军。虽然此时的移动短视频应用发展得热火朝天,但就内容而言,仍然处于起步阶段,视频质量良莠不齐。

2014 年至 2015 年,中国发放 4G 牌照,网络基础设施快速发展,"提速降费"等措施陆续出台,为移动短视频行业的进一步发展奠定了基础。2014 年亦被称为"中国移动短视频元年"。

2016 年至今,秒拍、快手、头条视频(现西瓜视频)等移动短视频应用迅速崛起。伴随着网络直播的井喷式发展,移动短视频行业也进入了"爆发期"。这一时期,产品形态越发多元,内容价值逐渐显现,市场规模不断扩大,注入的资金大幅增加,因此,2017 年也被誉为移动短视频的"投资风口年",内容创作成为行业投资的重心所在。

QuestMobile 发布的 2017 秋季大报告显示,近几年间,移动短视频的相关数据呈现"爆发式"增长,用户规模、人均使用时长、人均使用次数等指标都较去年同期翻了一番(见图 1—图 3)。①

---

① QuestMobile 2017 秋季大报告:移动互联网用户量、时长均增长乏力了! 另外,苹果用户量下跌了,谁干的?[EB/OL].(2017-10-18)[2018-01-14].https://www.questmobile.com.cn/blog/blog_115.html.

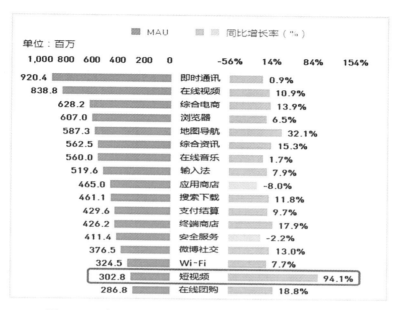

图 1　2017 年 9 月 TOP50 细分行业用户规模及同比增长率

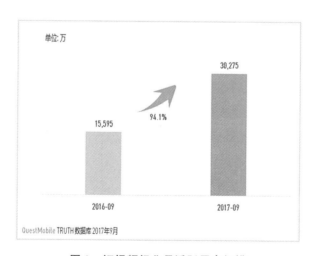

图 2　短视频行业月活跃用户规模

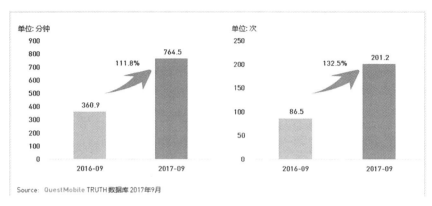

图3 短视频行业用户月人均使用时长及月人均使用次数

综上所述,近几年来,移动短视频呈现跨越式大发展的主要原因包括:

第一,大量资本涌入。Techweb 对 100 家短视频机构的调查分析指出,2015年以来,大量资本开始进驻移动短视频行业,提升了专业发展速度、提高了行业竞争水准。数据显示:截至 2017 年第二季度,超过 50 家的投资机构入局短视频领域,尤其是 2015 年以来,针对平台方和内容创业方的投融资分别达到 33笔和 39 笔,资本涌入的速度和规模不可小觑。①

第二,硬件建设加强。前些年,移动数据流量价格昂贵且网速较慢,短视频体验较为一般。近年来,随着 4G 技术的普及以及智能手机硬件性能的大幅提升,移动短视频"即开即看"成为可能,用户体验有所改善。据统计,截至 2017年第一季度,中国智能手机保有量达到 10.7 亿台。乐视、OPPO 以及三星等手机厂家甚至专门生产了用于看视频的手机。②

第三,用户习惯改变。移动短视频的快速发展也与用户的视听消费习惯转变密切相关。如今,人们的生活节奏越来越快,伴随式、碎片化的文化休闲方式越发

---

① 王蒙,周利彩.100 家短视频全剖析:30%拿到投资 近一半处于 A 轮前[EB/OL].(2017-06-07)[2018-01-14].http://www.techweb.com.cn/internet/2017-06-07/2532103.shtml.
② 2017 年中国智能手机出货量、保有量分析[EB/OL].(2017-07-19)[2018-01-14].http://www.chyxx.com/industry/201707/542476.html.

受到青睐。电影、电视剧等传统视听形态播放时间较长,无法更好地满足当代用户随时随地、随心所欲收看的需要,移动短视频的出现恰恰弥补了这一缺口。

二、案例介绍

2011 年 8 月,一下科技于北京成立,经过 6 年的快速发展,推出了秒拍、小咖秀、一直播等移动视频产品。2016 年,一下科技完成了 5 亿美元的 E 轮融资,创下移动短视频行业单轮融资的最高金额纪录,成为国内移动短视频领域的"领军企业"。

2013 年,一下科技推出的秒拍,一经投入市场,便成为新浪微博官方独家短视频应用。2014 年,秒拍发起"冰桶挑战"公益活动,在微博端引发大量互动,120 余名明星参与挑战活动,相关视频赢得了超过 5.6 亿次的点播量,使秒拍平台的影响力大幅提升。[1] 2015 年,一下科技推出的"对嘴型"表演飙戏 App 小咖秀成为该年度最受追捧的短视频应用。

截至 2017 年底,一下科技旗下的秒拍、小咖秀、一直播三款产品构成了移动视频矩阵,提供涵盖视频创作、分发、互动和社交的一站式服务体验。

单就秒拍而言,QuestMobile 发布的 2017 秋季大报告显示,秒拍月度用户规模连续两个月超过 3.1 亿,稳居行业第一;[2] 来自秒拍后台的数据显示,秒拍日播放量峰值突破 30 亿次,日均上传量峰值突破 200 万。[3]

在发展过程中,秒拍十分重视自身在媒体领域的影响力。入驻秒拍的媒体和官方机构达到 10 000 余家,其中包括《人民日报》、新华社、央视新闻频道、央

---

[1]　一下科技 CEO 韩坤:资本加持是好事,目前更应保持克制[EB/OL].(2017-11-16)[2018-01-14]. http://tech.ifeng.com/a/20171116/44763991_0.shtml.

[2]　QuestMobile 2017 秋季大报告:移动互联网用户量、时长均增长乏力了! 另外,苹果用户量下跌了,谁干的? [EB/OL].(2017-10-18)[2018-01-14].https://www.questmobile.com.cn/blog/blog_115.html.

[3]　张剑锋.风口之势:短视频的传播特质与发展动向[Z].在"短视频的价值与营销:网络视频新生态"中国网络视频秋季高峰论坛上的发言,2017-11-10.

视财经频道、央视综合频道、人民网等,秒拍也被誉为传统媒体的"报道神器"。① 在 2017 年端午节期间,央视一套综合频道推出端午特别节目《传承的力量》,与秒拍等新媒体平台合作,实现了与网友的实时互动,让传统文化更接地气,让传统美德走进万家。②

此外,近几年来,秒拍在娱乐领域也有所作为。入驻该平台的明星及大 V 超过 3 000 人,这一数字远超其他同类产品。据统计,秒拍上人气排名前 10 位的明星共计拥有微博粉丝超过 8 亿人。③ 基于当红明星及其粉丝基础,秒拍试图整合明星、媒体和其他头部群体资源,充分发挥明星的价值和影响力,保证优质视频内容的输出和爆发式传播。

除了聚合媒体力量、网罗明星资源,秒拍也将触角延伸到多个垂直领域,合作者包括 2 000 家以上的 MCN 机构和网红经纪机构、10 000 个以上的专业内容创作者、35 000 个以上的自媒体及 PGC 创作者。④ 每月发布的秒拍榜单包括原创作者榜、风云榜、影响力榜、美食榜、时尚榜、MCN 机构榜等,可以说,秒拍为用户提供了多元化的内容平台与多样化的视频体验。

三、案例分析

秒拍自 2013 年诞生至今,一直处在移动短视频行业的头部位置。本文以秒拍为典型案例,旨在深入分析移动短视频的发展轨迹与成功经验,并预测行业发展趋势。

---

① 张剑锋.风口之势:短视频的传播特质与发展动向[Z].在"短视频的价值与营销:网络视频新生态"中国网络视频秋季高峰论坛上的发言,2017-11-10.

② 央视端午特别节目《传承的力量》携秒拍、一直播温情播出[EB/OL].(2017-06-01)[2018-01-14].https://www.questmobile.com.cn/blog/blog_115.html.

③④ 张剑锋.风口之势:短视频的传播特质与发展动向[Z].在"短视频的价值与营销:网络视频新生态"中国网络视频秋季高峰论坛上的发言,2017-11-10.

(一)秒拍的发展现状与主要特征

1.平台定位:建构综合平台,引领行业发展

品牌定位是影响产品创新发展的重要因素。秒拍自上线运营至今,始终坚持走主流路线,将自身定位为移动短视频领域的引领者,努力打造集内容生产、传播和商业变现为一体的综合平台。如此明确的平台定位,以及寻求差异化、特色化发展的努力,对于做大品牌、扩大影响至关重要,也成为秒拍成功的重要原因之一。

2.内容分发:优化垂直内容,实现精准传播

"泛娱乐化"是当下移动短视频领域最显著的特征,但是,移动短视频的用户画像相对模糊,如何实现精准传播,成为行业共同思考的重要问题。创立至今,秒拍始终坚持深入了解用户、精准传播内容,对移动短视频领域的用户分类与用户需求有着较为准确的洞察和判断。

在进行内容分发时,秒拍要求所传播的内容必须具备"新、热、长尾、原创和垂直"等特质,不仅会分发当下最新、最热的移动短视频内容,还会利用长尾效应,为用户分发"特色内容",比如相声小品、影视片段等,这些短视频内容都有着较为强大的生命力。

目前秒拍所覆盖的垂直领域包含时尚、美食、音乐等 40 多个。秒拍坚信,内容越垂直,用户越细分,传播也就越精准,越有利于实现更高的渗透率和商业价值。

此外,为了根据用户的消费习惯提供"对口内容",秒拍还通过数据算法,构建了平台指标、内容指标、创作者指标等多个分析指标,基于用户画像进行分析及智能算法推荐,为广大用户精准匹配产品和服务,以优化用户的使用和观看体验。

3.强化内容赋能:扶持优秀创作者和机构

在移动短视频领域,"内容为王"是不变的真理。尽管平台越发多元、技术

越发先进,但是"内容"永远都是视频的核心,有了优质的内容,才能吸引用户、形成品牌。当下,缺乏优质内容已经成为困扰移动短视频发展的难题之一,受到行业的高度重视。

快速发展中的秒拍高度重视对优质内容的支持与帮助。过去3年,秒拍不断加大对优质内容原创者的扶持力度,通过开展资金扶持计划、用户分成计划,以及建设创作基地、设置原创作者榜等方法,构建了相对完整的扶持体系,对有潜力的优秀创作者实施有效引导、资金支持等帮扶措施,旨在激发上游活力,营造良性循环的行业生态。

2016年,一下科技完成了移动短视频史上单轮金额最高、共计5亿美元的E轮融资后,宣布拿出10亿人民币成立投资基金,主要用于扶持原创作者,并通过流量分成,直接惠及作者本身,激发优秀人才的创作热情,夯实内容创作的资金基础。除了资金支持,秒拍还通过打榜、评奖等多种方式,引导弘扬正气的创作方向,培养积极向上的粉丝群体。

总体而言,秒拍对于优质内容的扶持是全方位的。在扶持对象上,不只扶持头部创作者和机构,也重视对腰部创作者进行帮扶,希望他们尽快成长,实现从腰部到头部的飞跃,实现优质内容创作与平台发展的共生共赢。在扶持形式上,秒拍注重资金注入,更强调导向和引领,旨在让创作者和创作机构得到成长、得以成熟,赋予其自我提升的强大能力。

4.用户年轻化:聚拢明星网红,深化大V合作

秒拍聚焦年轻市场,关注青年人群。其用户画像显示:在秒拍的用户中,主要用户群体集中在17—28岁;此外,女性用户占大多数,占比为53.6%;按学历划分,本科群体占主要地位,占比为40.7%。

为了取得更高的产品渗透率,基于以上用户画像,秒拍制定了年轻化战略。最为明显的表现之一是它与3 000多个明星、网红、大V建立了非常牢固的合作关系,旨在走"差异化"竞争路线,不断强化平台的娱乐基因,追赶时尚潮流。此外,依托明星资源,秒拍立足线上、线下两个阵地,深耕"粉丝经济",开拓"网红"领域。尤其在移动短视频与电商的产业结合中,网红发挥了不可或缺的桥

梁作用。在时尚、美妆、美食、服装等领域,网红的号召力和变现能力让人眼前一亮。秒拍与网红的合作收到了较好的实践效果。

5.商业模式:丰富变现形式,创新营销策略

相比图文和长视频,移动短视频具有非常独特的商业模式,因此被誉为"最接近用户"的传播形态。以秒拍为例,它通过定制类、植入类、主题类广告,以及在短视频中加入特效广告等方式,将视频营销做强做大,进一步丰富了移动短视频的变现方式。以2017年秒拍"星拜年"活动为例,据统计,此次活动的视频参与量共计5 000多,完成率达到521.3%,Banner(横幅广告等)曝光量高达3.55亿次,完成率达到212.6%。①

除了常规的商业模式和变现方式,秒拍还从流量、内容、达人资源三方面入手,不断探索创意营销手段,试图在整合营销领域实现新的突破。

其一,就流量而言,秒拍基于算法了解用户的流量使用情况,进而挖掘不同用户的兴趣所在,提高广告投放的精准度。

其二,就内容而言,秒拍能够为客户提供更具传播性和互动性的原生广告内容,试图更加自然、完整地呈现品牌信息,实现广告与视频的深度融合。

其三,就资源而言,秒拍平台拥有3 000多个明星、5 000多个PGC栏目,10 000多个KOL等丰富资源,②可以全方位助力品牌主定制内容的生产及内容的传播扩散。此外,秒拍还结合话题、悬赏等丰富有趣的互动形式,实现品牌与用户的高效互动,提升广告的兴趣触达和传播效率。

6.监管体系:重视内容监管,确保良性发展

基于"行业引领者"的发展目标,秒拍重视内容,更重视监管。发展至今,秒拍在技术、制度、人力等方面做出努力,不断完善监管体系,确保平台良性发展。

第一,改进监管技术。秒拍重视研发监管技术,先后上线了色情视频识别系统、时政暴恐视频识别系统、MD5视频系统、视频指纹系统、用户反垃圾系统、

---

①② 张剑锋.风口之势:短视频的传播特质与发展动向[Z].在"短视频的价值与营销:网络视频新生态"中国网络视频秋季高峰论坛上的发言,2017-11-10.

互动信息反垃圾系统等多个内容自动管控过滤系统,旨在通过先进管控技术,全面保障视频安全。

第二,完善监管制度。秒拍建立了"用户黑名单"机制,如发现用户上传违规视频,将及时封号、封闭上传IP。同时,秒拍要求用户进行实名认证——使用手机号进行实名注册,便于关键时刻追根溯源,及时遏制有害信息的再次传播。此外,秒拍也与微博、微信等相关社交平台建立了联动机制,一旦发现问题,多方将合力进行应急处置。

第三,增加监管人力。秒拍视频经过机器过滤之后,还要通过人工审核。秒拍的审核团队拥有800多人,全天24小时不间断完成审核任务。

7.战略布局:导入充足流量,凸显资本加持

除了苦练内功,移动短视频行业在发展上也离不开外部力量的支持。秒拍的成长轨迹证明,借助外力、融合发力、形成合力,已经成为这一领域的发展方向。

第一,资本力量助力。一下科技在融资方面成绩突出。2011年,一下科技成立;2012年,完成A轮融资;2013年,完成B轮2 500万美元融资;2014年,完成C轮5 000万美元融资;2015年,完成D轮2亿美元融资;2016年,完成E轮5亿美元融资,创下当时国内移动视频行业单轮融资金额纪录。外部资金的有力支持,为秒拍的发展奠定了基础。

第二,积极拓展合作。2013年,一下科技率先和新浪微博达成战略合作,开启了"短视频+社交"的发展模式,为秒拍导入了大量用户。2014年,双方合作的"冰桶挑战",更让秒拍一举成名。2018年,双方合作已经走入第5个年头,早期,秒拍为微博提供视频支持,并由此获得社交入口,如今,双方借助各自优势,强强联合,真正走上了融合发展之路,已经开始致力于开发全移动视频生态产品,并形成了国内最大的移动视频生态联合体。多年的合作进一步巩固了秒拍在移动短视频领域的领先地位。

(二)从秒拍看移动短视频的发展趋势

1.突破单一平台,打造视频矩阵

经过几年发展,秒拍、小咖秀、一直播及其附带的微博资源,不仅具备了品牌优势,也建构了一个移动短视频矩阵。这个矩阵涵盖了移动短视频的三种形态——秒拍是短视频聚合分发平台,小咖秀是创作分享社区,一直播是互动直播平台,它们共同构建了相对完整的产业链条,引领了移动短视频领域的融合化、矩阵化发展方向。

第一,就视频传播而言,平台之间的强强联合使移动短视频成为热点事件的策源地、热门视频的扩散者以及各类用户的聚集地。以一下科技的产品矩阵为例,秒拍偏重病毒式传播,小咖秀激发了用户的参与热情,一直播提供即时在线直播窗口,而微博等社交力量进一步强化了三款产品的社交功能,"社交+短视频"的模式由此得以形成。

第二,就资源营销而言,汇聚各大平台及其附属产品的资源优势,让移动短视频的创意营销充满想象力。在一下科技,秒拍、小咖秀、一直播以及微博平台都可以进行整合营销,并能依托各个平台的娱乐属性和社交优势,充分调动明星、网红和大V等其他资源,实施多样化的营销计划,扩大与知名品牌的商业合作,进一步突出商业价值。

第三,就商业优势而言,平台之间的联动机制将有利于形成一体化的商业解决方案,强化商业变现优势。一下科技的商业解决方案包括短视频、直播、用户互动等多种形态,可以组织各个平台齐发力是一下科技突出的商业优势之一。以秒拍为例,它所能发挥的优势在于已经拥有业内认可的主流品牌,覆盖了大量明星及网红资源,能够在平台联动中更好地彰显影响力、扩大传播力。

2.强化社交属性,发展用户群体

"用户"是移动短视频创新发展的核心要素,"让用户满意"是从业者的重要目标之一。近几年来,如何优化内容品质、提升平台活力,通过多样化的社交手段留住已有用户、发展新生力量,是行业领域关注的议题,也将成为行业未来的发展重点。

第一,就增强用户黏性而言,其前提在于了解用户需求,基于相似需求,组织有效社交。以秒拍为例,首先,它通过算法了解用户兴趣,将具有同样兴趣的创作者和使用者聚集起来。在秒拍 App 中,用户不仅可以看到"对口"的内容,还能交到志同道合的朋友,形成一种良好的社交关系。在此基础上,秒拍进一步通过红包刺激、互动游戏等社交手段,维护已有群体、发展新用户,不断增强用户黏性,为平台聚集更多人气。

第二,就吸引用户的渠道而言,其根本在于打通不同平台,发挥各自优势,凸显社交属性。论及移动短视频开展社交的手段,可以将其分为"产品内社交"和"产品外社交"两种形式。其中,"产品内社交"是指基于内容、评论等内部元素的社交活动,"产品外社交"是指基于微博、微信等外部平台的社交活动。为吸引更多用户加入平台,秒拍积极向外拓展,其中,与微博的合作最为知名。从目前的结果来看,二者已经实现了共享共赢。尤其是与社交平台的深度融合,为秒拍广开渠道、吸引受众奠定了基础。相比微博,基于"熟人社交"的微信平台虽然相对封闭,但其公众号却具有多元性、开放性等特征,适合移动短视频的裂变式传播,成为秒拍开展"产品外社交"的新方向。

3.深耕垂直领域,填补交叉空白

党的十九大报告指出,中国特色社会主义进入新时代,我国社会的主要矛盾已经转化为人民日益增长的美好生活需要和不平衡不充分的发展之间的矛盾。而移动短视频的行业目标,正是通过内容丰富的视频产品、快捷便利的观看手段、渠道多元的社交活动,满足用户对美好生活的现实需求,助力当代社会的精神文明建设。近几年来,为精准对接用户、引领当代生活,移动短视频行业坚持垂直化发展,并开始向交叉领域挖掘、探索。

以秒拍为例,具体而言,一方面,垂直领域的优质短视频涌现,使得不同年龄、地域、职业的用户能够准确获得与之密切相关的视频产品;另一方面,秒拍也试图在美食、美妆、医疗、旅游等社会生活的方方面面发挥带动与引领作用，倡导新时代的生活方式。当然，随着用户对内容细分的要求不断提升，以及小众化领域垂直发展的趋势越发明显，如何对名目繁多的垂直领域进行更加细致的分类处理、怎样进一步探索尚存空白的交叉领域等相关问题纷至沓来，移动短视频对于内容布局的思考与实践任重而道远。

归根结底，无论是开展垂直化建设还是探索交叉化发展，都将遵循"打铁还需自身硬"的道理，最终都将回归视频产品本身，只有坚持"内容为王"，才能为后续分类奠定基础。对于从业者而言，基于优质内容，围绕社交关系的核心——人与人的兴趣需求与交流，去构建产品的社交关系链条，才能真正实现移动短视频垂直化、交叉化的设计理念与实践初衷，吸引更多用户关注移动短视频、使用移动短视频，使移动短视频成为社会生活的必要组成部分。

四、各方观点

中国的网络视频行业可谓年年精彩，2017 年，短视频领域更是精彩纷呈、惊喜不断。究其原因，以移动短视频为代表，当下的网络视频越发贴近互联网的本质属性——社交。移动短视频社交作为一种新的趋势，受到学界、业界以及投资界的广泛关注。由此可见，今天，网络视频已经开始从注重内容的文化属性向注重互动交往的社会属性拓展。[①]

——中国传媒大学网络视频中心主任　钟大年

当下，移动短视频存在两大发展趋势。第一个趋势是规模化扩张，主要表现在生产能力越来越强，生产规模越来越大，产品市场也越来越正规。就生产形式而言，一般采用平台生产与用户生产相结合的方式，同时，彰显社交属性的用户生产正逐渐成为主流。第二个趋势是用户人数大幅度提升，截至 2017 年 6 月，短视频的用户规模达到 5.65 亿，移动短视频的用户规模达到 5.25 亿，这说

---

① 钟大年.致辞[Z].在"短视频的价值与营销：网络视频新生态"中国网络视频秋季高峰论坛上的致辞，2017－11－10.

明,社会大众的视频收视习惯正在发生根本性的变化。①

——中国传媒大学文化经济研究所所长　张洪生

在信息碎片化和追求个性的社群传播时代,秒拍无疑满足了戈夫曼所说的"戏剧表演"的个性诉求。"人生如戏、全靠演技",这种"表演"在改变了人自身的生理特征的同时也改变了我们的社会身份属性,本质上是一种社会互动仪式,人们的这种仪式感在得到满足的同时又被嵌入到社会圈子的嵌套传播中,使得用户个体的社会身份也得到了延伸,未来,仪式、圈子和情感满足是一切视频 App 必备的要件。

——中国人民大学新闻学院副教授　李彪

五、深度访谈

采访对象:一下科技高级副总裁　张剑锋

采访时间:2017 年 12 月 28 日

问:秒拍平台的定位是什么?

答:作为移动短视频领域的领导者,秒拍希望将自身建设成集内容、生产、传播和商业变现为一体的综合平台。

问:秒拍与微博是怎样的合作关系?

答:一下科技与微博是深度战略合作伙伴关系。

问:请谈一谈一下科技(以秒拍为主)在发展过程中的关键节点。

答:若从产品维度而言,关键节点包括:2011 年,一下科技公司成立;2013 年,我们推出秒拍;2014 年,秒拍通过"冰桶挑战"一举成名;接下来,2015 年,我们推出了小咖秀;2016 年,我们推出了一直播。

---

① 张洪生.视频与直播媒体思考[Z].在"短视频的价值与营销:网络视频新生态"中国网络视频秋季高峰论坛上的发言,2017-11-10.

若从融资维度而言,关键节点包括:2011 年,公司成立;2012 年,完成了 A 轮融资;2013 年,完成 B 轮 2 500 万美元融资;2014 年,完成 C 轮 5 000 万美元融资;2015 年,D 轮融资达到 2 亿美元;2016 年,E 轮融资达到 5 亿美元,创下行业单笔融资最高纪录。

若从战略维度而言,关键节点在于 2013 年,公司率先和微博达成战略合作,在行业内开启了"视频+社交"的生产与传播模式。同时,我们借助一直播、小咖秀等爆款产品,再加上微博的社交助力,在移动短视频领域构建了相对完整的产业链条。

问:秒拍在促进用户增长方面有哪些举措?

答:第一,秒拍坚持狠抓内容,为用户提供优质内容,并通过算法实现精准传播,满足不同用户的收视兴趣。第二,在互动方面,秒拍致力于建构一个更加强大的社区平台,吸引更多的用户参与其中,建立良性社交关系,增强用户黏性。第三,我们还会通过一些富有创意的方式方法,比如,红包刺激、互动游戏等,留住已有用户,发展新的用户,让更多的人可以聚集到秒拍平台并在此沉淀下来,让使用秒拍变成一种生活方式。

问:秒拍如何看待内容监管?

答:在内容监管方面,秒拍有完善且严格的监管体系。目前,所有要发到微博上的秒拍视频都必须经过监管程序才能发送出去,才能被用户看到。我们深知,经过微博传播的视频内容具有很强的传播力和影响力,所以,作为视频审查方,必须肩负起这个责任,不断完善内容监管体系,为广大用户提供优质的、正能量的视频作品。

问:如何定义秒拍的社会价值?

答:社会价值,简而言之,就是产品对社会的"有用性"。无论是秒拍还是一下科技的其他产品,我们都在思考自身对于社会的"有用性"在哪里。

第一,满足美好生活需求。作为互联网产品,必须立足国家政策、适应社会,发挥最大价值,满足人民日益增长的美好生活需求。这不是一句口号,而是非常实际的东西。比如,我们在美食、美妆、医疗、旅游等垂直领域不断输出优质内容,正是希望以此倡导绿色、健康、文明、向上的生活方式,满足广大用户对高品质生活的需求。如今,迈入新时代,人们对生活的追求已经不再局限于温饱,而更加强调"精神食粮"。同样,我们希望秒拍的视频产品能够充实人们的精神世界,形成正能量的传播效应,推动整个社会的精神文明建设。

第二,填补个人碎片时间。随着经济的快速发展,人们的时间被"切割"得越来越零碎,如何利用好碎片化的时间,成为人们关心的问题。秒拍充分发挥移动短视频的优势特性,让用户可以随时随地、随心所欲地观看质量上乘、兴趣对口的视频内容,在碎片化的时间中带给人们快乐、感动和共鸣,体现出自身对于用户的价值。

第三,推动网络社交发展。以往,互联网社交多是基于文字、图片、声音等,如今,移动短视频与社交平台的有机结合,将使网络社交的发展转向视觉化和感官化,让人与人之间的网络交往变得更有真实感、更具感染力,也更有趣、更好玩。从某种意义上来说,移动短视频的介入,也创造了一种新的社交形态,带动网络社交实现了"质"的飞跃。

第四,提升大众审美水平。我们认为,真正优质的视频内容能够提高广大用户乃至整个社会的审美水准。在互联网发展初期,的确存在一些违规、低俗的视频内容。目前,大家已经走过了这个阶段,更多优质的、良性的内容发挥了更大的影响力,形成了正能量的传播氛围,这对于提升社会大众的欣赏水准和审美水准具有积极的推动作用。

问:秒拍对于未来发展的规划在于?

答:未来,秒拍会继续坚持"主流路线",努力做好移动短视频领域的引领者,建构集内容、生产、传播和商业变现为一体的综合平台,这是我们一贯的定位,我们也希望以此形成差异化的发展方向。同时,秒拍的泛娱乐优势,以及它与其他一下科技产品共同构成的矩阵优势,也会不断得到强化,彰显主流品牌的影响力。因此,我们给自己定的发展目标是"矩阵融合度最好、可触达的用户最多、生态系统最完善、社交属性最强",成长为最具媒体价值和商业价值的移动短视频平台。早在公司成立之初,我们就有一个梦想——做中国版的YouTube,这个目标不会改变,我们将继续深耕内容、优化产品,朝着目标努力迈进。

〔赵希婧,中国传媒大学新闻传播学部讲师;贾秋阳,中国传媒大学新闻传播学部硕士研究生〕

女性演讲类短视频：垂直细分与内容运营

——以遇言·不止为例

王芯蕊

摘要:2017 年是短视频的爆发之年,行业发展展现出"个性化、垂直化、细分化"等新趋势。垂直细分领域短视频也因"用户与内容的高适配性、需求与引导的高效性"成为内容创作者竞相争夺的新风口。垂直细分领域短视频有哪些特点? 行业发展现状如何? 未来前景如何? 本文以原创女性励志演讲短视频节目平台"遇言·不止"为例,剖析其制作和分发策略,探究当下垂直细分领域短视频发展特征。

关键词:短视频;垂直细分领域;遇言·不止;业态特征

一、案例背景

截至 2017 年 12 月,短视频使用时长占移动互联网总使用时长的 5.5%,是 2016 年同期数据的 4.23 倍。[1] 从独立 App 到电商产品展示,再到平台社交,短视频已向互联网各个领域拓展,并成为当下视频行业中的最大蛋糕。

2017 年,短视频行业用户人均单日使用时长增幅为 44%,用户人均单次使用时长降幅为 8.5%[2],用户使用场景越发碎片化。用户注意力夺取之战愈加激烈,行业发展也展现出"个性化、垂直化、细分化"等新趋势。

微博视频发布的 2017 年 12 月自媒体榜单显示,在 TOP50 内,电影、萌宠、

---

①② QuestMobile 2017 年中国移动互联网年度报告[EB/OL].(2018-01-17)[2018-02-05].http://www.questmobile.com.cn/blog/blog_127.html.

美妆、设计美学等垂直品类占据了超过一半的比重。在阿里大文娱旗下的内容创作平台"大鱼号"2018 年 1 月发布的新锐榜排名中,前 5 位均为垂直领域创作者。垂直领域的优质内容迅速崛起,垂直细分领域的稀缺价值也开始凸显。越来越多的短视频创作者开始尝试在传统的美食、萌宠等垂直领域的基础上加入其他元素,寻求细分市场。垂直品类下出现了更加多元化、精细化的领域和赛道。

短视频垂直细分内容往往跨越至少 2 个垂直领域,比如美食+职场、视效+萌宠、电影+美食等。相较于一般的垂直领域,细分领域用户与内容适配性更高、需求与引导更加高效。但是伴随的问题是,发展初期抵达的受众人群较为"小众",从中长部跨越到头部后,用户端才能实现从"小众"到"大众"的跨越。

二、案例介绍

"遇言·不止"(以下简称"遇言"),是一个以原创女性励志演讲短视频为核心的节目平台,结合"女性+演讲"两个领域进行垂直细分,将目标用户人群定为处于生活和事业上升期的女性,致力于打造中国女性的 TED Talks。随着网络分发渠道的拓宽,TED Talks 已成为一个全球标杆性的公共演讲平台。近几年,得益于移动端短视频内容的兴起和人们对知识性内容的需求的增长,国内出现了一刻 Talks、一席、云集等大量公共演讲平台。

遇言于 2015 年 8 月 10 日上线,短视频分发渠道包括微信公众号、微博、企鹅号、大鱼号、今日头条、凤凰新闻、网易新闻、百家号、一点资讯、梨视频、搜狐视频等 20 个平台,全网粉丝量近 150 万。从创立起,遇言就聚焦于"女性",进一步细分"公共演讲"垂直领域,邀请"专业主义精英女性"做演讲嘉宾,通过她们分享的自身经历,输出更多正确的价值观。

不同于一刻等平台,遇言定义的"专业主义精英女性"不等于名人。在遇言邀请过的节目嘉宾中,既有"婚纱女皇"王薇薇,也有自食其力买车买房的美甲师谷小帅,后者的节目全网点击量达到 500 万次。不论是"素人"还是"名人",

只要符合精英女性特质,能带给观众更多启发和女性力量,就是遇言聚焦的主角。

不同于一般公共演讲平台,遇言抛开场地匹配、演讲培训等冗长繁重的前期准备,将资金和精力全部放在对嘉宾演讲内容的精细打磨上,采用"轻演讲"模式录制节目,仅在线上传播。

遇言在 2016 年 11 月获得了娱乐工厂领投的 275 万元人民币天使轮融资。曾投资过米未传媒的娱乐工厂认为,遇言是垂直于女性用户教育及社交演讲技巧的平台,如果说《奇葩说》是教中国男性如何辩论的节目,那么遇言就是教中国女性如何说话和展示自己的平台。

目前,遇言采用嘉宾直播访谈的形式,通过分发演讲视频的长尾内容,强化嘉宾个人 IP;打造嘉宾社区,积极开展与全球 EMBA 联盟、思创客的合作,组织线下女性沙龙和女性峰会,并不断结合平台衍生出的女性 IP 进行整合营销的尝试,强化遇言的品牌 IP。截至 2018 年 3 月,遇言的线下演讲课程培训已开展2 期,场场爆满。

三、案例分析

(一)遇言的垂直细分探索

1.聚焦"女性+演讲",重点打造辨识度

(1)深度

从创立之初起,遇言的立足点就一直是有深度的内容,讲述精英女性突破自我的故事,用女性力量带给观众启发。在讲述嘉宾的选择上,遇言也没有从明星或名人自带粉丝流量的角度切入,而是把具有"打动人心的力量"作为最重要的选择标准,打破了传统公共演讲平台的"明星—素人壁"。这种内容的制作难度更大,但视频价值更高,对于深度培养用户认同感也更有利。这种认同感的培养和价值观的传递是遇言一直深挖细化并不断尝试的重点,也是建造社群

圈层的强力黏合剂。

（2）角度

自媒体竞争已经进入白热化阶段,头部越做越大,同质化内容非常多,面对一个热点话题,各内容制作机构都会迅速参与抢首发、抢流量。在这种情况下,遇言坚持高标准、严要求,宁愿晚推送,也要找到独特的视角和切入点,提高辨识度,这样才不会被内容红海所淹没。此外,遇言所传递的价值观会融入独特的西方视角,让读者在对比中有更广阔的视野、收获更多益处。如对 27 岁访美学者章莹颖失踪一案,遇言从女性安全视角切入,在腾讯·大家上发布了《不要把国内深夜撸串的安全感带到美国》,视频播放次数超过 10 万,点赞数也高达6 000。

（3）实用度

遇言的短视频聚焦于女性,探讨的话题包括社会热点、女性成长、儿童教育、职场发展等,从女性在生活中的不同角色出发,帮助用户反思自己的生活、工作,为用户提供参照,提出意见和建议。这些都是遇言平台主打、深耕的价值,也是巩固用户使用习惯的着力点。

（4）陪伴效应

遇言生产的短视频内容全部为原创的,除了周六不更文,全年无休,节假日也不例外,遇言希望通过不间断更新,产生陪伴效应。面对海量的同质化内容,遇言一直保持深耕细作的节奏,从标题、头图、插图到排版、编辑、发布,强调打磨优质内容、创新表达方法。比如第一季的演讲嘉宾刘婷分享了自己变性的全部经历,视频标题为《比金星还美的她分享自己手术过程,用撕心裂肺来形容一点都不为过》,既涉及超级符号"金星",又凸显了文章核心,足够吸睛,该视频最终收获了 123 万的播放量。

2.策略传播,培养细分社群黏性

（1）多元分发

目前短视频的发布渠道主要有四种:媒体渠道、推荐渠道、公众号渠道和问答渠道。遇言的短视频和衍生图文几乎在全网各大平台均有发布。为了适配不同平台,遇言团队会对视频内容进行细修,比如在今日头条平台,遇言每天都会在保持15分钟左右的演讲视频的完整独立的前提下,将其精心剪辑成5—6条3—5分钟的短视频进行推送。得益于当下推荐渠道(今日头条、大鱼号、企鹅号等)对垂直内容的大力扶持,遇言平台短视频的内容打开率也有了很大提升。此外,为了保持曝光度、产生陪伴效应,遇言除了定期分发短视频,还会围绕短视频主题和热点话题进行图文内容制作分发。综合运用多种渠道、结合多种形式对内容进行推广是遇言目前在个体品牌拓展阶段的主打策略。

(2)深度互动

遇言微信公众号的粉丝在15万左右,日活涨粉在200左右,也会出现爆款文章带来的每天2 000左右的涨粉惊喜,月活数据为3 000—5 000。作为一个主打深耕内容的女性垂直号,遇言并没有在涨粉这个方面发力太多。虽然遇言本身输出的内容带有独特的价值观,有一定的认知门槛,但用户一旦认可了遇言的内容和价值观,其对遇言的黏性就非常强。此外,遇言非常重视与粉丝的互动,能及时回复留言,参与读者互动,并通过对粉丝进行观察不断明晰用户画像。

(3)数据反哺运营

短视频内容在各平台发布后,遇言会及时整理数据,评估传播效果。阅读量、评论量、收藏量、评论率和收藏率,遇言会根据这些数据判断用户对内容选题的兴趣度、对内容质量的认可度、对内容价值的感知度,从而及时调整短视频的选题和内容方向。

3.多维盈利,慢工细活向头部过渡

总体而言,遇言还处在深耕内容、打磨产品的阶段,在自有品牌节目的运营过程中,广告还不能成为盈利的主要来源。其盈利方式包括定制演讲拍摄、线下演讲培训、视频广告定制拍摄、头条广告推广、电商分销等。

盈利占比最大的一块是视频广告定制拍摄,遇言视频拍摄团队主打价值观广告,曾为华为荣耀手机定制过专业的图文宣传方案和视频广告拍摄方案;时尚号"商务范"发布的系列视频《大牌捉妖记》、知名大V"和菜头"发布的系列视频《谢逊盲测》,从策划、拍摄到推文,均由遇言团队负责。目前,遇言还在和一些化妆品厂商洽谈合作,计划拍摄符合其品牌调性的女性价值观广告短片等。遇言当下的首要目标还是打磨产品、增强实力,未来力争在做好内容的同时,输出更好、更有趣的商业合作方式。

(二)垂直精分领域短视频发展特征

遇言在内容制作、宣发和变现上的积极探索是以垂直细分领域短视频的特性为依据的。基于"用户与内容的高适配性、需求与引导的高效性"等特点,垂直细分领域短视频行业有如下发展特征:

1.经营凸显强变现特质

随着短视频"流量为王"初级阶段接近尾声,如何将流量变现成为当下短视频行业最现实的问题。内容越细分,用户定位就会越精准,商业化就会越容易。若内容足够垂直,那么用户观看某一视频的行为就代表着其对某领域感兴趣,该领域相关商品被购买的可能将大大提高。在绝对粉丝量不如大众泛娱乐类短视频的情况下,垂直细分领域短视频在收入上有可能反超。再者,短视频具备巨大的软广植入的操作空间,可植入点多,展现形式也比图文和音频丰富得多。这种从单纯的流量转向内容质量和变现力的价值回归,使大量短视频创业者聚焦到特定用户上,开发围绕特定领域的短视频,打造垂直细分消费场景,最终实现内容传播和商业营销的共赢。

2.持续深化内容拓展空间

只有专业化,才能把内容做到极致。在耗费同等精力和时间的情况下,专注于某一个垂直细分领域,尤其是对于在某个行业深耕多年的创作者来说,就容易以更少的精力生产出更专业、更有价值的内容。此外,从内容生产的角度来看,在特定垂直细分领域中经营,不断输出具有更高辨识度的专业内容,可以叠加短视频品牌的 IP 属性,使其更容易得到受众的持续关注。遇言短视频以"能带给观众更多启发和女性力量"作为嘉宾选取准则,嘉宾中既有"婚纱女皇"王薇薇,也有自食其力买车买房的美甲师谷小帅。围绕统一诉求呈现的众多主角女性 IP 共塑了遇言的品牌 IP。

3.平台构建细分内容生态

在垂直化没有深入发展时,各大短视频平台上的内容繁多混杂,用户挑选空间不大,选择便利性不强。在此种情况下,平台方也不能对用户进行精确区分,广告主在哪个平台投放广告也只能根据流量多寡来决定。广告投放精度不高,投放效用也无法评价。垂直细分领域短视频可以帮助平台方建立有序的内容生态,并依据该生态体系对平台用户进行细致分类和精确定位,广告投放精度和商业化变现效率都会大大提升。例如,秒拍不断细分垂直领域,已形成"综合娱乐+垂直"的短视频内容生态,平台结构清晰,用户被不同标签定义,变得更容易识别。从实际效果来看,秒拍已推出 6 秒视频前贴片广告,通过"行业定投"这样的方式使广告精准覆盖各垂直领域用户。

4.头部内容形成速度缓慢

和泛娱乐、泛垂直领域短视频不同,垂直细分短视频的打造是一个慢工出细活的过程。专业化知识呈现和视频制作的门槛比泛娱乐、泛垂直内容更高。从认识、认知到使用习惯的养成,垂直细分短视频的"铁粉"的形成往往也是相对比较漫长的过程,用户的导入速度比较缓慢。遇言从成立之初就保持深耕细作的节奏,强调认同感的培养和价值观的传递,创新内容表达方法。这样的内容制作难度更高,用户导入速度慢,但用户忠诚度更高,社群圈层黏性更强。

5.资本助力垂直蓝海空间

作为女性演讲类视频平台,遇言刚成立不久就获得了娱乐工厂领投的 275 万元天使轮融资。2017 年 4 月,阿里文娱投入 20 亿元打造"大鱼计划","大鱼奖金"每月奖励 2 000 名垂直品类优秀内容创作者,最高每个人每个月 1 万元。2018年 3 月,抖音也启动了"美好挑战"计划和"DOU"计划,向衣、食、住、行等能体现美好生活的垂直领域投入资源,鼓励用户、媒体和机构创作短视频作品。此外,根据行业公开数据统计,仅 2016 年 20 多家垂直内容机构获得的融资总额就超过 6 亿元,专注于医学、财经、母婴、两性、衣食住行等知识领域的垂直内容更易获得资本青睐。垂直细分领域短视频因用户与内容的高适配性、需求与引导的高效性,正在成为资本、平台和内容创作者竞相追逐的新风口。

综上所述,遇言在内容建设、社群培养、整合营销等方面的尝试,彰显着短视频内容创作者在垂直细分领域进行多维探索的可能性。在行业头部尚未形成、资本持续进入、人才涌入、各平台扶持力度不断加大的情况下,借力、蓄力的方式决定着各类垂直细分领域短视频平台在行业风口下的竞争格局。

四、各方观点

当下的文化产品中"鸡汤文"太多,"鸡汤"熬得过于美味,常常使我们忘记我们身处的世界的问题,席越("遇言·不止"CEO)是一位冷静的观察者,她观看变动的世界,她又是一位温情的发声者,她关怀独立的个体,她承认我们的时代存在问题,也希望它变得更好。

——江苏凤凰文艺出版社总编辑　汪修荣

"遇言·不止"在媒介更迭更快的当下,借助新媒体平台,给女性提供了一个进行思想传播与情感交流的平台,其"轻演讲"的形态、垂直化传播的模式等,都贴合女性用户的接受特点,对于女性在社会中发出自己的声音起到了很好的作用。

——中国传媒大学新闻传播学部教授　李智

五、深度访谈

采访对象:遇言·不止 CEO　席越
采访时间:2018 年 1 月 10 日

问：您为什么会选择女性演讲领域进行深耕？创业的出发点是什么？

答：概括来说，以下三点是我主要的创业出发点。

第一，内心的兴趣和热情驱使我来做这件事。我拥有近 20 年的专栏作家写作经验，但在加拿大世界 500 强公司工作、每天面对财务报表的生活让我感受不到人生更多的可能性。乔布斯的演讲让我坚定了回国创业、找回自己所爱的决心。

第二，从世界发展趋势来看，女性主义确实在崛起，在这一块，国内外的差距仍旧非常大，特别是在价值观上，国内女性承受的压力非常大，同时，社会上物化女性的论调也不少。而互联网自媒体时代有着传播更多女性声音的绝好平台和机会。

第三，帮助女性最好的方式，就是倾听她们的故事，所以我们选择了 TED Talks 这样的方式作为切入口，深耕女性演讲领域，分享女性自己的故事，这不仅仅是一种对自己人生的梳理总结，同时也是一种鼓励、陪伴女性实现自我成长的特别方式。

问：遇言·不止的内容选题原则是什么？

答：一是三观一定要正，这是最核心的原则，三观不正，说再多也不过是不正确的废话。二是热点话题不重复别人的内容，自媒体竞争已经到了白热化阶段，头部越做越大，同质化的内容非常多，对一个热点话题，大家几乎都会参与进来抢流量，在这种情况下，我们会更加严格要求自己，宁愿牺牲首发时效，也要找到和大家不一样的角度。在茫茫内容海洋中另辟蹊径，才不会被淹死。三是追求深度，虽然说现在大家都是利用碎片化的时间在手机端阅读，但于我们而言，选题一定要有深度，这样做虽然艰难一点，但也更有价值。四是女性自身的故事要足够真实，不能为了宣传而随意捏造。五是视频主人翁的人生经历要有能打动观众的点，特别是要有突破自我的内容，这才是能带给观众更多启发和陪伴的女性力量。

问：遇言·不止的内容选题来源是什么？

答：一是优秀女性人物，特别是符合我们三观的个性化的女性人物，这个作为常规选题。二是对女性自我成长有帮助的选题。我们关注女性,渴望为这个社会的平权做一点切切实实的东西,但这并不意味着我们会一味捧女性,对于女性自身做得不好的地方,我们一并反思,以取得更大的进步。三是关注儿童教育的选题。亲子关系是女性在职场和家庭中很重要的一环,我们也希望能和更多妈妈分享一些建议。五是职场成长,例如曾在世界 500 强公司工作的经历等选题,给读者一些切实中肯的建议。

问:什么类型的内容传播效果最好,是否做过相关分析?

答:传播效果好的内容都离不开以下这几方面。

第一,击中用户的痛点。就女性领域而言,其实情感诉求非常多,热点话题也不少,但要让产品说出用户想说但没表达出来的内容,使用户产生认同感并不容易,这是我们一直在深挖细化的点。

第二,切入视角独特。自媒体上同质化内容非常多,特别是关于热点话题,没有独特的视角和深入浅出的内容,产品是很难脱颖而出的。因为有在西方国家生活的经历,所以我们在发布的内容中会为我们所观察到的现象添加西方社会的视角,为用户提供更多不一样的内容,让读者在对比中获得更广阔的视角。如针对 27 岁访美学者章莹颖失踪一案,我们从女性注意安全的视角发布了题为《不要把国内深夜撸串的安全感带到美国》的作品,首发于腾讯·大家,点击量迅速达到 10 万。标题摆出了我们的态度,具备想象空间和故事画面,同时还是一个很多号没注意到的切入口,作品点赞数也高达 6 000。

第三,标题和封面的配合非常关键。目前,播放量过 10 万的视频有十几条,如我们第一季的演讲嘉宾刘婷分享了自己变性的全部经历,视频在一条上的标题为《比金星还美的她分享自己手术过程,用撕心裂肺来形容一点都不为过》,因为担心"变性"一词难以通过审核,只能借金星老师的名字来暗示这个视频分享的是变性的故事。变性在很多人眼中除了具有先锋意味外,给人带来的最强烈的感受就是身体上的"痛"了,"撕心裂肺"一词很好地概括了这个特点。这个视频最终收获了 123 万的播放量。

第四,注重和粉丝的互动。在今日头条上,我们分享了一个抑郁症患者的故事,评论区中有很多人都有过这种默默承受抑郁症的经历,并发表了很多评论,这个时候,回复留言一定要及时,并且需要站在读者的角度感受他们的所思所想。因为这个互动,我们收获了很多读者的留言,他们说在一个几分钟的视频中感受到了人间的温暖,读者也会相互留言鼓励,这让作为运营者的我们觉得自己所做的一切都非常有价值。

问:目前在盈利模式方面已做出的探索可否分享? 现有盈利中占比例最大的一块是什么? 至今已探索的众多盈利模式中,哪种模式的盈利效果最好、前景最明确?

答:目前,我们也在继续探索适合我们自己的盈利模式,不过,总体而言,还处在深耕内容、打磨产品的阶段。目前盈利的方式包括定制演讲拍摄、线下演讲培训、视频广告定制拍摄、头条广告推广、电商分销等。

占据盈利比例最大的一块应该是视频广告定制拍摄,我们拥有一支非常专业的视频拍摄团队,我们曾为华为荣耀手机定制过专业的图文和视频广告,主打价值观广告,从内容文案策划到拍摄制作宣传,都由我们团队进行操作。此外,与时尚大号"商务范"合作的视频《大牌捉妖记》也由我们拍摄制作,和知名大 V"和菜头"合作的《谢逊盲测》,从策划、拍摄到推文,也由我们操刀。

未来,我们还会在这一块继续探索,如和阿芙精油合作,拍摄符合其品牌调性的女性价值观广告短片等。总之,关于女性内容的探索,我们希望能做好内容,同时输出更好、更有趣的合作方式。

盈利模式还有待摸索,我们的选择是尽量打磨好自己的产品,增强自己的实力,不盲目跟风,如知识付费,我们就一直持比较谨慎的态度,如果自己的付费知识不够独特、不够系统,我们宁愿比别人慢几步,也不跟风分散精力,做无用功消耗自己。

问:目前遇言·不止的团队组织架构是什么样的?

答:目前员工总数在 15 人左右,视频制作团队和图文团队是相对独立的,但工作流程有交集,且强调相互配合、及时沟通。目前相对独立的工种有导演、制片人、剪辑、后期、设计,图文团队这边有 2 名内容主笔和 3 名编辑,编辑的工作也融合了策划和运营两大板块。

团队目前还是一个关系非常融洽的小团队,还没有做到非常精细的分工,有些人会同时身兼多职。工作人员的年龄大致在 23—35 岁之间,虽然是一个女性自媒体平台,但并没有出现男女员工比例失调的情况,而且,团队中的男性同事也有不错的审美,在拍摄视频、制作海报时能抓住符合调性的细节美。

问:现在是否开始做用户推广运营?怎么做的?目前投入的成本主要用在哪些方面?

答:目前,遇言·不止还处在深度打磨产品阶段,暂时还没有做用户推广运营的计划。但我们的内容质量高,在各大平台的口碑好,通过口耳相传,用户的规模也在慢慢扩大,如今日头条侧重以人工智能的方式推进涨粉计划,遇言·不止近一周时间增加了近10 000名用户。

在公司还未准备好扩大自己体量的情况下,我们会通过配合平台发展的方式收获自然用户,打稳地基。我们这种以价值观输出为核心的自媒体平台,不追求发展速度,更重视用户的体验、黏性,这是非常重要的一点。

同时,我们侧重在现有社群基础上,通过开设演讲课程寻找线下的用户。在大家都一股劲抢夺线上用户的时候,我们恰恰要投入更多的精力争取线下的用户。因为对于演讲来说,只有通过面对面的培训和指导,才能获得最真实的改变和提升。

问:怎么看待垂直领域短视频行业的发展?

答:得益于互联网的高速发展,加上智能手机的普及,短视频行业确实迎来了一个快速发展、集中爆发的"春天"。作为一个以女性励志演讲视频为核心竞争力的自媒体,我们也借不少短视频平台崛起的势头,取得了不错的播放量和收益。但我个人觉得,就目前而言,垂直领域短视频行业的发展还有待整合和深化,各平台得找到自身的精准定位,打造出特色来吸引相应的用户群体。

我们的女性演讲视频的分发几乎覆盖了全网,其实这也是在和平台进行必要的互动,和平台一起探索未来发展的可能性。如果平台找不准自身定位,内容同质化太严重,加之往前推进的瓶颈,都会阻碍行业的健康发展。

我们垂直于女性,并以演讲作为切入口打造自己的视频品牌。相对而言,长视频更能发挥我们的优势,但将演讲的内容剪辑成独立的片段作为短视频播放,则迎合了行业发展趋势。在用户时间非常稀缺的今天,归根到底,用户对内容的认可、更强的用户黏性和深度互动、不断进行内容升级和迭代的能力,才是平台和内容创业者应该着重发力、一起寻求突破的关键。

〔王芯蕊,中国传媒大学新闻传播学部博士研究生〕

短视频下半场：内容分发与商业变现的优化升级

——以大鱼号为例

孟繁静　徐莹莹

摘要：2017年，中国短视频行业迎来真正的风口期。随着巨额资本的入局和创作者的接连涌入，短视频实现了量的增长和质的飞跃，垂直细分趋势愈加明显。"下半场"到来后，内容分发与商业变现成为短视频下一步发展的重中之重。与"头条号""企鹅号"等分发平台相比，"大鱼号"虽成立时间较晚，却在阿里文娱集团的全力支持下，呈现出迅猛发展的态势。本文在阐述短视频行业发展现状及问题的基础上，从平台搭建、内容扶持和商业变现三个角度对大鱼号以及阿里大文娱的整体布局进行分析，探讨短视频行业发展的特征、困境以及未来趋势。

关键词：短视频；大鱼号；内容扶持；分发平台；商业变现

一、案例背景

2017年，中国互联网短视频行业在经历井喷发展、沉寂调整、重新崛起等阶段后，进入发展快车道，海量内容不间断产出，聚合平台颇具规模，分发平台持续壮大，这为短视频从小到大、从弱到强创造了巨大蓝海。受众接受度之高、用户访问量增长之快、传播影响力之大使短视频成为移动端信息消费的主要形态，也造就了内容创业最大的风口。

这一现象的出现由多重因素推动。第一，移动互联网时代，智能手机的普及和4G通信技术的发展，打破了视频消费的时空限制，为短视频提供了生长的土壤。截至 2017 年 12 月,我国网民规模达到 7.72 亿,其中使用手机上网的网民比例为 97.5%。① 第二,短视频的用户数量迅猛增长,随之而来的巨大用户需求和流量红利倒逼行业发展。第三,政策对短视频的监管更加严格,这促进了行业整体良性发展。第四,资本涌入助力短视频行业发展。2017 年,仅前三季度的投融资就高达 48 笔,超过 2016 全年的 41 笔。② 腾讯推出企鹅媒体平台并领投快手 D 轮融资;阿里文娱宣布旗下土豆全面转战短视频领域,并投入 20 亿元打造"大鱼计划";百度推出"百家号"布局短视频内容分发;今日头条上线"头条号",并先后成功孵化抖音、火山小视频。随着互联网巨头的相继入局,短视频在内容制作和分发方面得到扶持,市场规模迅速扩张。

短视频平台数量增多,内容由泛娱乐化转向垂直细分领域。据不完全统计,目前市面上的短视频 App 已经接近 400 个③,按功能主要可分为用于短视频拍摄、制作和后期编辑的工具类平台,如小影、VUE;满足社区互动需求的社交类平台,如快手、抖音、火山小视频;以梨视频、秒拍、西瓜视频为代表的传递信息的资讯类平台。不同类别的平台内容有所交叉,但整体特色较为鲜明。短视频的内容基本覆盖了所有行业和领域,专注于母婴、美食、文化、体育、音乐等细分领域的短视频平台数量逐渐增多,垂直化趋势明显。

在迅猛发展的过程中,短视频行业也遇到了一些突出的问题。在诞生之初,短视频以泛娱乐内容为主,导致同质化现象严重。在利益的驱动下,个别短视频创作者制作猎奇的低俗内容以博取眼球,如暴饮暴食、活吞异物等。此外,因短视频行业准入门槛低、侵权追责难、从业人员版权意识淡薄而出现的侵犯版权问题严重。在商业化方面,一项调研结果显示,目前只有三成的短视频团队能够实现盈利,④商业变现问题成为短视频行业发展面临的瓶颈。

---

① 中国互联网络信息中心.第 41 次《中国互联网发展状况统计报告》(全文)[EB/OL].(2018-01-31)[2018-03-01].http://cnnic.cn/hlwfzyj/hlwxzbg/hlwtjbg/201801/t20180131_70190.htm.
② 艾瑞咨询.2017 年中国短视频行业研究报告[EB/OL].(2017-12-29)[2018-01-20].http://www.iresearch.com.cn/report/3118.html.
③ 短视频下半场开始[J].中国科技信息,2017(19):8-9.
④ 短视频占领资讯半壁江山,但能盈利的仅有三成.[EB/OL].(2017-11-21)[2018-01-20].http://www.bjnews.com.cn/graphic/2017/11/27/465979.html.

二、案例介绍

短视频方兴未艾,行业巨头纷纷涌入,垂直细分领域崛起,优质内容引聚流量,在这一背景下,板块脉络逐步明晰的阿里巴巴文化娱乐集团着重朝短视频产业注资发力,凭借其超级产品、巨量用户、海量数据,以及全形态、精准化的数字内容,打造集创作、投放、变现等于一体的短视频孵化器。

(一)泛娱乐矩阵中的短视频布局

2016年6月15日,阿里巴巴集团宣布成立阿里巴巴大文化娱乐板块。该板块包括阿里巴巴集团旗下的阿里影业、合一集团(优酷土豆)、阿里音乐、阿里体育、阿里文学、UC、阿里游戏和阿里数字娱乐事业部。同年10月31日,阿里巴巴大文化娱乐板块升级为阿里巴巴文化娱乐集团(简称阿里文娱集团),同时筹集约15亿美元作为大文娱产业基金,用于投资未来的文化娱乐生态。

"淘宝二楼"是阿里文娱集团在短视频内容变现方面的重要尝试。2016年8月10日晚,淘宝首次推出"深夜上线、清晨消失"的"淘宝二楼"。16支制作精良的竖屏短视频,以用户情感和商品品质为切入点,围绕商品价值,深度把握消费需求,让用户产生情感共鸣,迅速提高销售转化率。漫长的选品过程、顶级的行业人才、严苛的制作过程带来的是相关商品销量的巨幅增长,这一短视频内容营销阵地的初次试水证明了"短视频+电商"的无限可能。

大鱼号是UC订阅号和优酷自频道账号整合升级的产物,2017年3月,阿里大文娱集团宣布土豆全面转战短视频行业,同时推出了备受瞩目的创作服务平台大鱼号。这一举动将合并五年的优酷和土豆正式拆分开来,不仅解决了优酷和土豆在阿里内部存在同类业务竞争的问题,同时实现了阿里对短视频市场的战略布局。此后,土豆成为阿里文娱集团在短视频领域的抓手,优酷在重点发展长视频的同时,保留了大鱼号的短视频入口。在过去十年的发展中,优酷和土豆挖掘了包括"何仙姑夫"等IP在内的许多原创内容生产者,积累了大量的忠实用户,在短视频发展方面有着良好的基因和得天独厚的优势。

(二)大鱼号体系下的自媒体生态

大鱼号由原 UC 订阅号、优酷自频道账号统一升级而来,为内容生产者提供"一点接入,多点分发,多重收益"的整合服务,内容生产者可借由大鱼号享受包括 UC、土豆、优酷、淘系、豌豆荚、神马搜索、PP 助手在内的阿里泛娱乐矩阵中所有的分发渠道。

大鱼号背靠阿里集团,在内容、数据、商业等多方面拥有独特资源,其以服务内容生产者为目的,支持并输出多形态、多元化的内容。从微观角度而言,大鱼号作为分发平台,充分提高了内容曝光率,为短视频内容创作者提供了更多的流量和收益,进而激励创作者产出高质量的内容,推动了从优质内容向丰厚收益变现的良性循环的形成。宏观来看,大鱼号成为实现阿里大文娱生态的重要环节。一是为了延伸阿里生态上游内容产业链条,贯穿了内容生产、内容分发、内容消费三大环节,挖掘内容产业市场潜力;二是为了有效打通阿里文娱集团的各个业务板块,最大限度整合现有资源,使原生业务和外部收购业务相互融合匹配,实现生态链条的健康、长效、循环发展;三是为了深化内容变现,通过挖掘和培养优秀创作者,实现内容生产的精品化和差异化,依托超大体量分发平台,实现分发渠道精细化和全覆盖,进而提高内容变现效率。

在"适者生存"的内容领域,大鱼号凭借对原创独家内容的布局、对中小创作者的扶持和对"短视频+电商"变现途径的探索,突出重围,成为一支重要的领军力量。

1.对原创内容的补贴和保护

大鱼号在诞生之初就意识到了原创的重要性。一方面,大鱼号通过为原创内容加注原创标志、为创作者提供收益翻倍和奖金补贴以及为短视频创作者提供版权素材等形式,全面鼓励原创发展。另一方面,大鱼号依托阿里旗下的版权检测平台"鲸观",对盗版、抄袭等侵权内容进行及时检索和检测,有力打击非原创行为。据统计,2017年7月至11月,大鱼号短视频内容在优酷和UC端月均分成近2 000万,其中原创短视频分成占83%。①

2.对独家内容的布局

随着越来越多的创作者涌入,短视频内容越来越丰富,但优质的内容永远稀缺。为增加盈利,绝大部分创作者会选择在多个平台同时进行内容分发。这导致平台内容优势不明显,无法形成独特的竞争力。因此,布局"独家"内容成为大鱼号理所当然的选择。大鱼号主要通过签订独家年度合作优质账号、增加补贴和收益加倍等形式鼓励独家内容的生产和发布。2018年,大鱼号计划签约1 000个独家年度合作账号,进一步布局独家内容生产。

3.对内容创作新锐力量和腰部力量的扶持

随着内容创作平台的快速发展,马太效应愈加明显,平台补贴和收益分成逐渐集中到少数几个创作头部力量上,腰部力量和新入局者数量巨大,但获得盈利越来越困难。行业的良性发展离不开优质内容,想要鼓励更多优质内容的生产,就需要让每一个创作者都有机会进行内容生产,以保证创作的活力。大鱼号既注重对头部力量的扶持,又通过升级"大鱼计划",新增"大鱼潜力"奖金,鼓励新入局的创作者和中间的腰部力量进行内容生产,扶持更多有潜力的优质账号成为头部力量。

4."短视频+电商"的变现落点

大鱼号背靠阿里,天生具有强大的电商基因和配套支持,因此将用户引流到电商无疑是大鱼号最理想和最省力的内容变现手段。2017年10月,大鱼号通过"大鱼计划"成功接入阿里的电商资源。随着淘宝界面中越来越多的图文被具有强场景感的短视频所替代,大鱼号内容变现的大门已经在电商领域正式打开。

---

① 大鱼计划升级:发掘新锐激励独家,新增潜力奖金.[EB/OL].(2017-12-13)[2018-01-21].http://tech.cnr.cn/techgd/20171213/t20171213_524060327.shtml.

三、案例分析

2017 年下半年,短视频领域迎来风口,巨头、资本都在这一领域迅速聚合。虽然阿里在短视频的入局排位赛上是个"后辈",但自 2017 年 3 月底土豆转型为短视频平台、内容分发平台大鱼号被推出以来,其活跃用户数便以每月 20%以上的速度快速增长。大鱼号是如何凭借资本、渠道、内容等优势,实现弯道超车、破局制胜的? 在机遇和挑战之下,大鱼号的突围对于内容分发平台探索未来发展路径有着非凡意义。

(一) 平台搭建:阿里入局内容分发,实现平台资源聚合

近年来,"平台"一词被更多地用于传媒行业和传播领域。中国传媒大学黄昇民教授将"平台"定义为一种实现双方或多方主体互通互融的通用介质,它能够实现需求规模经济和供给力规模经济的对接。暨南大学的谭天教授则从传媒经济学的角度提出,媒介平台是指通过某一种空间或场所的资源聚合和关系转换为传媒经济提供服务,从而实现传媒产业价值的媒介组织形态。[①] 从以上讨论可以看出平台的两个关键要素:一是媒介融合和资源聚合对平台的产生具有促进作用;二是平台的搭建是相关产业规模扩大的必要条件和集约化手段。而良性的平台维护、产业运营和资本运作的聚合则能够进一步帮助平台的用户规模、用户忠诚度与流量等短视频内容供给侧要素形成正相关关系。因此,头条号、百家号、企鹅号、大鱼号等内容分发平台的陆续上线,不仅标志着处于中国互联网第一梯队的 BAT(百度、阿里和腾讯)已经基本完成了分发市场布局,更意味着一直处于混战之中的短视频终于迎来了自己的高速发展期。

在互联网平台,内容分发一直是扩大影响、汇聚流量以及进行商业变现的工具和理想手段,因而引起了互联网巨头的关注与争夺。一个原本只是小平台

---

① 常昕,杜琳.微语态下短视频传播模式分析及趋势思考[J].电视研究,2017(7):27.

业务的"内容分发"却引来几大巨头集体出战,主要基于以下几个因素。

其一,巨额的利润是吸引资本入场的重要因素之一。在当前的内容市场,以流量为基础进行商业化变现已经成为行业共识,而广告是其中最重要的变现手段。信息流平台可观的用户数量是广告收入增长的核心动力。

阿里大文娱集团从成立起就一直在努力开创一个稳定的流量入口,将用户在移动互联网端的第一触点控制住,但整个阿里内部一方面业务庞杂、流量巨大,另一方面缺乏跨平台的产品。在巨大的流量需求和阿里的危机意识的影响下,大鱼号应运而生。大鱼号最核心的价值,就是将阿里内部的资源和流量开放给内容创业者,并且这些资源是跨平台、跨领域的,创作者只需点击一下,便可接入大鱼号,共享阿里大文娱生态的多点分发渠道,获得多产品、多平台的流量支持。反向来看,大鱼号借短视频这一主要发力点,整合多条产品线,使其协同作用、互相引流,一方面在战略上扩充了阿里大文娱内容板块,另一方面也是综合生态链下的又一场博弈。成立时间并不长的大鱼号,或将为阿里建立起完整的商业闭环。

其二,大数据时代的信息变革加速了内容分发方式的演进。如果说过去受众接收信息是通过搜索或阅读,是"人到信息",那么在当下信息爆炸和需求细分的时代,必须要演进到"信息到人",即基于大数据实现精准推荐,把合适的信息推送给合适的人。在信息变革的趋势下,满足用户的个性化需求必须建立在海量内容的基础上,内容分发平台的搭建实际上是为了实现内容聚合。

大鱼号在"用户触达"上的两条路径,即"按需供给"和"以供推需",正契合了这一点。一方面,由优酷自频道和 UC 订阅号合并升级而来的大鱼号自身虽然不直接生产内容,但基于算法技术和大数据分析,可以对用户的账号信息、互动行为、浏览记录等前置数据信息进行准确画像,从而更有效地为用户提供"千人千面"的个性化服务,最大限度地挖掘用户价值。另一方面,大鱼号依托阿里大文娱集团的天然生态优势,迅速聚拢了大批短视频原创领域的佼佼者,并凭借对互联网行业中用户消费习惯变迁的深刻认知,依据创作者的内容特色和质量进行有针对性的推荐,成功打造了内容创造价值的利益共同体。

其三,短视频成为新的创业风口,内容样态的丰富加速了分发平台的演进。从互联网早期以文字为主的内容形态的产生,到图片和图集形式的出现,再到视频,尤其是短视频的兴起,技术的进步带来样态的演进和叠加,在不断完善内容生态链的同时也使分发平台的建立成为必然。在今日头条崛起之前,中国互联网的流量红利大多由电商和游戏控制,内容始终处于价值流量链的最底端。直到互联网发展的下半场,内容产业才被互联网技术激活。从今日头条发布短视频战略,到腾讯斥资收购快手,互联网巨头们纷纷布局、跑马圈地。阿里顺势而动,宣布土豆全面转型为短视频平台并正式发布大鱼号,集阿里文娱生态之力进击 PUGC 领域。这标志着一直处于混战之中的短视频终于迎来了自己的高速发展期。

(二) 内容扶持:差异化赋能优质创作者,技术"加持"版权保护

如果说短视频发展的上半场是各平台争资源、打排位赛的阶段,那么进入下半场,短视频行业从混战逐渐走向整合,内容分发平台的建立便迎合了资源整合的需要。由于市场发展过快以及资本的介入,再加上整个行业缺乏权威的第三方数据指导,和所有在互联网技术和资本的作用下兴起的行业一样,短视频的发展很容易陷入过分注重营销和噱头而忽略内容的怪圈之中。如何利用最优质的内容留住用户成为各方博弈的关键。同时,随着平台内容板块的丰富,各平台势必要面对版权问题,这也是内容竞争潜在的壁垒。大鱼号依托阿里的资源,从多渠道流量分发、丰富大文娱 IP 资源、版权保护等多方面进行差异化赋能方式的探索,以期吸引更多优质短视频创作者加入。

1.重金布局,汇聚优质独家原创内容

(1)短视频内容的独家性。各内容平台目前面对的最为突出的问题是内容同质化。而内容创业最后的竞争应该是各个平台专属作者之间的较量,率先在内容上实现差异化,就意味着在内容之争中取得了主动权。在阿里大文娱集团升级的"大鱼计划"中,"独家"成为大鱼号配置内容资源的方式之一。通过补

贴吸引原创作者,汇聚大量优质原创短视频内容,进而与稳定优质的创作账号签订独家年度合作协议,并一次性向签约账号提供最高 50 万的奖金,使拿到年薪的创作者能够专心做好内容,而签约账号需要每个月在大鱼号平台发布一定数量的独家内容。大鱼号重金奖励头部创作者,除了尝试在内容影响力上产生"虹吸效应",最终还是为了在内容方面与其他平台形成差异。

（2）短视频内容的原创性。2015—2017 年,短视频行业不断洗牌,随着环境变化和用户的成长,原创在整个短视频行业中的重要性日益凸显,开发原创内容和玩法的能力就成了用户留存、创作者发展和平台生存的生命线。深谙此道的大鱼号设立"大鱼奖金"来扶持优秀短视频内容创作者,同时为了鼓励新锐及潜力派内容创作者,大鱼号还增加了"大鱼潜力"奖金,以每个账号 3 000 元奖金的形式每月奖励最多 1 000 个新锐账号。高额奖金补贴的鼓励作用立竿见影:2017 年 7 月至 11 月,大鱼号短视频原创内容增长超三成,在优酷和 UC 端月均分成近 2 000 万,其中原创短视频分成占到了 83%。①

2.借势热门 IP,重点扶持原创垂直内容

短视频在成长的过程中表现出了从泛娱乐化到细分的垂直化趋势。目前市场内几乎所有的短视频创业者都聚焦于社交、娱乐方面。虽然借势网络综艺和热播影视剧 IP 的营销随处可见,但联动 IP 发起活动以激励短视频创作者,在当下各大内容平台中,尚属少数。在这方面,具备影视基因的大鱼号占尽先天优势。作为大鱼号的重要组成部分,优酷目前已经积累了 2 000 多部影视剧、400 多档综艺等的版权,创作者们可以使用大鱼号拥有独家版权的内容素材进行创作。比如大鱼号发起的"大鱼 FUN 制造活动",围绕大剧热综播放节点,向短视频创作者提供多种玩法和奖项,扶持短视频创作者。在保证绝对原创和足够有趣的前提下,创作者既可以对平台提供的素材,如《军师联盟》《三生三世十里桃花》《白夜追凶》《春风十里不如你》《快乐男声》等热门剧综 IP,进行形式不

---

① 大鱼计划升级:发掘新锐激励独家,新增潜力奖金［EB/OL］.（2017－12－13）［2018－01－21］.http://tech.cnr.cn/techgd/20171213/t20171213_524060327.shtml.

限的二次创作,也可以在题材不限的情况下,自由发挥。

大鱼号这一玩法等于将传统影视制作中的优势资源,通过"互联网+"的方式进行了有效平移。其自身的影视短视频增量显著,作品导流明显,同时也涌现出了不少优质短视频创作者及短视频作品。其中不乏对穿帮镜头的混剪、影视剧搞笑解说、剧情二次烧脑创作、另类盘点等内容,如将《头文字 D》与外卖小哥的工作日常混剪,创作出一部现实版的炫酷赛车片;通过萝莉女声的另类解说,盘点荧屏上和周冬雨组 CP(couple,意为"情侣档")的男神们;对好莱坞电影中的中国配角和中国电影中的外国主角进行深度盘点,搞笑之余也引发了观众对明星演技的深层思考。

另外,大鱼号还与热门公益 IP"行走的力量"联动,在用 IP 商业赋能短视频创作者的同时,使平台内容趋向多样化和垂直化,并促使面对垂直化发展的创作者通过提高自身辨识度来使自身和产品 IP 化。这为"平台+自媒体"的融合发展提供了一种可复制的模式。另外,从 2017 年 10 月起,大鱼号强化了对垂直内容的激励,每月初发布当月重点扶持的"垂类",如在 12 月的短视频内容中,影视剧、汽车、生活、社会、育儿、动漫等十大"垂类"得到了"大鱼计划"的重点扶持。

3.机制与技术双管齐下,全方位保护版权

版权永远是创作者最宝贵的资源,而版权体系的缺失却严重损害了原创作者的权益和互联网的内容生态。纵使各大平台陆续上线了保护原创作者和原创内容的功能,但仅仅为原创作品加上原创标志并不能从根本上解决原创作者版权受侵害等问题。在这一背景下,大鱼号在健全原创保护机制、利用科技助力版权保护等层面进行了深入探索,如推出了"原创直通车"功能,创作者只要满足三个条件,即大鱼号信用分为满分,有微信公众号、今日头条等同类内容平台原创凭证以及近期在大鱼号发布的短视频内容符合平台质量要求,便可以进入大鱼号后台的权益中心进行申请,申请成功后的创作者可以享受到大鱼号提供的版权保护。

在保护原创的同时,大鱼号还加强了对非原创的打击力度。其一,引入第三方维权机构,如"维权骑士",来帮助原创作者在全网进行维权。大鱼号还通过大数据技术对发现的抄袭内容进行封杀,而对原创内容进行推荐;若原创作者在大鱼号后台已发布的文章被抄袭,创作者可知晓抄袭的次数。其二,相比图文,短视频的内容更加繁杂多样,目前行业内对于短视频版权的维护更多是基于人工考察,为了解决视频行业的版权保护问题,阿里文娱集团推出了"鲸观"平台。基于 AI 技术,"鲸观"可以在音视频素材上抽取"指纹",让音视频素材在全网范围可追溯,并且能以毫秒级速度完成百亿级"指纹"检索。鲸观的"指纹"技术大大降低了视频版权监控取证的成本,在全网范围内打击了侵权盗版行为。不难看出,大鱼号严格的管控机制或许可以减少让原创作者深感困扰的抄袭痛点,促进内容行业的良性发展。

(三)商业变现:打通阿里生态链,探索商业变现多元路径

短视频行业在发展过程中一直存在诸多痛点,比如优质内容匮乏、商业变现受限以及版权维护困难等,最严重的当属商业变现问题。目前,流量变现和广告分成依然是内容创业者主要的变现路径。除此之外,短视频创作者的变现方式还包括平台补贴、版权收入、电商导流等。

1.平台补贴

平台补贴是目前短视频创作者主要的变现方式之一。为了吸引更多的优质内容创作者入驻平台,各大内容分发平台纷纷推出高额补贴政策,成立还不到一年的大鱼号便接连发布了 3 次补贴政策:2017 年 4 月铺开"大鱼计划",同年 12 月"大鱼计划"升级,同时重金签约年度大鱼优质账号。除此之外还有主要针对MCN 机构的"大鱼合伙人"计划。只要达到约定的年播放量,MCN 机构便可以获得百万元的现金奖励。因此,大鱼号迅速聚拢了一批优质的头部内容创作者。

但不容忽视的一点是,随着内容分发平台的快速发展,残酷的马太效应并不会因补贴而有所缓和,大多数激励补贴和收益分成越来越集中于原本就是大V 的头部优质账号,而腰部和尾部的内容创业者仍然处于"别人吃肉我喝汤"的

境况中。那么,如何让中小型内容创作者从补贴中获益、持续输出优质内容,已经成为影响平台长足发展的问题之一。大鱼号也已经意识到了这个问题,不同于百家号、头条号等,大鱼号更倾向于提供定额的原创补贴,比如在升级后的"大鱼计划"中,"大鱼奖金"将每月最多2 000份的万元奖金发放给优秀图文和短视频内容创作者,并在将广告分成翻数倍划入内容创作者收益的基础上,新增"大鱼潜力"奖金,以每个账号3 000元奖金的形式每月奖励最多1 000个潜力账号。① 除此之外,大鱼号为了更好地赋能内容创作者,多管齐下地打通了多条商业化路径。

2.版权收入

技术的发展为短视频的变现提供了方向。在快速产业化的短视频行业,用"产品化"的思维倒推内容生产已经成为业内共识。但创作成本高、产能不匹配等诸多瓶颈的显现一定程度上制约了短视频内容的商业化。基于对视频行业产业化的思考,阿里文娱集团发布的"鲸观"平台以技术为前提,将视听行业闲置的资源重新激活,实现二次或者多次利用,不但可以使内容生产者通过技术手段更便捷地检索到自己需要的内容,从而避免重复性的工作,而且可以使有版权的素材进行多次商业化的转化。阿里借助"鲸观"这一技术引擎,在不断培养内容生产者版权习惯的同时,还将建立起视频素材的交易生态来吸引更多的用户,在用户的基础上更好地实现商业化变现。

3.电商导流

即刻视频的创始人王留全认为"短视频是离钱最近的媒体"②,换句话说,短视频是离电商最近的媒体。"用户的停留时间"已经成为衡量各大电商平台销售潜力的标准之一。短视频的出现使电商的营销方向从目的营销快速变革为内容营销,凭借搭建的"内容+社交"关系,电商营销从对用户进行感官刺激进

---

① 内容创业再升级:头条号、大鱼号、网易号等推新扶持计划[EB/OL].(2018-01-21)[2018-02-13]. https://baijiahao.baidu.com/s? id=1590171984142693029&wfr=spider&for=pc.

② 即刻视频王留全:短视频是离钱最近的媒体[EB/OL].(2017-03-04)[2018-02-13].https:// baijiahao.baidu.com/s? id=1560987107044492&wfr=spider&for=pc.

阶到获得用户的情感认同,使用户在体验中完成消费。在这一过程中,"场景化""片段化"作为短视频的竞争核心,让"短视频+电商"在有效的时间内更具可读性。对于背靠阿里、先天具备电商基因的大鱼号来说,引流到电商是最高效的变现方式。2017 年"双十一"前夕,大鱼号正式上线"大鱼任务"。这是大鱼号用阿里生态赋能创作者的重要举措之一。只要内容创作者开通"大鱼任务"功能,即可通过平台对接上万客户资源,淘宝商家可以直接通过"大鱼任务"向大鱼号的创作者发布短视频创作订单。内容创作者接单后便可以享受包括流量分成、创作酬劳、商品推广佣金在内的多重收益。"大鱼任务"一经开通,首月累积的订单就已经过千。淘宝也推出了相应服务,为大鱼号短视频内容创作者打造覆盖"淘宝二楼""淘宝台 Channel T""短视频全淘融入"的三层合作模式。大鱼号通过连接创作者和商家,不断扩展平台商业生态,在阿里大文娱生态内实现内容的多端分发和作者权益的共享,在帮助提升内容创作者的变现效能的基础上,也为平台的可持续发展构建了完整的商业闭环。

四、各方观点

大鱼号的电商基因,不仅成为其内容变现的重要方式,也使"短视频+电商"呈现出巨大的想象空间。从未来的发展来看,不仅在电商领域,在医疗健康、在线教育、VR,包括智能硬件领域,短视频都有着广阔的应用空间。短视频不应该拘泥于对内容的承载,而应努力成为生产工具,最终切实有力地影响和改变社会的某一领域和行业。这种对社会生产和生活的改变,不仅是短视频,而且是所有媒介形式未来发展的终极价值所在。

——中国传媒大学新闻传播学部新媒体教研室主任、副教授　顾洁

在短视频风口竞争愈演愈烈的当下,大鱼号的发展重点放在了"独家"和"垂直"两个方面。所谓独家,一方面是指在内容同质化现象严重的今天,生产优质独家内容,做到人无我有、人有我优;另一方面是指革新行业内的版权意识,保护内容生产者的合法权益,增强其创作动力,为短视频行业打造可持续发展的良好生

态。所谓垂直,则是对短视频内容进行深挖细耕,做出自身特色,从泛娱乐化中脱颖而出,进而成为某一领域的"孤品",充分提高自身稀缺性。此外,大鱼号在充分运用大数据和人工智能进行精准分发的过程中,也需要注意避免单纯的兴趣推荐造成的"信息茧房"效应,不断探索用户兴趣的广度与深度。

——兰州大学新闻与传播学院教授 韩亮

数字化技术普及之后,短视频被从专业圣坛拉到大众队伍中。短视频没有规则、没有门槛、没有要求,难以形成职业化的特点,它在解构专业性的同时,也失去了专业性。但视频其实是需要专业性的,失去了专业性,视频就没有意义、没有生命、没办法发展了。随着技术门槛越来越低,短视频会有巨大的量的发展和一定程度的质的发展,但质的进步会被量的发展淹没或冲淡。短视频无法替代专业视频,它永远处在专业视频的互补地位。在当前短视频非常活跃的情况下,视频工作者要保持清醒头脑,坚守视频表达的职业化、专业化特点。

——中国传媒大学新闻传播学部教授、博士生导师 任金州

短视频未来有三个趋势,分别是智能化、IP 化和电商化。从移动互联时代到人工智能时代,首先带来的是传播的智能化,在以机器算法为基础的时代,短视频也不可避免地要以智能化作为传播的首要手段。智能化推送的结果就是更多短视频更加精准地抵达用户面前,出现了更加细分的社群,形成了一个个巨大的 IP。自媒体变现收益最高的就是拥有自己品牌的短视频创业者,在短视频的商业变现模式中,除了广告这个基础模式之外,更具生命力的还是电商化的运营。①

——四川日报报业集团副总编辑、华西都市报社社长、封面传媒董事长兼 CEO 李鹏

五、深度访谈

采访对象: 阿里文娱集团大鱼号运营中心高级运营专家 侯琳飞

---

① 第四届媒介融合与创新论坛在京研讨短视频的发展与未来,内容、IP、资本将成为短视频发展的三驾马车,IP 化、智能化和电商化是方向,应警惕情感泛滥、注重行业监管[J].中国传媒科技,2017(1):26-32.

采访时间：2017 年 12 月 28 日

问：能否简单介绍一下大鱼号？在阿里文娱集团的产业布局中，大鱼号处于什么样的位置？

答：大鱼号由优酷的自频道和 UC 订阅号两个业务统一升级而来，作为一个内容生产创作平台，是阿里大文娱集团 2017 年新发展的业务，并直接隶属于集团。我们以短视频为主，作品长度基本上在十分钟以内。我们主要服务于整个阿里大文娱集团的 C 端应用和内容消费者，包括但不限于优酷、UC、土豆、虾米音乐、淘票票，后续还有掌阅（阿里文学）、淘系应用、支付宝等。所有与内容消费者有关的平台，大鱼号都会与其合作并对其进行内容的输出。如果发展得好，未来也可能去支持更多的端口，甚至不排除阿里投资的外部合作伙伴。

问：大鱼号和土豆现在是什么关系？

答：大鱼号在阿里文娱集团内部的定位是内容中台，向内容创作者提供服务，但不直接触达用户。我们把优酷、UC、淘票票、大麦等直接面对用户的应用定义为前台业务。后台可以理解为数据、技术研发业务，包括带宽、云计算等。大鱼号将内容输送给土豆，至于土豆向用户提供什么内容、怎么提供，完全取决于土豆。大鱼号更多是站在业务的后面，给业务提供支持。

说到土豆，土豆 2005 年成立，是中国第一家做 UGC 的平台。大鱼号的团队中有很多成员以前在土豆工作过，两个平台在团队上有很多关联。从内容中台的角度出发，我们更多是基于终端的需求去给土豆供应内容。所以要在市场上成为什么样的产品，它想触达和占有的是哪一部分用户群体，需要什么样的内容来达到目的，土豆明确这些问题后，大鱼号会对应提供土豆所需的内容。

问：目前大鱼号的用户总量、内容每日上传量等相关数据是否方便透露？

答：现在大概不到 70 万的用户量级，每天超过 20 万条的内容生产。用户量级在行业中并不是最多的，但扩大规模数量的绝对值并不是我们最重要的工作，更重要的是提升整个内容质量。

问:相比于其他分发平台,大鱼号的核心竞争力是什么?

答:首先,大鱼号背靠整个阿里大文娱集团,阿里拥有庞大的不同应用场景下的活跃用户量。多样化的消费群体是大鱼号的一大优势。其次,商业化是大鱼号的核心竞争力。就内容创作者而言,实现商业变现是其最终目的,而阿里在这方面具有天然优势,因为我们有中国最大的广告主的仓库——淘宝天猫,这一群体有非常多的广告需求。目前我们正在打通整个淘系,来帮助创作者们获取更多的收益。最后,从内容生产平台这个角度而言,需要很大的资金投入。对于资金的扶持,毋庸置疑,阿里肯定是有优势的。

问:您如何看待当下的短视频风口?

答:我更多地是从资本层面理解"风口"这个概念。就跟很多公司的市场部一样,钱必须要花出去。在互联网这个行业中,大部分资本都是 VC(Venture Capital 的简称,风险投资),PE(Private Equity 的简称,私募股权投资)很少。VC看重企业的未来,更希望它投的这个领域或者公司在未来有更大的成长空间。同时,这个领域或者公司一定是成功通过市场考验的,这对投资方来说才更保险。所以我个人认为风口更多是资本圈创造的一个东西。

至于为什么当下是短视频的风口,首先相比于图文,视频一定是未来的发展方向。资本和主流视频平台对视频有需求,但长视频太贵了、买不起,那就做点短视频,既符合大家的消费习惯,又适用于移动互联网的传播技术和方式。这些都是短视频火起来的原因。但短视频未来怎么样,我也不好说。对我们来说,文、图、视频,我们都会去鼓励、支持。由于用户的消费场景还有消费习惯不同,不同内容形态都会有它的受众需求。

问:对于短视频内容,大鱼号作为分发平台有什么特别的扶持方式或者计划吗?

答:我们这次做的"大鱼计划"的升级,主要对创作进行了细分。对于稳定优质的头部账号,平台会与其签订独家年度合约,一次性支付一笔费用,最高50万,同时也在内容质量、选材创意、生产频率等方面对创作者提出了更高要求,双方寻求建立一种更紧密的合作关系;对于新入场的内容创作者,"大鱼计划"

也新增了"大鱼潜力"奖金来加大对新锐创作者的扶持。除此之外,我们重奖独家,也代表着大鱼号对内容价值的认可,因为我们的口号是让内容更有价值。

除了补贴和分成,大鱼号更希望打造一个健康的内容生态,通过一种合理的、正向的商业逻辑,比如资本投资或者内容本身的定向邀约,最终实现平台零补贴。我们现在就有一款产品叫"大鱼任务",这个产品是大鱼号平台与阿里电商合作开发的一个功能,其具体内容是根据商户的需求,为商户提供产品服务,接收到"大鱼任务卡"的创作者将拥有多种形式的有偿商业合作机会。另外,从大的产业链来看,我们未来希望打通阿里影业和优酷,挖掘和输出优质的内容创作者,同时对优质内容进行投资,让创作者有更大的发展空间。按照马老师(马云,阿里巴巴集团董事局主席)的说法,这是我们更高级、更健康、更持续的打法,创作者的收益也是不断累加的。单纯靠补贴的话,一定是有瓶颈的。

问:大鱼号目前在原创保护方面采取了哪些措施呢?

答:原创是整个内容生产持续发展的关键环节。我们从两个维度保护原创:一个是鼓励原创,另一个是打击非原创。具体的措施包括以下几个方面。

第一,从2017年11月开始,大鱼号所有的奖金和补贴都只给原创内容的创作者。第二就是对原创的保护或者说维权。针对当下盗版严重、商业模式单一、产能不匹配等掣肘短视频发展的问题,阿里文娱集团联合阿里达摩院共同发布了一个新产品——"鲸观"。这个平台是基于全网的版权检索以及识别监测做出来的,未来可以更好地保护我们大鱼号平台的原创作者,他们可以查看自己的视频是否被侵权。另外,很多创作者对版权素材有很大需求,而"鲸观"平台本身还有一个价值,就是将全网优质的视频资源重新激活,通过重组和再创造,以同样的素材二次创作出新的视频内容,并将其做成一个素材库,当然,素材库里的素材都是有版权的。大鱼号的创作者们可以从中选取自己所需的素材,这在降低内容生产成本的同时,也节约了创作中搜集素材的时间。

问:说到版权,大鱼号后续会不会和阿里的电影、音乐业务等有一些合作?

答:大鱼号作为阿里大文娱产业的内容生产平台,它的另一个价值在于对阿里集团的大 IP 宣发的协同支持。阿里影业每年会出品很多作品,虾米也有音乐,包括优酷,它有《白夜追凶》《军师联盟》《将军在上》等影视作品,围绕这种热门大剧 IP 会有很多周边内容的创作需求,这些需求恰恰是大鱼号可以支撑的。

举个例子,《军师联盟2》这个剧实际上是全网的热点 IP,一方面,我们可以给大鱼号的创作者一些独家素材,创作者可以围绕这些素材进行创作。内容价值通过素材的"加持"提升了,更具吸引力。另一方面,大鱼号对整个大的 IP 会有几个维度的支撑。因为我们有这么多有创意的创作者,他们可以基于同一个东西,从完全不同的角度创作出一些特别有趣的内容。除了多维创意,大鱼号的创作者大多有微信公众号、微博甚至自己的官网,拥有大量的粉丝和较大的影响力,对内容的宣发、全网人群的触达等很多层面都有价值。

问:大鱼号不直接接触用户,如何向内容创作者反馈用户的需求?

答:有两条路径。第一,按需供给。大鱼号虽然不直接接触用户,但可以拿到内容在终端的消费数据,然后对这些数据进行分析,将用户的偏好反馈给创作者。

第二,以供推需。作为一个内容生产平台,大鱼号可以更快速地预见未来整个互联网人群的改变。为了构建长期的优势,现在就要组织一批创作者按照未来发展方向去生产。这样做或许短期效益不明显,但从长远看,迎合了未来用户消费的主要方向。

按照马老师的想法,阿里未来要做的是一个经济体,要实现对人群的最大化的覆盖。而内容消费是实现这一目标特别好的抓手。

问:就大鱼号目前的发展来说,短视频模块遇到了哪些问题和困境?

答:比如说在抄袭或者违规内容的识别上,难度毕竟比图文更大,图文的话就是扫描文字、拆解,条理都很清楚,但短视频毕竟是个流媒体介质,识别难度就会比较大。风险是我们第一要管、要控制的,因为我们"自带聚光灯",如果出了什么错,别人会放大一万倍去看。

问：大鱼号未来有什么样的发展规划？

答：第一，我们想把对各个类型内容的支持和服务都做到比较理想的状态。因为现在文字、图片、视频都支持了，但是漫画还不支持，gif 图我们刚开始做。大鱼号启动比较晚，这些内容是我们要夯实的基础。

第二，我们正处在积极跟阿里大文娱的各个体系打通的过程中，只有打通，我们才好名副其实地叫阿里大文娱的内容生产平台。

第三，商业化的突破是我们现在的重点方向，这也是我们区别于其他平台的最有价值的地方。

第四，马老师说过，他更重视女性和儿童，这是他重点服务的两类人群。从这个角度来说，大鱼号希望在内容生产环节，产出更多女性和儿童喜欢的内容，实现对整个阿里巴巴的用户人群的覆盖和触达，作出我们这个环节的贡献。

第五，我们鼓励原创，在未来会更多地打击"搬运"、伪原创和抄袭行为。"大鱼号"更强调独家优质的内容，这也是一个方向。

最后，我想概括一下，互联网的好处是快速转身、快速变化，阿里的文化是拥抱变化，所以谁适应得更快，谁适应得更好，谁才能掌握先机、才能领先。

〔孟繁静，天津财经大学人文学院讲师、博士；徐莹莹，中国传媒大学新闻传播学部硕士研究生〕

短视频内容平台：品质优化与品牌深化

——以二更为例

韩　飞　倪天昌

摘要：2016 年起，短视频成为互联网内容创业的风口，掀起了一场行业浪潮。无论是内容表达还是商业模式，二更视频无疑是这场浪潮中表现较为抢眼的一个。本文在分析短视频行业热潮的同时，以二更为个案，重点解析二更的商业模式探索与发展路径，并从中研判短视频行业的发展趋势，从而为短视频行业发展提供借鉴。

关键词：短视频；商业模式；二更；MCN

一、案例背景

自 2016 年起，短视频逐渐成为各个行业领域的营销标配，互联网内容创业的新风口已然形成。2017 年 2 月底，腾讯投入 12 亿元人民币扶持"企鹅号"媒体平台上的短视频内容生产者，其中 10 亿用来补贴原创和短视频自媒体；3 月，快手完成了由腾讯领投的新一轮的 3.5 亿美元的融资；阿里旗下的视频网站土豆宣布转型为 PUGC 短视频平台，并加大了对内容创作的补贴力度；5 月，今日头条旗下的火山小视频宣布将拿出 10 亿元人民币补贴短视频内容，而头条视频转型升级为独立的短视频品牌西瓜视频，成为今日头条旗下的又一短视频 App。

大体量资本的注入反映出的是资本市场对优质内容短视频媒体的热捧。头部互联网平台携带大量资本入局，其对短视频领域的迅速布局和内容扶持补贴力度的增大,使得短视频行业呈现出飞速发展的态势。

(一)短视频何以脱颖而出

短视频,亦有微视频一说,但无论是"短"还是"微",都暗含了该视频文本的最主要特征——时间短,篇幅小。作为视听兼备的"更高维度"的媒介文本形态,短视频突破了传统媒体以图文为主要载体的形式局限,抢占着大众获取信息的入口和碎片化时间,凭借更加丰富新颖的表达方式、强大的内容和信息承载能力快速吸引用户。

从生产角度看,视频拍摄与传输技术的进步以及成本的降低,使得短视频创作成为一种性价比更高的内容生产方式。短视频的制作也相对自由,很多视频创作软件的工具化实现了对创作者的技术赋能,降低了行业准入门槛。

从传播角度看,短视频具有时间短、篇幅小、易于传播的特质,传播以新媒体尤其是移动端平台为主,这使得用户碎片化观看成为可能。另外,随着 4G、Wi-Fi 等技术的普及和上网资费的降低,用户几乎可以随时随地观看短视频。

同时,短视频正成为当下媒介化生存时代用户间进行交往的"语言"。很多短视频都是用户自主创作的,以日常生活为拍摄对象,较低的传播门槛使得短视频正在成为继图文语音之后更具表达力和体验性的社交话语。短视频可以满足用户在网络社会中日益增长的分享与社交需求。[①]

(二)短视频发展面临的问题与挑战

与传统的长视频相比,短视频在某种程度上迎合了"微时代"语境下的碎片化传播要求和网络用户的移动化观看需求,无疑更符合今天的用户习惯和传播生态。这也是短视频内容创业火爆和各大平台获得大笔融资的关键原因之一。透过全民的踊跃参与、营销需求的爆发式增长和投资热情的高涨等表象来看,

---

① 韩飞,何苏六.新媒体的生产传播创新与发展路向——以纪实短视频为例[J].出版广角,2017(12):9-12.

短视频行业发展的短板和瓶颈也逐渐暴露出来。

如今,短视频行业处于快速发展时期,不少头部媒体逐渐探索出一条专业化、垂直化、商业化的道路。但短视频仍未告别"野蛮生长"的时代,大量资本的涌入加之进入门槛较低,使创业者和 PGC 团队蜂拥而至,市场竞争激烈。大部分短视频团队的运营还处于粗放阶段,盈利模式还有待进一步探索,内容变现能力仍然是制约短视频行业发展的阿喀琉斯之踵。中腰部以下的短视频媒体,尤其是品牌建构和用户积累尚未达到一定量级、不具备辨识度的新入局者,极容易在如今的新媒体时代被海量内容湮没。

这就给了起步较早且已经在行业里积累了分发渠道、广告主等资源的头部公司机会,它们可以发展为这些初创者的代理;内容初创者或不具备做平台的能力的团队接入这些头部短视频媒体,借助其资源和品牌实现内容曝光和商业变现。头部机构在横向和纵向的不断连接中逐渐实现自身的平台化发展,二更视频(以下简称"二更")即通过这样的发展路径迅速崛起的代表。

二、案例介绍

二更三周年盛典之 2017More² V 峰会上发布的二更 2017 年度运营大数据显示:目前的二更已构建起原创短视频规模化制作平台,日均原创短视频量为 10 个以上,累计原创短视频量超过 4 000 个,全网粉丝数逾 5 500 万,日播放量达 5 000 万次,月播放量达 15 亿次,2017 年累计播放量 250 亿次以上。①

二更前身是一家影视传媒公司——海腾传媒,因面临传统媒体的发展瓶颈,加之互联网风潮的强大吸引力,转型成为如今的二更。2014 年 11 月,二更从微信公众号起家,在每晚"二更"时分推送唯美清新风格的生活化原创视频。

二更,即古代计时法中的"亥时",也就是 21 时至 23 时,这也成了二更名字的由来。时至今日,二更微信公众号仍在晚间进行着消息推送。二更之所以选

---

① 数据来自二更三周年盛典暨第二届中国短视频生态峰会发布的二更 2017 年运营大数据。

择在这一时间段进行内容推送,是因为这是用户相对空闲的时间,也是自媒体最活跃的黄金时段。虽然网络平台大可不必参考传统媒体的节目播出策略,但固定时间发布使二更的运作有了一定的秩序,也帮助其强化了自身的品牌个性。另外,5—10分钟的片长,正是互联网用户愿意停留的时间长度,加之体系化的生产流程产出的优质内容,用户黏性得以不断增强。

2015年4月,二更正式注册成立"杭州二更网络科技有限公司"。同年5月,二更与具有百万粉丝的自媒体大号深夜食堂合并,随后取得突破性进展,粉丝量破500万大关,日均阅读量逾150万次。深夜食堂创始人李明加入二更并担任CEO,深夜食堂自此更名为二更食堂,目标用户也调整为都市白领,这为当时的二更注入了自媒体基因。同年8月,二更董事长丁丰明确提出要将二更打造成一个内容聚合平台,这奠定了如今二更平台化发展的基础。

2016年3月,真格基金和基石资本联手向二更投入5 000余万元人民币。A轮融资之后,二更进入一个快速发展时期,内容走向规模化和平台化。2017年1月,二更正式对外宣布完成B轮融资,金额达1.5亿元人民币。同年8月,二更完成B+轮1亿元人民币的融资,这轮融资将用于培养、孵化影视创作人才以及打造线上的视频内容生产制作平台。

目前,二更更加注重对生活方式类短视频的深耕,拥有音乐、时尚、娱乐等多个板块。二更以"发现身边不知道的美"为理念和口号,将选题定位于正在消逝的手工技艺、独具特色的风味饮食以及日新月异的城市发展等,致力于通过5—10分钟的短视频内容,呈现普通人的生活百态,记录这些普通人的鲜活故事。

在策划创作方面,除了自身的创作团队,二更与专业创作人和机构建立合作关系,保证了创作产能,使自身成为一个创作人平台,扮演起连接、聚合各类资源的平台角色。同时,二更联合了国内外各大城市上百支影视制作团队,使地方站覆盖全国数十个省市,建立了华北、华东、华南、西南四大区域公司,"连接地方"也成为其典型的商业战略。

在视频发行能力上,目前二更已覆盖线上线下共300余个分发渠道,包括今日头条、微博、秒拍、美拍、开眼、网易新闻、凤凰新闻、一点资讯、淘宝头条等40 多个移动端 App;腾讯、优酷、搜狐、爱奇艺等 40 多家主流视频新闻门户网站;Facebook、Twitter 等 20 余家海外渠道;小米盒子、华数盒子、乐视盒子、乐视TV、芒果 TV、华数 TV 等 40 多家 OTT;中国国际航空公司、东方航空、厦门航空等公司的机上屏幕,以及北上广深等全国 20 多个城市的 160 多家交通公司的线下屏幕。

二更基于整合后的策划创作能力和线上线下的传播能力连接广告主资源,与 300 多家国内外一线品牌客户建立起营销服务关系,为企业媒体化赋能,力争在商业视频领域探索基于短视频媒介的整合营销商业模式。

此外,二更建立起"二更影像"素材库,立足平台开拓影视素材版权的交易业务,扮演起行业中介的角色;通过二更原创和贡献者上传的方式汇集来自全球的高清视频素材,为影视制作提供资源置换的便利条件。二更以视频内容为核心,开创了一条良性发展的平台化之路。无论是连接创作者、广告主,还是提供发行代理服务、素材交易服务,二更的行业资源聚合平台的属性逐渐强化。

本文基于对二更的个案研究,立足于二更平台,分析其与用户、作者、广告主、渠道等多方面的连接与自身布局,对这家在短视频市场中立足的头部内容机构在探索盈利变现模式和平台化发展模式方面做出的努力进行梳理和总结。

三、案例分析

2014 年诞生的二更已成为短视频领域的头部内容平台。在几轮资本助力和战略调试后,二更从单纯的短视频内容生产者进阶为一个以短视频内容为核心的行业中介和连接者。二更在短视频这个节点上向各个方向发力,形成了以短视频内容为核心,横向连接创作者和用户,纵向对接渠道和广告主的平台化布局。

（一）二更的平台化布局

1.核心要素:头部内容为王

国家统计局的数据显示,2016 年我国人均 GDP 达到 53 980 元。[①] 改革开放 40 年来,经济的发展带来了人民物质生活水平的提高,推动了中等消费群体的崛起,让个体对于精神生活产生了更高的追求。

党的十九大报告指出,我国社会的主要矛盾已经转化为人民日益增长的美好生活需要和不平衡不充分的发展之间的矛盾。当中等消费群体崛起、消费升级和人民不断增长的精神需求遇上了具有无限可能的互联网时代,精致的生活短视频一时备受追捧。二更在内容领域发力,成为短视频行业的领头羊。二更在自己的视频产品中传递了一种新鲜的世界观、价值观,并将这种观念注入文本,让其产品具有了稳定的风格调性,同时也靠这种观念聚拢了认可这一观念的用户和广告主。三年来,二更不断扩张,成长为一个成熟的短视频平台,内容依然是其发展的核心要素,内容品质和内容布局成为二更的差异化标签。

（1）二更的内容品质——高质进阶

二更以内容起家,凭借高标准的 PGC 生产模式快速抢占了视频赛道,完成了品牌积累,这与今日头条、快手等平台仅凭人工智能和算法做聚合分发的模式形成鲜明的对比。二更首席内容官兼总编辑王群力将其总结为从二更 1.0 到二更 4.0 的进阶:[②]

2015 年 8 月,二更经过数周实地调研,仔细研究其内容的定位,提出了追求轻质唯美的视频表达、以年轻人为主要诉求对象的二更 1.0 模式。

2015 年 12 月,为了让二更的风格明显区别于其他竞品,更好地表现人物及其价值观,二更提出了"见世界、识人心"的内在价值主张,赋予自身更高品质的

---

① 中华人民共和国 2016 年国民经济和社会发展统计公报[EB/OL].（2017-02-28）[2018-01-15].
http://www.stats.gov.cn/tjsj/zxfb/201702/t20170228_1467424.html.
② 冷成琳.年龄不是问题! 一位资深媒体人退休后才搞短视频创业,竟然大获成功[EB/OL].（2017-07-22）[2018-01-15].https://mp.weixin.qq.com/s/c-xueKWur_kuQ8sd2ogscw.

品牌调性,这是二更的 2.0 模式。

而后,二更提出用更丰富、更高级的叙事手段拓展叙事空间,在有限的空间里更精致地创造的二更 3.0 构想:追求更有艺术气质的视频叙事。

2017 年初,从全网生态环境出发,二更策划推出长系列片:选择一个具有 IP 潜质的选题,用几部短片构成一部长篇作品,要求是内容要打动人心、触及人性。推出长系列片,充分发挥短视频的长尾效应,这是二更 4.0 模式。

网络技术的发展让短视频创作不断走向大众化,短视频数量猛增。在良莠不齐的海量短视频中,品质化进阶成为短视频品牌塑造的重要手段。相比一般的 PGC 内容生产者,二更的内容优势得益于其 UGC 化取材和 PGC 式制作,故事有情怀,画面有品质,易于形成口碑效应。

一方面,内容选题贴近生活,即使是明星,也会选择能够与观众产生共鸣的一面作为切入点。比如更娱乐出品的《独数一帜》把镜头对准了 2018 年开年大剧《和平饭店》的女主角陈数,介绍了她在演艺生涯中所经历的成长故事,拉近了"高不可攀的气质熟女"与观众的心理距离。

另一方面,拍摄、剪辑人员专业性强,风格稳定,让二更的产品更能深度挖掘出"身边不知道的美"。二更的产品多通过文艺唯美的镜头和镜头之间的巧妙组接反映蕴藏在百姓生活中的"真善美"。比如 2018 年 1 月上线的"更福州"的预告片,短短 58 秒的视频运用了航拍、延时、推拉摇移等拍摄手段以及松紧有别的镜头剪辑等,极具视听震撼力,俨然是一部精致走心的福州城市宣传片。

经过对内容品质的进阶探索,二更从探讨较为严肃的社会性话题转变为探讨生活方式和审美趣味,注重挖掘生活中的点滴之美以及平凡人的理想和情怀。打造具有核心竞争力的内容产品,进而成为该领域的 KOL(Key Opinion Leader,关键意见领袖),在此基础上进入新的细分领域,对模式进行批量复制,这成为二更平台化之路的基础。

(2)二更的内容布局——"在地化"生产传播

当今仍然是内容为王的时代,虽然个别细分的内容能够积累一定的长尾利润,但主流短视频领域仍然沿用着二八法则,头部内容贡献了绝大多数流量。

在内容生产布局上,二更以优质内容为核心,实行"在地化"生产传播。以一、二线城市为坐标复制地方站模式,"更杭州""更上海"等国内城市站以及"更澳洲""更日本""更北美"等国外站纷纷上线,二更的内容布局辐射全国乃至全球。2017年12月29日,二更再拿下一城,"更大连 MORE"正式上线,其上线的短视频产品《电车情缘》就以大连当地独有的仍在载客运营的老式有轨电车为主线,讲述了几个老大连人的电车故事。这种生产模式看似限制住了创作空间,实则更能够保证内容生产的深度与品质。在全球化的今天,多元文化的活力仍旧旺盛,就地取材、保留地方文化的原汁原味的"在地化"创作生产呈现出具有高辨识度的地方口音、城市场景等视听元素,唤起当地人的共同记忆,也能够激发外乡人对异乡文化的好奇,进而实现打造地方旅游新品牌和精品短视频平台品牌的双赢。

在内容类别细分上,二更将"触角"伸向多个领域。2017年,二更力图构建涵盖文化、娱乐、生活、财经四大板块的传播矩阵。二更以做人文内容起家,以城市号为代表的文化板块、以二更食堂为代表的生活板块、以更娱乐为代表的娱乐板块凭借着二更多年积累的内容经验和坚持的品质格调在短视频市场竞争中取得头部、腰部地位。但内容严肃的财经板块却没有做起来,更财经的微信、微博早已于2017年3月停更。二更随之重新规划调整矩阵布局,建立了音乐、时尚、娱乐等板块。以音乐板块的"贩音馆"为例,诞生数月以来,这一平台征集了1 000多首原创音乐,与数十个平台、艺人合作,发掘了100多个音乐制作人,签约了20余名音乐人。此外,在2017年举办的 More^2 V 峰会上,二更现场宣布了与广东体育频道合作的"更体育"上线以及标志着二更正式进军影视剧领域的二更影业成立的消息。二更已在有计划地进军体育、影视等新领域,旨在利用内容创作优势和商业资源拓展更为适合自己的业务空间,进而更加全面地覆盖用户需求。

二更在一轮又一轮的自我调试中在细分领域进行有选择的扩张,凭借高质量的短视频产品以及多领域的内容布局覆盖日益细分化、垂直化的用户,进而满足用户不断升级的观看诉求,以达到提高用户黏性的目的。

2.连接作者：伙伴合作＋自主培养

对于一个以内容为核心竞争力的短视频媒体平台而言，在扩大规模的同时，能否保证持续且品质稳定的产能，是衡量其商业模式是否成熟的重要标准。短视频行业快速发展带来的是优质内容和创作人才的匮乏，因而短视频平台为了自身发展，首先就要连接和孵化更多作者。二更现已拥有400多名专职的内容生产人员，全职导演达140多名，这成为其内容生产的重要前提。

（1）与专业PGC团队组建地方站

在如今社会分工逐渐明晰的短视频行业，很多处于第一阵列的内容创作团队希望吸纳更多的中腰部PGC团队，从而打造出集视频内容创作、营销推广、商业项目对接等服务于一体的平台。

为了保证视频生产的数量和质量，二更已经将"触角"伸至全国多个城市乃至海外。二更在作为短视频平台进行发展的过程中也陆续接触到海内外众多城市的优质视频创作团队，这些团队渴望放大内容创作能力、扩大互联网传播力乃至进行业务转型。二者一拍即合，城市站应运而生。在合作团队的选择上，地方站所在城市的经济发展水平、历史文化底蕴以及PGC团队的选题制作能力、商务拓展营销能力、政府资源拓展能力等都是二更考量的重要因素。

（2）与传统媒体联合生产

为了保证内容品质，二更十分重视与传统媒体或具有传统媒体基因的媒介组织进行合作。二更在各地联系内容创作人员，组建地方城市站团队，有些城市站团队还与地方传统媒体积极展开了合作。2017年12月，二更苏州城市站"更苏州"与苏州广电合作成立了苏州更广科技文化传播有限公司，这是二更与传统媒体合作组建的第一家公司。2017全年，"更苏州"和苏州广电联合出品了近80部精品短视频，全年全网播放量3.87亿次，平均播放量516.2万次。其中，《红白羊肉情缘》讲述的是一对开羊肉店的老夫妇邹寿泉和顾根妹的故事。虽然两位老人已经七八十岁了，但做起羊肉来却丝毫不含糊，精湛的手艺吸引了不少食客，他们的爱情故事亦是因羊肉而起，被传为一段佳话。这部短视频就是由"更苏州"和苏州广电总台联合生产制作的，率先在今日头条上发布，之后在新浪微博、秒拍等进行了全网推送。发布当日 10 时，今日头条点击量超过 180 万、新浪微博逾 200 万、秒拍逾 600 万，再加上"更苏州"、二更本台等平台，单条点击量破千万次。二更和苏州广电强强联手，打破地域的传播局限，使作品既具备主流媒体的价值观，又有新媒体的传播路径，将地方的正能量故事传递到全国。

这种就地取材的生产模式不仅能够更加深入地挖掘当地文化、人物和故事，为视频产品增添鲜明的地区特色和浓厚的文化色彩，还可以依托二更的品牌和渠道资源，使创作团队与本地媒体进行合作，实现优势互补，让内容完成更高程度的曝光变现。二更在连接更多团队、保证产能的同时，也实现了平台化扩张。

（3）自主培养创作人员

内容生态即创作者生态，连接了众多创作者。打造好内容生态，二更在视频供给上就会有保障。为了保证有 PGC 创作团队为平台源源不断输送作品，二更在人才储备和培养上也做了大文章。

高校是人才的摇篮。二更开启全国高校导演扶持计划，旨在帮助学生导演更好地进行作品创作，营造二更的高校生态。二更从源头上截留人才资源，通过高校巡讲、导演招募、大学生影视节、导演孵化基地建设等形式吸纳高校影视人才，网罗优秀作品。二更以注册、签约的方式招募、吸纳高校中具备影像拍摄、制作、生产等专业技能和爱好的学生群体，并给予其后续专业指导和相应扶持资金，优秀作品将在二更的发行平台进行推广。对于二更来说，通过这一计划，既能丰富自身产能，又能网罗相关人才，可谓"一石二鸟"。

另外，二更还开设了二更学院，建构起创作者自主培养体系，孵化更多导演人才，为自身乃至行业提供源源不断的生力军。相对大专院校的偏理论教学，二更学院在课程设置上更加具有针对性，重视实践性培训，能快速复制二更的创作模式。学生学习成果一般以作品形式展现，优质作品或拍摄素材可进入二更发行系统。在快速孵化创作者的同时，二更拥有了更多内容来源，二更学院遂成为二更整个平台化内容生态布局中的一环。

3.连接广告主:赋能企业媒体化

在"2017 腾讯媒体+峰会"上,二更创始人丁丰做了题为《新河道:专业内容机构正在成为新价值网络中的超级节点》的主题演讲,提出赋能企业媒体化战略,即在企业构建并强化自身媒体能力的进程中,专业内容机构协助企业、个人成长。①

当下,品牌营销成为广告主转型升级语境下的标准配置。很多市场经营主体都想做品牌,但苦于没有渠道,因而这一方面的市场需求量十分可观。当前处于注意力前端的短视频恰好可以成为内容营销的一大重要窗口。

相对于具有实时性、高互动性的网络直播主要以用户打赏为主的变现形式,短视频的盈利模式仍以广告为主,二更也是如此。作为一家以内容见长的短视频平台,二更的优势是商业定制,这也成为二更重要的盈利方式。在过去的三年中,二更逐渐培养起优质短视频内容的生产能力以及传播能力并积累了一批广告主资源,这其中有企业,还有亟待"媒体化"的城市和政府②。二更作为平台和中介,建立起企业和内容主体的连接机制,打破了行业间的信息不对称。二更将这些资源进行对接,赋能企业媒体化,用其优质内容和传播平台助力广告主实现品牌营销的战略目标。举例来说,广东长隆集团与二更建立了战略伙伴关系,二者的合作取得了良好的传播效果。长隆集团的诉求是定制一系列原创 TVC 广告③,二更则以讲故事的方式深入挖掘长隆的企业文化,累计发布了数十部短视频。二更还帮助长隆打造出了长隆自媒体平台,从而完成赋能企业媒体化的使命。这种内容共建、联合运营的模式迎合了互联网营销的新要求。

同时,二更凭借其较强的内容判断及制作能力,提供一套模式化的生产流

---

① 丁丰:赋能企业媒体化 用视频连接一切[EB/OL].(2017-11-16)[2018-01-15].https://news.qq.com/a/20171116/035056.htm.

② 在当前的媒体化时代,需要构建并强化自身媒体能力的不仅仅是企业,具有品牌传播诉求的城市和政府也同样需要。城市和政府的"媒体化",也是一种强化自身媒体能力的过程,在这个进程中,像二更这样的专业内容机构可以起到协助作用。

③ 即商业电视广告,是指运用高清或标清摄像设备进行拍摄的一种广告形式。

程和制作标准,进行精准分发,降低了广告主的营销风险。二更的原生营销题材取自百姓日常生活,来源于有情怀和理想的普通民众。越是讲述平凡人的生活,就越能给用户带来更多的感触,越能引起受众的情感共鸣,进而带来好的广告效果。二更在赋能企业媒体化的过程中,也确立了自身的盈利模式,彰显了其在行业内的定位和价值。

4.连接分发渠道:组建多渠道分发网

短视频平台内容生产逐步实现了规模化、保证了品质化,多渠道分发能力则可以将好内容的传播价值充分激发出来,使平台的定价权得到进一步增强。二更业已建成了覆盖线上线下的多渠道分发矩阵——"W+T+N+S"。

在二更的"W+T+N+S"视频分发体系中,"W"指微信和微博;"T"是指"头部渠道",主要包括秒拍、美拍、今日头条等;"N"是各类视频门户和资讯 App,比如腾讯视频等;"S"是线下渠道,如机场、高铁、公交、地铁、户外、OTT 等。成体系的内容分发渠道使内容产品的传播覆盖面最大化。

微博、微信等社交平台成为当今众多热点事件触发、发酵的公共空间,并逐渐成为人们获取信息的主要渠道。目前微博、微信等社交平台用户体量较大,但二更自己的发布渠道并不限于此。二更的"W+T+N+S"分发体系中有数百个渠道,线上渠道更在意流量、品牌、曝光的价值,但对于短视频内容而言,传统的线下渠道的商业价值也在提升。电视、商圈大屏、地铁、公交、机场等传统渠道并未贬值,这些线下渠道对提升品牌价值是大有裨益的。这些线下渠道的运营同线上渠道共振引发的新"扳机效应"能够使品牌曝光率最大限度地提升,进而产生更高的品牌附加值,使二更获得更主动的商业议价权和更高的品牌美誉度。

当前,各大头部内容聚合平台对优质内容进行补贴的窗口期仍未过去,多渠道的内容分发也成为二更盈利的重要来源。

(二) 短视频内容平台的发展趋势

短视频在内容创业的风口正合创业者之意,因此成为"门庭若市"的内容创业领域。从二更这一案例中我们能够总结出可以为同行业所借鉴的取胜之匙。但当前的短视频行业整体上还未告别"烧钱"时代,盈利模式仍然单一。在被看好的市场潜力和待解决的盈利困局面前,一场全行业的商业洗牌在所难免。短视频行业在一次又一次的调试与探索中逐渐呈现出以下发展趋势:

1.内容生产精品化、差异化

随着短视频迅速发展,短视频行业的低门槛让越来越多的创业者涌入这一领域。在短视频行业趋于饱和的今天,短视频的精品化、差异化走向将成为专业类短视频生产机构打造其核心竞争力的必然趋势,这就需要短视频平台不仅在内容选材、叙事风格等方面下足功夫,对后期制作、发布传播也要采取精品化包装策略。

值得注意的是,短视频行业所吸引的大量资本以及众多 PGC 内容制作团队纷纷将目光投向头部内容,"精耕内容的走心制作"沦为"文化工业流水线上的复制品",创新不足造成的产能过剩和同质化问题值得入局者警惕。随时根据用户需求调整生产的差异化竞争能力或将成为未来短视频平台的制胜法宝。

2.用户定位分众化、贴近化

随着短视频行业进一步发展,用户进一步细分,定位进一步明晰,针对特定用户群体的短视频出现。垂直领域的短视频更具品牌黏性,有助于打造品牌在特定领域的话语权,使得针对特定用户的精准营销与传播成为可能,更容易"吸粉",也更容易变现。

如今,泛娱乐内容成为当前短视频内容中所占体量最大的种类,但其市场已趋于饱和。对于新入局者来说,这样的热门领域发展潜力和空间都十分有限。而诸如母婴、财经、军事、文化、教育这些没有得到充分开发的领域,尚未出现"牢不可破"的头部内容,这些领域构成了短视频亟待开发的"蓝海",拥有着巨大的市场潜力。立足成熟的平台做横向扩展,开发出更多优质的子品牌,孵化出更分众化的"小号",再把流量拆分给这些垂直"小号",亦可成为短视频平台的突围之道。

除了内容层面的垂直细分,短视频机构也在努力尝试当年地方传统媒体屡试不爽的战略——本土化战略,与地方渠道连接合作,打造针对特定地域观众的产品,实行选题和传播的落地化。二更的"更城市"系列就凭借地域接近、话语亲民的优势,在全国各大城市俘获了大量地方粉丝,这也可以为其他短视频媒体提供借鉴。

3.技术驱动因素更加明显

当前,短视频领域技术驱动因素更加明显,制作技术的革新助力了纪实短视频内容升级。无人机航拍、数据可视化技术的逐渐成熟,VR、数字动画等技术手段被应用到短视频的内容创作中,这让短视频文本更具体验性和视觉愉悦感。同时,许多平台利用技术给用户赋能,致力于将良莠不齐的 UGC 转化为高质量的 PGC,让内容持续输出有了保障,也让"人人成为专业的短视频创作者"成为可能。

此外,快手、今日头条等技术实力雄厚的短视频平台,通过算法和大数据进行智能分发。这种基于用户兴趣的智能分发模式将搜索引擎和推荐引擎有机融合到一起,将内容与每个用户的特有属性进行匹配。这些短视频平台正致力于打造新一代的内容聚合分发平台。

但从另一个角度来说,算法技术全面侵入用户的各类信息需求,久而久之,用户的新鲜感会逐渐被消磨掉,这难免会造成审美疲劳;智能分发形成的"信息茧房"也会被愈加聪明的用户所注意到,用户越来越需要自己探索新世界的体验过程。平台的智能匹配和用户的自由探索之间存在着一定的矛盾,这种矛盾虽然可以为更加懂得感知用户情绪和场景的人工智能所化解,但也提醒着短视频平台莫要被人工智能掣肘。

如今,内容分发技术的驱动作用更加强势,我们也许可以重新审视和借鉴二更这种类似传统媒体的内容编辑分发思维。在强调内容调性的时代,短视频行业也需要更具人格化的传播者"赋魅"。

4.商业模式探索多元化

资本驱动下的短视频平台正急于探索变现路径,对于商业性较强的短视频平台而言,具有成熟稳定的盈利模式将成为今后其在互联网内容创业洗牌阶段中存活的关键。今日头条算数中心针对952个优质短视频团队进行了调研,结果显示:规模在5人以下的短视频团队占比达到66.6%,成立不到一年的团队比率高达73.94%;59.87%的短视频内容创作团队里没有专门的市场营销人员,有47.9%的团队不能营利,21.85%也仅仅做到了收支平衡,能营利的公司仅有三成。①

短视频行业的商业模式还处于不断探索之中,除了传统的流量广告收入,知识付费、商业定制等更多元的变现方式正在被多家短视频平台尝试。从二更的运作经验来看,二更也曾尝试过电商平台("更物")等利用粉丝经济的手段,但效果却不尽如人意。而后,二更逐渐凭借其广告基因和传统媒体基因实现了内容变现,形成了以内容广告、信息流硬广、商业视频为主要盈利点的变现模式。

商业资本是把双刃剑。20世纪70年代,加拿大传播政治经济学家达拉斯·斯麦兹就曾对资本入侵商业媒体的现象进行了批判,提出了"受众商品论"。时至今日,在短视频内容风口期,热钱和资本大量涌入,用户的注意力则变为广告主渴望的商品,这似乎与"受众商品论"提出的背景无异。广告主的不合理诉求一旦与内容捆绑,势必会对短视频平台的内容生产和品牌塑造产生负面影响。因此,短视频平台一方面要探索更多有效的盈利模式,吸引更多资本,另一方面,又要谨防资本对内容的绑架,避免虚假广告和不实宣传。

四、各方观点

随着技术轻便化甚至"傻瓜化",视频生产与传播的门槛几乎为零,视频具有了独立的文本形态,不再只是他人制造的影像世界,而是人们即时交流的"口语"。2016年,散漫无序的短视频生产状态得到显著改观,自媒体视频生产的系

---

① 今日头条算数中心.2017年短视频创作者商业变现报告[EB/OL].(2017-11-24)[2018-01-15].
http://www.199it.com/archives/656561.html.

列化、平台媒体生产的规模化在一定程度上标志着我国短视频生产走向成熟。①

——中国传媒大学新闻传播学部副学部长　王晓红

二更团队以 90 后为主体,定位是做"三观"最正的自媒体,希望在这个浮躁的时代,给大家展示正能量、温情和人性。在内容方面,我想用 8 个词来概括:一是"立场",坚持以人性为本;二是"矩阵",今年完成在 20 个城市的布局;三是"持续",互联网时代有一定体量或者持续的优质内容生产能力很关键;四是"草根",关注微小的人群;五是"故事",那些无法实现的故事恰恰是每个人的梦想;六是"原创",每天都会推出一条原创视频;七是"主题",彰显专题化、系列化;八是"平台",坚持在做内容的同时发展平台,做渠道的全网化布局。②

——原二更文化传媒北京有限公司总经理　肖剑

微视频已经成为各家媒体的必争之地,主题宣传也是题中应有之义。社交媒体讲求的及时性、互动性和碎片化对规定题材、规定主题的宣传构成了非常大的挑战。在这样的背景下,一是要求宏大叙事让位于个体叙事,二更、箭厂、梨视频等都是把个体的故事、个体的情感作为重要关注点进行呈现的,特别能引发受众共鸣;二是要求画面信息多于解说信息,画面要具有叙事力、感染力,字幕要能够概括整个视频的主旨。未来,静音播放视频可能会变得流行。③

——央视可视化产品中心总监　唐晓艳

五、深度访谈

采访对象:二更执行总裁　林冠朝

采访时间:2017 年 12 月 15 日

---

①　王晓红.我国短视频生产的新特征与新问题[J].新闻战线,2016(9):72-75.
②　肖剑.做三观最正的自媒体[Z].在"网络原创节目发展系列研讨之短微视频论坛"上的发言,2017-03-18.
③　唐晓艳.社交媒体时代如何做主题宣传微视频[Z].在"网络原创节目发展系列研讨之短微视频论坛"上的发言,2017-03-18.

问：从网络直播到短视频，你方唱罢我登场，如何看待如今所谓的互联网内容创业风口？

答：我认为，互联网内容创业风口或者说短视频创业风口受以下两种因素影响：第一，渠道竞争激烈，各媒体机构更需要通过内容来取得优势，这就触发了"内容为王"的时代；第二，随着带宽的提升、移动设备的普及，短视频行业急速兴起。

前几年，新媒体发展主要靠的是渠道价值，像今日头条这些平台型的互联网公司，一举把握住机会，顺势而上，取得成功。然而事实上它们的成长就像修建高速公路一样，就是路突然垫起来了，但是路上没有车。那么在这个时候，大家就发现车很重要了，内容一时间变成了稀缺产品。现在做车的人来了，在这个行业里，我们做的内容就成了车。

问：在本轮短视频创业潮中，二更的核心竞争力是什么？

答：二更本质上就是一个内容公司，我们自己的定位就是中国原创短视频内容平台。二更的核心竞争力本质上还是内容，而且未来我们会把内容做得更加扎实。我们成立三年以来一直以做内容见长，我们用自己的内容来链接我们的品牌、链接我们的影响力。

在三年前，二更在恰当的时机用了恰当的生产关系做了恰当的事情，所以就把内容做起来了。我们现在可以看到，二更生产出的几千条片子基本上都是在讲述人的故事，然后抒发人的真实情感。相比传统电视台节目，我们拍出来的视频更短，看起来也轻松一点，画面感可以让人更为愉悦。但最重要的是，我们把聚光灯从名人、明星身上移开，而锁定普通人、素人群体，把在你身边的某个人背后的故事还原出来，这也是践行了每个人都可以成为主角的互联网平等精神。

今后，一方面，我们将通过持续增长的内容产能、高格调的内容质量、主流化的内容定位来保证优质内容；另一方面，我们要做好内容的全网发行，将优质内容直接送到用户手中。内容加用户的模式将成为未来二更非常重要的核心竞争力。

问:二更是如何进行内容领域布局的?

答:第一,我们创业时最擅长人文内容,可以看到,二更的大部分视频都是以人文纪录的形式来做各种内容的。在这一块上,我们会继续加强,而且还会整合大量优质渠道来播放,做好内容的同时也把传播做好,来保证二更内容张力的最大化。

第二,二更也会开始布局一些多元化的内容,因为用户除了喜欢看人文风格的片子以外,也提出了一些其他的需求,所以我们也做了一些娱乐类、美食类的内容。这种新内容研发基本上是在二更多年内容积累的基础上进行的,因此目前做起来也很快。

除了保证多元化以外,我们现在还在国内外开设了很多城市站来加强对各地优质内容的采集以及制作,在未来,我们的触角还会伸向全球更多的角落。

问:二更在内容创作和生产上是否有一套标准来维持它的品质和持续性?

答:有的,不然生产出来的内容就会非常凌乱。我们有一套非常完整的方法,包括从每个选题的定位到制作的具体标准,如节奏感等。

问:二更提出的"以视频链接一切"的概念应该如何解读?

答:"以视频链接一切"是我们在成立三周年的时候提出的口号。越来越多的人、越来越多的企业都在大量使用短视频,各种信息都需要用视频来承载,这就折射出各行各业对 PGC 的需求,这时生产 PGC 的视频企业就涌现了出来。作为行业的佼佼者,我们已经具有了一定的创作能力和传播能力,我们相对能保证目前的产能。我们基本上能够覆盖客户或用户在短视频方面的所有需求,向客户提供相对多维度的服务,这就是"以视频链接一切"的基本内涵。

问:何为"赋能企业媒体化",二更是如何践行的?

答:要解读"赋能企业媒体化",首先要理解什么叫"企业媒体化"。从本质上说,在互联网背景之下,尤其是有了自媒体以后,很多人变成了自媒体,很多企业变成了社会 KOL。有媒体基因的企业,也能成为一个蓝 V,比如说万达、江小白等。但是目前在这方面领先的企业屈指可数,更多的企业还是采取传统的传播手法,而不是把自己变成一个自媒体,或者说提升自身的媒体基因。由于大部分企业不具备这种能力,所以它们只能羡慕别人做得好,自己却做不了。

为什么这些企业没有自媒体化呢?本质上是因为互联网这种形态产生了一种新的裂变趋势。二更是一个内容公司,但它是通过自媒体把内容释放出来,从而把自己变成一个内容创业的 KOL 的。我们有自己生产内容的能力,有进行内容生产的组织架构经验,有把自己运作成一个 KOL 的品牌经验,有去维护众多粉丝的经验等。我们的这些能力完全可以帮助其他的企业,或者说是跟我们基因相同的企业,将其变成一个企业 KOL,进而提升这个企业的媒体化能力。有了这种方法,这个企业就能留住更多的用户,而不需要通过传统的销售模式去黏住客户。"赋能企业媒体化"就是帮助众多企业去迎合互联网这个时代,进行更多营销手法上的创新。

问:您认为二更现在是否已经建立了一种成熟的盈利或者变现模式?

答:我觉得整个行业都在尝试。头部企业的主要盈利点基本上都固定了下来,它们会围绕着主要盈利点来做不同的尝试。

二更团队现在已经有 600 多人了,这就证明我们的发展已经可持续了,所以对于二更来讲,应该不存在能不能活下去的问题,要面对的是怎么活得更好的问题。二更目前是以广告加服务的模式来做的,今年我们会将更专业的服务与更好的内容 IP 结合,来做广告营销。这个方法和路径我们已经想得很透彻了。

问:您如何看待 MCN 模式?二更模式和 MCN 模式有哪些契合点和不同点?

答:MCN 是社会化分工的产物,不同的公司有不同特长,MCN 进行了一种社会化的分工,对不同公司进行了重新组合。有人专门做平台,致力于打造拥有自己的品牌的内容创作者。创作者依附于这个平台,尤其是一些垂直类内容的创作者,与平台各取所需。MCN 的合理性就是社会化分工,术业有专攻。

我觉得二更现在规模比较大,已经有了多种可能性。我们也会做 MCN,因为我们有二更视频,也有很多城市号,每一个系列都可以抽取一部分做成 MCN,

也可以抽取一部分做成 KOL，因为我们不是只有一个平台。无论如何，二更是靠优质内容变现的，我们的内容本身就可以变现，再加上二更的媒体属性和平台属性，我们就有了三种可能：第一种是单靠内容的版权就能变现；第二种是结合媒体属性，成为 KOL 来变现，就像现在很多网红；第三种就是做成平台，在平台里面整合许多其他号或是培育许多优质内容，我们化身为一个组织者。这种类似于 MCN 的平台化的手法是我们发展的一种可能，但这不是我们的唯一选择。

问：二更未来的发展走向是什么？

答：我们短期内的愿景就是做中国原创短视频内容平台，长期的愿景是建立视频创作者生态。二更来自于内容，服务于内容，未来也会继续为做内容而努力。内容里面最重要的是内容人，所以我们希望做出内容人的生态。二更的未来不好说是致力于做内容还是做平台，但它们其实是融合的。其实这两者对于二更来说，就像两翼一样，二更是一个平台性内容公司。

〔韩飞，中国传媒大学新闻传播学部博士研究生；倪天昌，中国传媒大学新闻传播学部硕士研究生〕

短视频MCN平台：社区经济与产业链打造

——以魔力TV①为例

霍　悦　俞逆思

摘要：2017年，短视频行业迎来了迅速发展的黄金时期，同时也进入了白热化竞争的下半场。这一年，短视频平台魔力TV的表现尤为突出，成为新片场打造的国内最大的短视频内容品牌矩阵，并深受年轻人喜爱。本文以魔力TV作为案例，通过阐述短视频平台的发展现状及存在问题，并从发展条件、主要特点、传播途径、商业模式等多个方面，展现其作为短视频平台的成功模式及背后独特的内容品牌打造之道，由此探究未来短视频行业的发展趋势。

关键词：短视频；魔力TV；内容品牌化

一、案例背景

2017年短视频行业迎来迅速发展的黄金时期，中国网络视听节目服务协会于2017年11月发布的《2017年中国网络视听发展研究报告》显示，2016年6月至2017年6月，短视频客户端用户日活数达到6 300万，每日使用量超过7亿次，日均累计使用时长超过27亿分钟，短视频正逐渐成为大众碎片化娱乐的重要方式。

2017年是网络短视频平台的"算法元年"，各大网络平台依托"算法机制"实现了去中心化的内容分发。以今日头条为首的短视频平台依靠过往累积，辅

---

① 魔力TV于2018年5月17日更名为新片场短视频，由于本文完成时魔力TV尚未更名，所以本文中仍使用"魔力TV"这一名称。

以处于 App 端的第二大流量配置设计,成功使用户数量狂飙至 10 亿量级①,从而带动短视频平台迅速崛起,占据了网络视频领域的半壁江山。在 2017 年,短视频行业呈现出以下特点。

传统电视媒体的加入带动短视频内容日渐专业化。在短视频行业爆发式成长的同时,不少传统电视媒体也开始陆续涉足短视频领域。无论是单体创业还是人才流动,电视媒体专业的制作团队以及更强的专业化内容策划能力无疑为短视频内容发展增加了优质筹码,使其实现了从内容升级到平台升级,大大提升了短视频平台的流量与用户黏性。

垂直领域短视频向纵深发展。目前短视频平台正在逐渐向垂直领域发展,知识类、技巧类、萌宠类等垂直领域受到用户青睐。短视频平台正在尝试通过细化市场份额,明确平台定位。

人工智能技术的应用渐成未来趋势。随着发展人工智能技术上升至国家战略层面,其在短视频领域的应用已经初见成效。一方面,人工智能技术大大提升了视频制作、内容识别、内容分发、社交互动等方面的工作效率;另一方面,人工智能技术为短视频平台提供了有关用户喜好和点击、转发、分享、收藏等行为的用户画像,为行业决策提供了重要参考。在人工智能技术的帮助下,内容、产品、渠道、技术逐渐完美融合。

与此同时,短视频行业的发展也面临着诸多问题。

平台竞争白热化,流量补给变弱。短视频流量虽已成规模,但随着越来越多短视频平台的出现,各个平台内容的流量补给正在逐渐变弱,平台争夺流量将进入白热化状态。

"信息茧房"和内容低俗化问题凸显。部分短视频平台为追求用户流量而使用算法技术导致的整体内容低俗化、娱乐化问题凸显。2017 年 9 月,《人民日报》连发三篇文章,点名批评以今日头条为首的短视频平台利用算法技术制造"信息茧房"、污染网络空间,这给各大短视频平台敲响了警钟。

---

① 陈晨,李丹.移动互联网时代来了,如何抓住短视频行业的发展红利?[J].影视制作,2017,23(12):16-24.

原创短视频生产者较难获得拥趸和品牌效应,头部节目仍未做到绝对领跑。2017 年以来,短视频行业逐渐将重心转移到内容生产领域,逐步摆脱了以往依赖转载、编辑的模式。但由于碎片化的传播方式,原创短视频生产者很难获得拥趸、建立起大的 IP 品牌。头部资源的开发利用和短视频 IP 的经营将成为未来短视频行业的投资重点。

二、案例介绍

新片场成立于 2012 年,依托于短片分享平台"V 电影"发展起来,通过互联网平台聚集了一批优秀的年轻创作人,并逐步发展为国内领先的新媒体影视出品发行平台。在新片场,用户上传自己的作品后,一方面可以进行线上展映交流,另一方面,可在全国各地举办线下展映交流活动。

魔力 TV 是新片场在短视频领域的重要板块,也是新片场打造的国内专业短视频内容品牌矩阵及 MCN 平台。这一板块中既包括以《魔力美食》《魔力记录》为代表的魔力系自制短视频内容品牌,又有定位为生活类垂直内容的、画风清新的《造物集》《小情书》等短视频自媒体,当然也不乏包括@微小微、@董新尧在内的多名微博原创视频博主。截止到 2017 年,魔力 TV 已签约网络红人300 个,累计有 3 亿粉丝,观看量累计超过 130 亿;与此同时,魔力 TV 还与新浪微博、优酷土豆、腾讯、搜狐、美拍等多个 MCN 平台建立了合作伙伴关系。

作为短视频平台,魔力 TV 依托于新片场社区的创作力量,逐渐摒弃了传统网络平台单纯重视内容运作的模式。在打造魔力 TV 的过程中,团队重点关注头部资源的利用,在运营过程中将大量资源投入到内容端的制作中,掌握内容生产节奏、生产逻辑、选题等各个环节。目前,魔力 TV 旗下有 100 余个短视频品牌,魔力矩阵每天会生产 10—15 部作品,新片场社区每天有几十部甚至上百部作品上线,这也为短视频平台提供了大量的资源。

除了制作大量内容外,努力创新品牌运营也是魔力 TV 的一条升级之路。魔力 TV 在品牌运营上建立了两种模式。第一种是积极扶持优质内容,实现品牌化的战略。例如,魔力 TV 旗下栏目《造物集》原本是一对夫妻利用闲暇时间创作的作品,新片场社区通过资金支持和平台支持,将其打造成了专门的短视频品牌栏目,获得了丰厚的流量回报。另一种是魔力 TV 向创作者开放已有的内容品牌,通过自身品牌聚拢原创生产者,实现集体创作、利益共享的品牌运营模式。

总体来看,魔力 TV 通过内容制作、品牌运营战略,逐步实现了对头部资源的开发与升级,创新了平台经营模式,已开始收获良好的平台效益。

三、案例分析

作为国内专业的短视频 MCN 平台,魔力 TV 在用户定位上,致力于生产给年轻人看的好玩视频;内容制作上,在追求创意独特的同时,要求视频兼具实用性与观赏性;更为关键的是,魔力 TV 在垂直领域大胆创新品牌运营方式,实现了从内容生产、分发到流量变现的全产业链的商业模式开发,并获得了 2017 年腾讯视频短视频领域"年度十大 MCN"等多个奖项。

(一) 魔力 TV 的成功之路:依托社区与深耕品牌

1.依托社区资源:平台优势与人力支持

新片场作为国内专业的影视创作人社区,为创作者提供了作品展示、互动交流、在线教学等多项服务。而社区内也集结了一批国内优秀的新生代影视创作力量,包括导演、制片人、剪辑、摄影、演员等,作品更是包括电影、电视剧、短视频等。截至 2017 年 10 月,新片场社区用户已遍布国内外 32 个地区,认证用户超过 60 万人,发布原创作品超过 200 万部。

而魔力 TV 正是从新片场社区业务发展而来的,背靠基数庞大的新片场社区用户与作品,已成为目前国内最大的短视频内容品牌矩阵。

"社区"二字对魔力 TV 而言,意味着什么呢? 一方面,社区为魔力 TV 提供了充足的发展条件。得益于基础广泛的资源和平台,只需要在社区里发布一个征集帖,便可收集到几百部合格作品,随后再从中挑选出较为优秀的作品,进行专业化的包装与发行。另一方面,依托于社区,魔力 TV 发掘培养了大批优秀年轻创作人,并建立了以制片人工作室为核心的项目开发团队,从而更有针对性地输出年轻人喜欢的短视频内容。

总而言之,相比于普通的短视频内容公司,魔力 TV 利用社区力量,组织社区化内容生产,建立短视频交易市场,可谓具有更为高效的内容生产方式和手段。对于魔力 TV 而言,社区既提供了丰富多样的内容资源,也为其原创内容品牌的迅速建立提供了充足的人力支持。

2.抱团取暖:打造优质内容创作矩阵

魔力 TV 依托于新片场社区的创作力量,通过内容制作、运营、商业化等多方面的平台化经营,发掘、培养优秀短视频内容品牌并进行矩阵式布局,使旗下各品牌抱团取暖。目前,魔力 TV 旗下共拥有超过 180 个短视频内容品牌,每天生产大约 15 部作品,已签约红人 300 个,累计有 3 亿粉丝,累计观看量超过 130 亿。

具体而言,短视频是非常依赖创作人的行业,因此高效组织创作人的生产力是内容持续产出的关键。

在内容生产方面,由于合作关系与内容承载量,魔力 TV 的组织架构中有 in-house 工作室等自制团队,以及签约工作室、投资或控股的工作室等非自制团队。在内容管理方面,魔力 TV 并不拘泥于某一种合作形式,而是根据项目具体情况,进行多资源、多平台合作。以旅行节目为例,如果选择 in-house 工作室制作,成本高、周期长,但若通过社区创作大赛,利用社区资源的广泛性,则可轻松获得众多优质内容。

除此之外,在内容筛选方面,魔力 TV 在其所服务的 100 多个短视频内容制作团队中建立了"赛马机制",以选出有潜力的项目,即在资源相同的条件下,增长速度越快,后续分得的资源也就越多。同时,魔力 TV 还为合作的内容制作团队搭建了一套中后台系统,从公司运营到内容的定位、分发、变现等方面,均提供相应的资金、资源扶持,而这同样也是魔力 TV 在矩阵化操作中的核心竞争力之一。

3.精准定位:在垂直领域进行品牌化深耕

魔力 TV 在创建之初,便精准描绘用户画像,在垂直领域进行品牌化深耕,逐渐成为年轻人喜欢的短视频平台,并成功打造了包括《魔力美食》《魔力记录》《造物集》《小情书》、@ 微小微、@ 董新尧、《理娱打挺疼》在内的多个内容品牌。

《魔力美食》《魔力记录》《魔力旅行》《魔力音乐》《魔力萌宠》是魔力 TV 在垂直领域打造的魔力系自制短视频内容品牌。以《魔力美食》为例,它每天发布一条美食视频,为吃货们带来福利,其 IP 形象妮妮兔更是深受年轻人喜欢。而从 2017 年 1 月至 2018 年 6 月,《魔力美食》已有八个月获得秒拍美食垂直榜单第一名,长期盘踞秒拍影响力排行榜前三名,并获得了新浪微博 2017 微博美食"十大视频博主"、2017 微博美食"十大影响力博主"等多个奖项。

《造物集》《小情书》则是魔力 TV 旗下画风清新,与手工、爱情有关的视频自媒体。《造物集》的两名创始人原本是社区里的一对小夫妻,女生爱做手工艺品,男生喜欢摄影,他将太太做工艺品的过程拍成视频并传到了新片场社区。2014 年新片场投资了《造物集》品牌,并单独为《造物集》成立品牌工作室,将其作为魔力 TV 旗下控股子公司。凭借清新、手工、日常、唯美几个关键属性,《造物集》在网上迅速走红,成为目前国内深受观众喜爱的手工短视频 IP。

@ 董新尧是魔力 TV 在 2016 年着力打造的一名微博原创视频博主,随着"董新尧恶搞"系列中《穷小伙测试异地恋女友忠诚!》《当你目睹美女被男子当街围殴,你会怎么做?》等视频的火爆,这个原本仅有 5 万粉丝的博主迅速涨粉,现在已成为拥有 384 万粉丝的微博红人。

因此,无论是魔力系自制短视频品牌,还是魔力 TV 旗下相关工作室、与其有着密切合作关系的微博红人,都是魔力 TV 在当下的内容繁杂、类别众多的短视频风口发展期,在垂直领域进行多样态生产的典型案例。

4.高效传播：多渠道、多形式合作试水

有了众多优质的视频创作人与品牌内容，传播渠道便是提升关注度、影响力的重要一环。魔力TV不仅仅是新浪微博的战略合作伙伴，更有优酷、搜狐、美拍、今日头条等多家视频平台的助力；通过将生产的短视频内容通过多渠道进行分发传播，它多次在秒拍发布的MCN机构榜中以超10亿的月播放量位列第一。

除了多渠道内容分发之外，魔力TV还与淘宝、天猫等多家电商平台进行了多形式、跨领域合作。

《造物集》曾在"双十二"联手淘宝打造了一场以"挑战一千只口红"为主题的直播活动，直播过程中相关口红全部售出，直播开始10分钟后观看人次便超过了10万。与此同时，《造物集》作为内容电商的领头羊，更是打通了从内容到电商的所有环节，成为行业中对所有变现模式完成试水的经典案例，更作为2017年"千人大咖登淘宝计划"的四个重点代表之一进行了开场视频展示。

5.商业模式：内容分发实现流量变现

从内容到粉丝再到变现，在垂直领域深耕的短视频平台魔力TV目前主要有平台分成、广告变现、电商变现以及知识变现四种盈利模式。

平台分成，主要适用于人数少、内容生产成本低、生产效率高的团队，他们可以通过对内容进行多平台分发，实现盈利；广告变现，以《小情书》为例，由于其目标人群相对比较精准，主要为20岁以下和40岁左右的女性，所以将对准女性的化妆品或快消品植入到《小情书》中，可最大化地实现广告变现；电商变现，以主打手工艺术品的《造物集》为例，其依靠电商体系每年大概有两三千万的收入，可见基于电商体系的盈利空间相对较大；知识变现，主要指通过短视频实训营等线上培训方式获得盈利。

当然，魔力TV还为一些有流量的短视频内容开发了游戏联运等商业模式。通过为短视频深度定制、开发游戏，并采用微博、微信链接等方式，最终实现流量变现。

不难发现,尽管魔力 TV 商业模式丰富多样,但它更像一个品牌管理者,其核心能力是帮助创作人建立内容品牌,运营内容模块,探索商业化模式。因此魔力 TV 将大部分资金投入到中后台建设方面,例如招募产品技术人员、增加推广预算等。

(二)短视频 MCN 平台发展趋势:头部、品牌、产业链成关键词

一方面,魔力 TV 作为短视频 MCN 平台,凭借精准的用户定位、优质的内容资源、成熟的商业模式,成功跻身短视频市场头部方阵;另一方面,魔力 TV 在短视频 MCN 发展下半场,发挥自身优势,不再局限于传统的 MCN 平台"代理"服务,而是集品牌内容创作与运营于一身,创新升级、引领行业发展。短视频 MCN 平台的发展趋势由此可见一斑。

1.马太效应凸显:资源流量向头部聚集

诞生于国外视频网站 YouTube 平台的 MCN(Multi-Channel Network),是一种多频道网络的产品形态,其目的是将不同类型、不同内容的优质 PGC 或 UGC 联合起来,以平台化的运作模式为内容创作者提供运营、商务、营销等服务,以实现流量变现,获得稳定的商业收益。

2017 年是短视频 MCN 元年,多种形态的 MCN 机构纷纷入局短视频市场,包括基于内容的垂直领域 MCN、基于头部 IP 的矩阵式 MCN 等运营方式、培养方式不同的 MCN 机构。短视频内容在短视频平台的播放量占比也已达 54%。[①]尽管如此,基于新片场社区发展起来的魔力 TV、依靠 papi 酱个人流量带动的papitube、以打造"办公室"系列为特色的洋葱视频、从 PGC 转型为内容矩阵的"何仙姑夫"却几乎包揽了各大短视频平台的头部内容。

归根结底,在竞争激烈的短视频市场中,具备资本实力和资源实力的平台才能签约到头部创作者,将内容、观众、广告三方真正连接起来。只有拥有持续

---

① 卡思数据.短视频垂直行业白皮书[EB/OL].(2017-08-19)[2018-02-04].https://mp.weixin.qq.com/s/r-tzzfinzK6M54XOEn6CA.

生产、强 IP 孵化以及多种商业变现模式开发能力的 MCN,才能成为目前资本市场的头部 MCN。

2.偏向内容运营:品牌化的短视频 MCN 更有价值

从魔力 TV 的突破升级之路可以发现,未来短视频平台不再是单纯的内容播出运营方,而是会进军内容生产领域,深入到内容的生产节奏、生产逻辑、选题制作、互动合作等各个环节。

同样,对于短视频平台而言,只有流量、没有自身品牌价值,会造成内容的变现能力过于单一,而使自身与市场中常见的为广告主服务的营销平台无异。因此,要想成为未来短视频市场中的核心力量,平台就需要为有价值的内容进行品牌定位,以承载多种变现方式,实现内容盈利的最大化。

(1)加强内容品牌之间的互动:集体创作、共享收益

一方面,在短视频平台的内容资源矩阵中,各品牌子栏目可利用自己的视频分发平台账号制定宣传营销策略,与其他品牌进行有效的转发互动;另一方面,不同垂直领域之间也可通过多种方式展开合作,与更多的原创内容生产者一起,分享创作过程,共享经济效益。

(2)探索内容品牌的创新升级:开放品牌、多维扩散

如果单纯地把一个内容品牌局限于短视频范围内,其影响范围和变现能力都会较为单一。因此,要尝试将品牌在多个维度上进行扩散,使其拥有更多商业化的可能性。例如魔力 TV 的签约网络红人@董新尧,除了日常在微博、美拍等视频平台发布原创视频之外,他还作为人物原型和故事主角,出现在魔力 TV 为其投资的一部网络大电影中。魔力 TV 正尝试用更长的内容、更新的形态、更好的方式与粉丝进行良性互动,从而提升品牌影响力。

3.多元盈利模式:具备完整产业链或将成为行业领军者

2017 年,短视频发展下半场的竞争已进入冲刺阶段,竞争的关键不再是成为"最火的短视频",而是成为"最火也最能赚钱的短视频"。

但是,面对平台用户要求越来越高、部分平台受业绩拖累、高营收难抵连续

亏损、腰部及以下的短视频创作者甚至很难有机会获得广告投放或定制订单的行业现状，仅仅以流量广告为主要变现来源，对各平台来说已难解燃眉之急。因此，短视频平台变现渠道亟待拓宽。

无论是平台分成、广告红利，还是与电商合作、知识变现，都可成为短视频MCN平台在未来的创新尝试。只有更加多元化的盈利模式，才能满足商业转化率要求，并有利于持续性的内容生产与输出。

对于处在风口大发展时期的短视频行业而言，从对短视频的IP孵化、高质量的品牌内容培育与持续生产，到作为平台机构的互动联结、营销推广与商业变现，再到对内容端视频创作的反哺供给，这种全产业链闭环的建立，将会使短视频平台在行业发展中占得先机。通过对短视频领域的继续深耕，为用户生产更新颖的内容，开拓出更全面、更有创造性的发展模式，短视频平台成为行业领军者自然就不是难事了。

四、各方观点

当前短视频的发展，正值风口期，并且到了一个爆发的节点，整体呈现出风起云涌的态势。主要现状包括三点：第一，短视频的发展伴随着整个移动端的崛起、图文传播方式的转变以及内容创业的风潮，它们一起形成了风口效应。同时，短视频风口又和直播的风口形成了交织的状态，并且主要被概括在移动和视频化两大关键词之下。如果再加上一个更为中和的指标，那就是社交。短视频恰恰是三者的结合点，因此，短视频应运而生，并且蓬勃发展。第二，发展过快导致短视频在很多方面还存在一些不足，正处于探索和摸索中。具体包括优质内容仍然不够丰富，内容生态和内容结构还需继续完善。同时，在整个商业化方面还需要进行一些新的摸索和尝试。对于现在主要的变现方式，无论是广告、电商还是一些原生方式，包括将来知识付费的可能性，我们都会在未来的商业化探索中进行更多的实践，并从中探索更多的传播效果和商业收益。第三，在应对监管、内容版权等方面还需要再做一些充实和提升。除此之外，短视频和直播的结合也需要继续深入。这些都是我们所面临的现状。

——一下科技副总裁　张剑锋

短视频正在经历从 UGC 转向 PGC 的专业化发展之路,我们称之为 PUGC。具有内容优势的传统媒体应抓住契机,把握短视频的特性和规律,加强短视频内容制作,打造互联网高速路上的"名牌车",引领网络正能量。"向网而生",面向网络,特别是面向移动端制作和创作节目与内容,是时代不可阻挡的趋势,是传统媒体开展媒体融合转型的重要路径。①

——中央电视台发展研究中心主任　汪文斌

2017 年下半年,MCN 的巨大潜力开始爆发。以魔力 TV 为代表,越来越多小而美的 PGC 不再单打独斗,而是转向了 MCN。作为平台和内容之间的桥梁,MCN 的巨大潜力正在被关注和挖掘,未来 MCN 会越来越规模化和体系化。"金秒奖"数据显示,2017 年 11 月,47.9% 的短视频团队不能盈利,21.85% 的团队能达到收支平衡,30.25% 的团队可以做到略有盈余。在盈利的团队中,有71.18% 是通过平台补贴实现盈利的。无法盈利的短视频团队遭遇的变现困境主要包括:团队品牌尚未建立、营销售卖能力弱、内容质量尚未达到广告主要求、细分领域不明确等。②

——新媒体短视频奖项"金秒奖"第 4 季度颁奖典礼暨年度大典

新片场旗下的 MCN 品牌魔力 TV 已经在搜狐自媒体开设了自己的频道,旗下网罗了 156 名出品人,总点击量已经达到 39.9 亿之多,市场表现积极乐观。与美国网红经济不同的是,中国的 MCN 团队极具创新性地提出了"视频平台+网生 IP 孵化平台+电商"的变现模式,这也是未来新媒体内容持续变现的重要方程式。③

——媒体人　丁兰妮

---

① 短微视频论坛:见微知著　向网而生[EB/OL].(2017-04-01)[2018-02-07].http://www.sohu.com/a/131454167_566428.
② 中国网.金秒奖年度大典落幕　关键词盘点短视频一年发展[EB/OL].(2018-01-26)[2018-02-07].http://photo.china.com.cn/2018-01/26/content_50310815.htm.
③ 创业邦.别被罗胖忽悠了! 一次性压榨绝不是网红生存之路,要玩就玩 MCN![EB/OL].(2016-03-30)[2018-02-07].http://www.cyzone.cn/a/20160330/293049.html.

五、深度访谈

采访对象： 新片场联合创始人、魔力 TV 副总裁　李扬

采访时间： 2017 年 12 月 23 日

问：从创作人社区起家，发展网大、短视频 MCN，目前新片场的主体业务在哪里？用户画像和分布是怎样的？

答：新片场主要业务有三块，一块是新片场社区，社区内创作人涵盖了国内最优秀的新生代影视创作力量，包括导演、制片人、剪辑、摄影、演员等，作品包括电影、电视剧、网络电影、网络剧、短视频、微电影、TVC、延时摄影等。社区采取实名认证制，截至 2017 年 10 月，新片场社区用户遍布国内外 32 个地区，认证用户超过 60 万人，发布原创作品超过 200 万部。一块是魔力 TV，包括了《魔力美食》《魔力记录》《造物集》《小情书》、@微小微、@董新尧等内容品牌，并且依托于新片场社区的创作力量，通过内容制作、运营、商业化等多方面的平台化经营，发掘培养优秀短视频内容品牌。还有一块是新片场影业，它是新片场集团旗下的以制作、投资、发行、营销、艺人经纪为主要业务的互联网影视公司。每一块业务所面向的人群都是不同的，魔力 TV 是年轻人喜欢的短视频平台，那自然魔力 TV 所面向的人群就是这些年轻人。

问：如何理解新片场曾提出的 MCN 以及 MPN 概念？

答：作为 MCN 的升级版，MPN（Multi-Platform Network，多平台网络）的重点在于播出渠道，即多平台分发。国内各视频平台势均力敌，MPN 的概念更适合市场现状。

做 MCN 或者 MPN 还不够，我们想做 MBN，也就是 MCN 的本土化形态——短视频内容品牌管理，它更适合国内短视频行业，通过结合品牌的生命周期，管理众多内容品牌，形成流量矩阵，从而实现内容的商业化。从传统意义上来讲，像国外 YouTube 平台上的 MCN，对于内容层面的运营更少一些，更多的在于商

业化部分。但内容品牌运营更偏上游一点,就是更偏内容端一些,会深入到内容的生产节奏、生产逻辑、内容选题甚至内容合作各个环节。相比于只是一个经纪人或代理角色的传统 MCN,MBN 会更偏内容端。就 MCN 概念来说,像 YouTube 这样的平台管理好内容就可以了,但是在国内不能仅这样做。一方面国内视频形态和视频行业环境与国外不同;另一方面,我们认为在国内目前的行业状态下,单纯运作内容曝光模式或者帮内容商业化,并不能解决问题。因为国内短视频行业还处在萌芽状态,内容生产层面还有很多问题需要解决,它不同于在内容生产方面已经非常成熟的国外短视频行业。我们觉得,现阶段要推动整个行业往前走,还是应该尽量往上游走,往内容侧走,更多地和内容创作者共同生产优秀的内容。

问:2017 年,魔力 TV 荣获"年度最具价值 PGC"称号,那么它整体的布局架构是怎样的?

答:短视频是非常依赖创作人的行业,因此魔力 TV 主要有内容自制团队和签约合作工作室。在内容生产的管理上,我们也不拘泥于某一种合作形式。目前,魔力 TV 旗下有 100 余个短视频品牌,魔力矩阵每天会生产 10—15 部作品,社区则每天有几十部、上百部作品上线。

问:基于短视频的魔力 TV 如何挖掘 UGC 内容?

答:魔力 TV 服务于 100 多个短视频内容制作团队,用"赛马机制"筛选出有潜力的项目,就是在资源相同的条件下,谁的增长速度快,谁就获得更多的资源。遴选仅仅是第一步,最重要的是如何让这些团队在新片场的系统中创造更大的价值。我们为内容制作团队搭建了一套中后台系统,从公司运营到内容的定位、分发、变现,提供相应的扶持,这也是我们的核心竞争力。

问:您认为,魔力 TV 在发展过程中,优势在哪? 面临哪些困难?

答:核心优势是多年以来在创作人领域建立了品牌,以及平台聚集了大量优质的创作人。新片场是一个拥有影视创作人社区的公司,社区中有很多优秀的创作人。我们做短视频会先建立起一个内容品牌,利用社区力量,组织社区化内容生产,所以相比普通的短视频内容公司来讲,有更高效的内容生产方式和手段。比如说我们非常火的一个短视频内容品牌栏目——《魔力美食》,我们只需要在社区里发布一个征集活动,可能就能收集到几百部合格作品。我们从中挑选出比较优秀的几十部作品,再对其进行一些专业化的包装与发行,其就可以成为我们《魔力美食》的短视频内容了。因此,我们能把一个内容品牌迅速地建立起来。

面临的困难主要是如何在公司高速成长过程中组建团队并使其成长。

问:目前魔力 TV 投入的成本主要在哪方面?盈利变现模式有哪些?

答:公司更像一个品牌管理者,核心能力是帮助创作人建立内容品牌、运营内容模块、探索商业化模式,所以资金大部分会投入到中后台建设方面,例如招募产品技术人员、增加推广预算等。

盈利模式主要有四种:平台分成、广告、电商、知识付费。对于一些有流量的短视频内容,我们会做一些游戏联运。其实短视频手里握着很多流量,不管是在微博上还是在微信上。我们可以去开发根据我们的内容深度定制的游戏,然后把流量导过去。可能有微博链接、微信链接等多种多样的导过去的方式,但是本质逻辑就是把流量导过去。

问:2017 年在互联网视频领域感受到的最大变化是什么?有哪些体会?怎样看待短视频和直播的未来关系和发展?

答:在互联网行业,规模化与标准化是发展方向,但在短视频行业,却很难做到标准化,只能做到一定程度的标准化,运营经验可以提炼成标准化元素。在内容创作背后,还有包括商务营销、运营策略等在内的"基础大后方",它们是使优质的内容被合适的人看到的基础保障,这涉及与不同平台的合作与差异化运营,涉及标题拟定、资源匹配等,这些恰恰是长期运营经验积累的体现。短视频行业未来拼的一定是内容营销。

〔霍悦,中国传媒大学新闻传播学部硕士研究生;俞逆思,中国传媒大学新闻传播学部硕士研究生〕

案 例 篇

《人民日报》新闻视觉化：主流媒体时政报道新生态

杨凤娇　曹慧仪　葛水仙

摘要：随着媒体融合的深度推进，视觉化成为移动互联时代新闻表达创新的重要趋势，短视频、直播、H5、VR、图解等成为主流媒体报道融合创新的常见形态。为全方位推进新的融合传播体系的建立，《人民日报》从生产、传播、运营机制方面进行了改革。同时，《人民日报》进一步开展视觉化生产的探索，创新内容产品形态，用内容创意助力时政议题的传播，通过新鲜有趣、有情感、生活化的内容，提高时政信息传播力和舆论引导能力。在形态方面，《人民日报》努力扩展视觉化产品的图景，以更好地促进政治价值和市场价值的实现。

关键词：时政报道；新生态；融媒体；视觉化

一、案例背景

传播技术的演进驱动着新闻呈现形态和生产观念的变革。随着媒体融合的深度推进，视觉化成为新闻表达创新的一个重要趋势。在 2017 年全国两会、金砖峰会、十九大等重大会议的报道中，短视频、移动直播、数据新闻图表、图解、动漫、H5 等注重视觉体验的呈现方式成为主流媒体报道的常见形态。视觉化的思维方式已日渐成为当代新闻生产的一种十分重要的观念逻辑。①

自从媒体融合上升至国家战略层面以来，主流媒体在技术发展、市场倒逼和政策推动的共同作用下，加快了与新兴媒体进行融合的步伐，在内容、渠道、

---

① 常江.蒙太奇、可视化与虚拟现实：新闻生产的视觉逻辑变迁[J].新闻大学，2017(1)：55-61.

管理、运营等不同层面推动融合走向深入,表现在内容生产层面主要为信息采集融合与新闻表达融合,后者即文字、图片、音视频、超链接等多种叙事形式的融合。由于视觉符号具有直观性和形象化的特点,所以如何生产具有交互性和良好用户体验的视觉化产品,成为创新呈现形态的突破点。

融媒时代的视觉化生产,包括数据新闻可视化以及其他运用图片、视频、三维动画等具有视觉表征特点的符号传递信息、表情达意的方式。数据可视化可溯源至 20 世纪 80 年代末 90 年代初兴起的"科学计算可视化"(visualization in scientific computing),即借助计算机图形学、图像处理技术等,将计算中产生的大量数据以图形、图像的形式表现出来,并进行交互处理。[①] 新闻领域的数据可视化源于大数据与新闻报道的结合。图表、图片等视觉符号在传统的新闻生产中虽早已有之,但在报纸中仍处于补充文字报道的辅助地位;融媒时代报业面临"视觉转向",应从数量、创意上加强视觉化生产;电视媒体在融合转型中也要以用户为本,尊重新媒体规律,重塑生产观念。

视觉化成为媒体在新一轮竞争中的发力点,尤其对于重大时政题材来说,生产用户愿意主动点击和参与的视觉化产品,有助于主流媒体实现政治价值和市场价值。人民日报社副总编辑卢新宁曾指出,中国媒体的融合发展与西方国家不同,决定主流媒体未来的不是"商业模式",而是"价值模式",即政治价值、社会价值和市场价值的统一。[②] 媒体融合时代的时政传播,既要及时传递党和政府的声音,又要赢得用户青睐。视觉化可以将抽象的数据、工作报告、政策、法规等内容,以形象、直观的方式展示出来,化"硬"为"软",吸引用户关注和参与。

2017 年,以《人民日报》、新华社、中央电视台为代表的媒体"国家队",在时政领域推出了一批富有创意的爆款视觉化产品。例如两会期间新华社推出的《数据新闻:看懂国家账本——财政预算报告》,"VR 直击部长通道现场"、短视

---

① 刘慎权,李华,唐卫清,等.可视化技术及其发展前景述评[J].CT 理论与应用研究,1995(1):7-9.

② 卢新宁."内容+"将成为媒体融合关键词[EB/OL].(2017-08-21)[2018-02-10].http://media.people.com.cn/n1/2017/0821/c192370-29483261.html.

频《无人机航拍：换个姿势看报告》带给用户不一样的视觉体验；中央电视台两会期间共发布微视频 11 400 条，总点击次数达 20.3 亿次，①Rap 短视频《帅炸了！我们的两会君》用说唱的形式呈现两会要点；人民日报中央厨房推出 H5 作品《两会喊你加入群聊》、动画《当民法总则遇上哪吒》、Rap 动画《Word 两会我做主》等 8 款融媒体产品，总点击量达到 2 亿多。②

从媒体"国家队"时政类产品的视觉化生产来看，依托具体、细微、可视可感的形象表现重大主题，是优质产品的共同特点：契合移动端的传播特性，产品体量上突出"短"和"微"；切入视角生活化，强调趣味性和"网感"；形态上敢于"跨界"，既有常见的视频、图解，也有 Rap、动漫，呈现出多样化的特征；H5 产品交互性较强，针对特定主题的众筹类产品用户参与性强；VR（虚拟现实）、AR（增强现实）、无人机等技术也为新闻的视觉化创新提供了更多的可能。

二、案例介绍

2017 年 5 月 17 日，在"2017 中国网络视频年度高峰论坛暨第二届中国网络视频学院奖"颁奖典礼上，人民日报中央厨房荣获年度最具影响力媒介融合平台奖。即将迎来 70 周年华诞的《人民日报》，已从当初的一家报纸发展成为今天的全媒体传播体系，拥有多家社属报刊以及新闻网站、微博、微信公众号、客户端等平台，打造了"人民系"全媒体矩阵。截至 2017 年 6 月，报社及所属企业共拥有各类新媒体终端产品 294 个，覆盖用户总数达 6.35 亿人。③

在当前媒体融合深度推进的背景下，人民日报社社长杨振武提出："作为党中央机关报，《人民日报》不但要做新闻宣传的排头兵和领航者，也要成为媒体

① 张宇.2017 全国两会报道大比拼，传统媒体表现惊艳［EB/OL］.（2017-03-25）［2018-02-10］.http://media.people.com.cn/n1/2017/0325/c120837-29168482.html.
② 戴莉莉，薛贵峰.总点击量 2 亿+，《人民日报》这 8 款两会融产品咋做到？［EB/OL］.（2017-03-15）［2018-02-10］.http://media.people.com.cn/n1/2017/0315/c40606-29145503.html.
③ 人民日报社简介［EB/OL］.［2018-02-10］.http://www.people.com.cn/GB/50142/104580/index.html.

融合的标杆和示范。"①实践表明,在主流媒体与新媒体融合发展的不同阶段,《人民日报》均处于先行者行列:早在 1997 年 1 月,《人民日报》率先推出网络版,开启党报媒体进军互联网的征程;②2009 年,人民日报社极具创新性地设置了新闻协调部,统筹报社报道资源,推进报网融合;近年来,面对社交媒体的冲击和移动通信技术的迅猛发展,人民日报社的融合战略明显加速;2012 年,《人民日报》开设官方微博、2013 年开通微信公众号、2014 年推出《人民日报》客户端、2017 年英文客户端上线,诸多举措体现出人民日报社及时顺应新的传播格局,全方位推进与新兴媒体的融合,通过多种平台扩大主流话语的传播版图。

　　新的融合传播体系需要新的生产、传播和运营机制。2014 年,人民日报社成立人民日报媒体技术股份有限公司,建设、运营人民日报中央厨房,实现报、网、客户端、微博微信联动运行。中央厨房在组织架构上设总编调度中心和采编联动平台,前者是指挥中枢,后者为运行机构。采编联动平台由采访中心、编辑中心、技术中心组成,人员来自"报网端微"各个部门,他们组成统一的工作团队,生产全媒体新闻产品。所有产品进入后台新闻稿库,报社总编室、人民网总编室、新媒体中心总编室从稿库取用稿件,这些稿件可直接作为成品发布,也可以被二次加工。③中央厨房成为人民日报社统筹旗下各媒体采编资源、推动深度融合的运营机制。

　　人民日报中央厨房在 2015 年两会期间启用,2016 年 2 月 19 日正式上线运行,发展到 2016 年 8 月,已累计推出各类融产品近千件。④ 其中一些产品引发了强烈社会反响,例如 2016 年 7 月 11 日,围绕所谓南海仲裁案,人民日报社新媒体中心推出《中国一点都不能少》图文报道,单条微博阅读量达 2.6 亿。

　　为进一步推动"人"的融合、促进融媒体产品的多样化和创意性生产,人民日报中央厨房创新机制,于 2016 年 10 月开设"融媒体工作室"新业务线。报

①　杨振武:人民日报要成为媒体融合的示范和标杆[EB/OL].(2017-01-16)[2018-02-10].http://media.people.com.cn/n1/2017/0116/c120837-29027309.html.

②　于洋.人民网创办 20 周年座谈会举行[N].人民日报,2017-1-17(4).

③　叶蓁蓁.人民日报"中央厨房"有什么不一样[J].新闻战线,2017(2):14.

④　李林宝,史鹏飞.从 300 万到 3.5 亿:人民日报社融合发展纪实[EB/OL].(2016-08-23)[2017-02-10].http://media.people.com.cn/n1/2016/0823/c14677-28656468.html.

纸、人民网、微信微博、客户端的采编人员可以按兴趣组合,成立工作室,采取项目制方式生产融媒体产品。

融媒体报道综合运用音视频、文字、图片等形式来传播信息。对于具有文字优势的《人民日报》来说,需要探索如何将优质内容视觉化、可视化。负责运营中央厨房的人民日报媒体技术股份有限公司设有数据新闻与可视化实验室,可以为融媒体工作室提供可视化支持。此外,人民日报社还积极与"木疙瘩"等科技公司合作,为视觉化的实现提供技术支持。

《人民日报》新闻视觉化的产品形态包括数据新闻的可视化图形图表、政策解读类的图解、动漫、H5、短视频、直播、VR 等多种类别。在重大主题、时政活动、突发事件等题材的报道中,融合报道、视觉化呈现不再仅仅是点缀,而已成为重要模式。

对于时政新闻来说,视觉化呈现让原本严肃的时政内容更具亲和力和感染力。2017 年,《人民日报》时政类视觉化产品更加重视用户体验,贴近用户生活,激发用户参与;语态呈现年轻化、网感化特征;产品创意不断,爆款频现。

2017 年全国两会期间,H5 作品《两会喊你加入群聊》模拟了生活中的场景,用户进入"群聊"界面后,界面上不断弹出总理、部长、代表委员的对话,邀请用户建言,让用户有一种"我也在参与国家大事件"的"代入感"。[1] 产品投放不到 24 小时,点击量超过 600 万。[2]

创意动漫短视频《当民法总则遇上哪吒》利用中国传统神话故事来解释《民法总则》给人们生活带来的变化;AR 动画短视频《"剧透"2017 年全国两会》巧妙展现 2017 年两会重要看点,在《人民日报》客户端上线不到一天就收获了 53 万的点击量。[3] 该视频获得了 2017 优秀原创网络视听节目"十佳新闻短视

[1] 汪海燕.媒介融合背景下时政新闻报道的社交化——基于"两会喊你加入群聊"的分析[J].青年记者,2017(20):36-37.
[2] 为了打入用户的朋友圈,这三个全国两会 H5 团队拼了(主创专访)[EB/OL].(2017-03-07)[2018-01-08].http://mp.weixin.qq.com/s/OaEBpxRtMis7c2K9XMz3-Q.
[3] 张宇.2017 全国两会报道大比拼,传统媒体表现惊艳[EB/OL].(2017-03-25)[2018-02-10].http://media.people.com.cn/n1/2017/0325/c120837-29168482.html.

频"奖。

2017 年八一建军节期间,《人民日报》客户端与天天 P 图合作,推出 H5 作品《快看呐,这是我的军装照》,用户通过简便操作即可生成自己的军装照。截至 2017 年 8 月 7 日上午,该作品的浏览次数(PV)累计突破 10 亿。[1]

党的十九大期间,《人民日报》再次打出视觉化的"组合拳":《人民日报》客户端全程直播十九大开幕式,直播页面显示 2 481.6 万人次参与;图解类新闻《十九大思维导图》浏览量近 600 万[2];三维动画短片《刻度上的五年》用数字对比展示我国在环保、科技等领域的飞跃式发展。

值得一提的是,《人民日报》时政类产品突破常见的报道形式,与当下年轻人青睐的流行文化结合,提高了时政议题的关注度。例如 2017 年两会期间,邀请民谣歌手赵雷将其成名歌曲《成都》翻唱成两会版《成都》,MV 视频上线两天点击量近 2 000 万。[3] 2017 年金砖峰会期间,人民日报社新媒体中心联合 YY 语音互动直播平台推出喊麦歌曲《这就是金砖 style》,通过歌词展现金砖峰会主旨。这些新的尝试体现出《人民日报》在触达年轻用户方面的探索。

在产品分发方面,除了旗下各个媒体,人民日报社还积极与腾讯、新浪、今日头条等商业网站、社交平台合作,拓展传播渠道,以抵达更多的用户。

此外,人民日报社还联手国内党媒,搭建行业融合的新平台——全国党媒公共平台。2017 年 10 月 17 日,澎湃新闻、北京时间、广州参考、湖北长江云、看看新闻、视听甘肃等 30 多个客户端作为首批党媒签约入驻公共平台,签约仪式上,10 余个客户端合力推出了首款视觉化产品——《喜迎十九大,重走党史路》H5 长卷轴。[4] 全国党媒公共平台将推进党媒在内容、渠道、技术、人才、数据等方面的资源共享,更好地发挥融媒时代党媒的职责与功能。

————————

[1] 余荣华."军装照" H5 为何能刷屏朋友圈[J].新闻与写作,2017(9):78.

[2] 薛贵峰,荣翌.《人民日报》新媒聚焦十九大,描绘新时代中国新图景[EB/OL].(2017-10-25)[2018-02-10].http://media.people.com.cn/GB/n1/2017/1025/c192370-29608216.html.

[3] 丁伟,吴枫.两会版《成都》又火了 两天网络点击量近 2 000 万[EB/OL].(2017-03-07)[2018-02-10].http://media.people.com.cn/n1/2017/0307/c40606-29128045.html.

[4] 首批 38 家党端入驻"全国党媒公共平台"[EB/OL].(2017-10-17)[2017-11-30].http://media.people.com.cn/2017/1018/c40606-29593226.html.

三、案例分析

(一)生产机制创新:社内外开放式生产

《人民日报》融媒体生产的常态化,得益于新型生产机制的保障。中央厨房设立融媒体工作室新业务线,推进报、网、微博微信、客户端等旗下人员资源的融合;数据新闻与可视化实验室在支持中央厨房整体运营的同时,与融媒体工作室深度合作,推动内容创意与视觉设计的融合;同时,《人民日报》也加强了与新媒体技术公司的合作,联合业界领先技术力量,不断创新时政类视觉化产品的传播形式。

1.创新融媒体生产机制　推动人和技术双重融合

"人"是融媒体产品的采制者、视觉设计者和技术实现者,是视觉化生产的主导因素。人民日报中央厨房设立融媒体工作室,创新生产机制,推动社内"人的融合"。

融媒体工作室采取"四跨+五支持"机制:"四跨"即允许记者、编辑跨部门、跨媒体、跨地域(例如与各地分社间合作)和跨专业组成工作室,按项目制进行生产;"五支持"是中央厨房作为孵化器,负责提供资金、技术、推广、运营、经营等五个方面的支持。[①]

融媒体工作室打破部门和地域设置,鼓励记者、编辑根据个人兴趣、业务专长、资源等自由结合成内容主创团队,激发了采编人员的积极性、创造性。例如较早成立的"一本政经"工作室,其成员来自人民日报社政文部和地方部等部门;"新地平线工作室"则由评论部业务骨干牵头,成员分别来自评论部、总编室、新媒体中心、《环球杂志》等单位。[②]

---

① 叶蓁蓁.人民日报"中央厨房"有什么不一样[J].新闻战线,2017(2):14.
② 李天行,周婷,贾远方.人民日报中央厨房"融媒体工作室"再探媒体融合新模式[J].中国记者,2017(1):10.

每个融媒体工作室聚焦特定的领域,拥有自己的产品定位和品牌调性,如"麻辣财经"重点关注国内财经问题,"一本政经"关注国内重大政治事件。截至 2017 年 11 月,人民日报社已成立"新地平线""一本政经""麻辣财经""学习大国""碰碰词儿"等 42 个工作室,项目覆盖时政、经济、文化、教育、国际等方面。

在技术层面,人民日报媒体技术股份有限公司的数据新闻与可视化实验室及社内外其他技术力量为融媒体工作室的创作提供支持。数据新闻与可视化实验室提供的技术服务既包括 H5、短视频等视觉化方式,又包括小程序、App 等交互技术,有助于促进融媒体工作室的常态化运行。视觉设计师在各个内容创作团队中将内容创作与视觉设计紧密结合,围绕内容做融合报道的可视化设计。①

以爆款短视频《当民法总则遇上哪吒》的创作团队"一本政经"工作室为例,据工作室牵头人姜杰介绍,产品创意来源于其女儿当时爱看的动画片和绘本。创意出来之后,工作室成员讨论出的故事线太零碎、交互太多,在与报社媒体技术公司沟通后,多次修改脚本,删减故事场景,最终确定为动画短片的形式。② 这样的生产便于人员融合与技术合作,能使产品的内容创意以恰当的技术和形态呈现出来。

2.借力新媒体技术公司　优化用户体验

人民日报社作为传统主流媒体的龙头,具有内容和品牌优势,但相对于市场上掌握各类先进传播技术的新兴媒体公司而言,技术创新能力尚非其强项。为此,人民日报社积极与新媒体公司、科技公司展开合作,拓展视觉化产品形态,提升用户体验。

例如,2017 年 2 月 19 日,《人民日报》与新浪微博、一直播共同推出全国移

---

① 陈旭管,曹雨薇.媒体融合背景下的可视化探索——访人民日报媒体技术股份有限公司视觉总监吴莺[J].中国传媒科技,2017(7):10.

② 这些两会融媒产品,总点击量数亿,背后竟是……[EB/OL].(2017-10-25)[2018-01-15].http://media.people.com.cn/GB/n1/2017/1025/c192370-29608216.html.

动直播平台,携手一百余家媒体企业、政府相关部门及自媒体进行直播行业的转型实践;与国内领先的专业 H5 制作平台木疙瘩达成合作,完善中央厨房 H5 内容制作专业系统;与国内知名语音互动直播平台 YY 语音合作,在 2017 年金砖峰会期间推出 Rap 动漫视频《这就是金砖 style》。

2017 年建军节前夕,《人民日报》与腾讯旗下的天天 P 图合作,推出 H5 作品《快看呐,这是我的军装照》。《人民日报》客户端编辑提供创意策划,天天 P 图提供基于人工智能技术的人脸融合技术等图像处理技术。用户上传一张照片,不到 5 秒钟即可生成军装照。在建军 90 周年的浓厚氛围下,该 H5 作品的浏览次数(PV)突破 10 亿,1 分钟访问人数峰值高达 41 万。①

(二)内容创意助力时政传播

对于报业的融合转型来说,视觉化生产不是简单地将文字信息转化为视觉符号,而是将视觉思维贯穿在由策、采、编、发组成的整个新闻产品的生产流程中,结合不同的选题和终端特性,设计出不同的产品。面对新媒体环境下较高的生产效率、海量的信息产品、不断迭代的技术,如何将时政议题、主流价值和思想用独特的、富有视觉表现力的产品呈现出来,是主流媒体面临的问题。

从近年《人民日报》时政类产品中的爆款来看,《人民日报》的视觉化生产日益重视创意,用思想和创意引领最新技术和传播方式。②《人民日报》在时政内容方面的创意,主要表现在通过新鲜有趣、有情感、生活化的内容,让用户乐于接受和分享,提高时政信息传播力和舆论引导能力。

1.新鲜有趣

用有趣的故事传递政策、法规等信息,让抽象的内容变得形象有趣,吸引用户关注。例如动画短视频《当民法总则遇上哪吒》,以哪吒的成长故事为基线,穿插民法知识:从尚在母亲肚子里的哪吒是否能接受太乙真人的赠与入手,解

---

① 谢宛霏.“军装照”H5 浏览量破 10 亿 解密背后黑科技[N].中国青年报,2017-08-11(6).
② 杨振武.在深度融合中担负主流作用[J].中国报业.2017(9):5-6.

释胎儿有遗产继承、接受赠与的权利;从太乙真人的游戏账号被盗入手,解释网络虚拟财产、数据信息是受法律保护的。短视频以动画的形式,通过神话故事普法,在网民中引起了强烈反响。

2.有情感

诉诸情感,用蕴含真情实感的故事、细节感染用户,或在特定的时间节点,通过特定产品激发、唤起用户的情感,进而让其产生认同。如 2017 年推出的《嘱托》等短视频,展现了习近平总书记在湖南湘西八洞村与村民石爬专老人亲切互动的场景;通过老人的回忆,体现习近平总书记对扶贫工作的重视和对民众的牵挂,重现总书记说"我是人民的勤务员"、在八洞村首次提出"精准扶贫"和八洞村认真落实扶贫行动致富的经过,使领导人亲民、高瞻远瞩的形象跃然画面中。这些从真实事件和经历中提取出的令人感动的领导人亲民瞬间,拉近了领导人与人民之间的情感距离和心理距离,容易引发用户认同。

"在特定的时刻,总有一些特殊的情感,让人心潮澎湃。"①《人民日报》也会抓住特定的时机,策划易于让用户产生情感共鸣的视觉化产品。如在 2017 年八一建军节推出《快看呐! 这是我的军装照》,通过不同年代的军装照展现中国人民解放军建军 90 年以来的历史变迁,加之许多人年轻时曾有过"军装梦",产品迅速吸引了大量用户参与和转发。2017 年国庆节期间,人民日报社新媒体中心推出"我爱你中国——唱出我们的爱"大型网络众筹活动,邀请用户同唱《我爱你中国》并上传自己演唱的音视频;活动还征集对祖国的一句话表白,让用户表达对祖国的爱;同时,联动各大主流媒体及新媒体平台共同推出"我爱你中国"系列活动。截至 2017 年 12 月中旬,"我爱你中国"微博话题阅读量达到16.6 亿。②

3.生活化

选取日常生活中有特点的事物切入,让时政报道"接地气"。2016 年两会

---

① 白龙."我爱你中国"[N].人民日报,2017-10-03(1).

② 张志安,李霭莹.2017 年中国新闻业年度发展报告[J].新闻界,2018(1):7.

刷屏产品《你有一份来自总理的快递》，从快递这一与人们日常生活息息相关的物品出发，以"总理快递"的方式，将全国两会和政府工作报告中惠及民生的新举措、新政策等用"清单"列出，并在页面上设置"留乡农民""城市居民""城市务工者""学生""企业经营者""退休人员"六类人群的卡通头像，用户点击不同职业群体的头像，可获得不同的"快递"信息。这种新鲜而又生活化的呈现方式，有助于增强普通用户对时政活动的参与感，为国家大政方针乃至政策、法律法规的宣传普及提供了值得借鉴的"模板"。[①]

4.语态网络化

《人民日报》部分视觉化产品突破以往对时政类新闻事件、报告、讲话的第三人称表述方式，转而采用第一人称，以亲历的视角对事件进行讲述。例如 H5 作品《2017 我来北京开两会》，采用第一人称视角，以一名从地方到北京参加两会的人大代表的参会过程为线索，对两会进行全景展现。这一 H5 作品用长镜头、画中画的方式从一个场景转换到另一个场景，将两会的规模、程序自然融入其中，提升了用户代入感。

面向新媒体的时政类视觉化产品在语态方面有明显变化：大量吸纳网络用语。从 2017 年发布的视觉化产品来看，产品标题中多次出现"厉害了""习大大""震撼"等词语，以及"民法总则是个啥""有个流行词叫'金砖'，不懂你就out 了""让全世界看到中国的 freestyle！"，等等。这种语言风格更贴近年轻用户，但也需避免模式化。

(三)形态多样化　扩展视觉化产品的消费图景

目前，《人民日报》视觉化产品的形态主要有直播、短视频、H5、AR 和图解。经过近几年的探索，《人民日报》会针对不同的时政内容，结合不同产品形态以及传播终端的特性，推出不同的视觉化产品。

[①]　朱永华.在微信朋友圈里收到"总理快递"［EB/OL］.（2016-03-07）［2017-02-08］.http://guancha.gmw.cn/2016-03/07/content_19197688.htm.

1."大直播"实现大体量、长时段播出

随着手机移动媒体的兴起,在新闻传播中,"全时""实时"代替了"定时",受众原来的新闻期待被消解,一种更高级的新闻期待意识——"随时期待"①出现。移动直播让用户这种随时期待和对时政新闻的同步性、现场感的需求得到满足。特别是报道大型时政传播活动时,移动直播可以全景展现新闻现场,让用户实时了解到直播现场细节。而"大直播"是新闻媒体在移动直播领域的进一步探索,其特点是在极力全景式展现新闻的同时,追求新闻的优质与多样,它改变了以往机械性的全程直播记录,丰富了直播的内容和层次。

在重大时政活动的报道中,人民网在移动直播方面努力向"全时""实时"推进,拉开"大直播"帷幕。2017 年,人民网与腾讯网联合,在全国两会期间推出大型视频直播栏目《两会进行时》,首次推出每日连续播出 9 小时、总时长超过 100 小时的两会直播,创下了访问量过亿的纪录。人民网专门配备 4G 传输通道,可以多网络、多运营商、多链路传输视频信号,为"大直播"提供技术支持和实现可能。人民网不仅实现了长时间播出,更投入大量人力和资源,使直播内容中既有前方记者的现场报道,又有后方的高端访谈和权威解读,更有会场花絮和创意短视频插播。截至 2017 年 3 月 20 日,人民网法人微博发布的 2017 两会相关直播微博阅读量超过 1.7 亿,转发、评论、点赞量超过 17 万。② "大直播"产品能够让人们更好、更全面地了解事件进程,实现"全时资讯"和"优质资讯"的平衡。

2.短视频重塑传统纸媒品牌

随着用户接触到更多、更庞杂、更鲜活的信息,用户关注度和忠诚度下降成为短视频类产品发展的瓶颈。从《人民日报》的单一纸媒到新媒体的转型实践来看,在视频方面,其着力方向为推出差异化短视频,重塑传统纸质产品品牌,

---

① 陈力丹,曹小杰.即刻的新闻期待——网络时代的新话题[J].新闻实践,2010(8):17-19.
② 人民网法人微博再续"神话" 两会报道阅读 4 天 1.4 亿[EB/OL].(2017-03-07)[2017-03-10]. http://news.youth.cn/jsxw/201703/t20170307_9234018.htm.

将纸质符号品牌转化为视频符号品牌,提高用户对《人民日报》时政类新闻视频产品的关注。目前,"任仲平"系列短视频是《人民日报》纸媒政论品牌转变为视觉化视频品牌的崭新探索。

"任仲平"是"人民日报重要评论"的谐音缩写,从 1993 年第一篇评论发表至今,已成为响亮的政论品牌。在移动互联背景下,如何把传统的七八千字的政论文章拆开、揉碎、重组,在不失文章主旨、灵魂的前提下实现融合传播,从而抵达更多受众,取得更好传播效果,是包括《人民日报》在内的传统主流纸媒融合转型的突破重点。2017 年 7 月,在香港回归 20 年之际,《人民日报》发表《同书写不朽香江名句——写在香港回归 20 周年之际》评论,而人民日报中央厨房"新地平线"工作室迅速从文中提到的 8 首贯穿香港回归祖国历程的歌曲获取灵感,推出微视频《8 首歌,让你听见香港》,第一次将"任仲平"文章制作成视频作品。视频以 8 首歌的歌词(名句)为引子,串联起整篇"任仲平"文章的内容,反映了香港的不同侧面,并回应了"同书写不朽香江名句"的文章主题。8 首歌串联下来,既能完美呈现"任仲平"文章的核心内涵,又可以获得视听层面的传播效果,可以说,形式和内容很好地结合在了一起。"任仲平"政论品牌在实现从"可读"到"可视可听"的转变的同时,也成为《人民日报》短视频的一个突出的符号化品牌。

除此之外,《人民日报》更是摆脱了传统纸媒思想,着力打造新的符号化短视频品牌,如"晨美丽聊天指南"、由评论员集体出镜的"两会侃侃谈",利用自身政论优势打造特色化短视频品牌。

3.H5 探索用户多维度参与、分享模式

2017 年,《人民日报》在 H5 方面进行了更深层次的探索,搭载多元技术,形成更深入的交互。

(1)具象化场景优化用户体验

《人民日报》在探索 H5 的过程中,所做的一个突出创新是将新闻事件或新闻背景转化为一个具象化场景,用户从事件的旁观者变为参与者,置身场景之中了解新闻事件。

如 H5 作品《2017 我来北京开两会》,以一个地方人大代表的参会经历为故事线索,采用长镜头手法从一个场景自然过渡到下一场景,将两会的流程、模式以视觉化的方式呈现给用户。在观看时,用户需要长按屏幕下方的按钮,这样画面才会向上滑动,用户可以根据自己的需要适时停止,仔细观察两会细节。设计者的层层设置充分激发了用户的探索欲。

(2)参与式生产增强用户与产品的联系

UGC 与时政传播活动的结合是近年来《人民日报》视觉化产品的特色。如今,年轻人的上网行为呈现泛社交化的趋势,更多年轻人参与到互联交流的网络之中,他们有着更强烈的评论留言、交流互动、展现自我的需求。《人民日报》抓住这一点,探索开发视觉化产品的新路径,让更多用户参与到视觉化产品的制作中来。

2017 年国庆,人民日报社新媒体中心推出大型网络众筹活动"我爱你中国——唱出我们的爱",活动分线上线下进行。线上方面,人民日报新媒体邀请爱国公民与 TFBOYS、袁娅维、刘涛、孙楠、莫文蔚、张靓颖等明星同唱一首 40 岁高龄的老歌——《我爱你,中国》。在人民日报新媒体制作的 H5 页面上,用户可以选择不同的歌星,聆听他们的演唱,更能录制、上传自己的歌声,生成自己的活动作品。H5 由内容产品向平台转变。

线下方面,《人民日报》在上海的东方明珠塔、广州的广州塔点亮"我爱你中国"字样;在北京,地铁 1 号线变身"我爱你中国"主题地铁,成为国庆活动中的一个移动风景线,吸引人们与其合影并上传。"众筹"出的声势浩大、热情激昂的爱国视觉化产品,实现了线上线下的参与式生产。

(3)游戏式互动激发用户对时政信息的分享兴趣

2017 年《人民日报》在新闻游戏视觉化产品方面做出了提升和优化:新闻游戏从"新闻概念+简易游戏"的模式走向深度挖掘新闻信息并与游戏情节相匹配的模式;新闻游戏情节进一步优化,游戏用户可以在视觉化内容产品中做出不同选择,从而得到不同的结果;同时,新闻与游戏也进一步结合,新闻游戏中的元素,如人物角色、关卡选择、游戏设置都来源于新闻事实,用户通过玩游戏,能够了解新闻事件的背景和大致走势。用户在媒体构建的场景中扮演特定的角色，从而获得满足。

在 H5 作品《厉害了，我的检察官》中，用户通过操控"检察官"角色接收不同的案卷，获取不同案卷的信息，从而了解检察院 2016 年查办的 6 个很有影响力的案件，这让参与者有了极强的代入感。

另外，新闻游戏与常规的新闻报道不同，可以给参与者一定的空间进行发挥，因此在游戏的设置上保留了一定的不确定性，以便让参与者自主创作。如在"一带一路"专题 H5 作品《丝绸之路，千年之约》中，系统设置有画板供用户涂画人物形象，用户画完点击"完成"，生成的画像成为游戏的主人公并开始一系列的冒险。用户还可以在张骞、郑和、玄奘等一系列历史名人的"朋友圈"点赞、评论，从而获得更强的交互感。

4.图解视觉化产品传递政策报告类内容　化繁为简

在新媒体语境下，媒体需要对繁复但重要的时政类信息进行通俗的普及性解读，图片类新闻能使受众清晰、快速地理解新闻信息，因此，对于信息量庞大的政策、报告类新闻，《人民日报》更多通过图片类新闻产品化繁为简，变可读为可视，通过"图解+简短新闻标题或说明"的方式提高用户对时政讯息的接受度，力求获得"一图胜千言"效果。

在时政产品视觉化的趋势下，2013 年，人民网推出"图解新闻"频道，截至 2017 年 9 月，共发表了超过 850 篇图解新闻，其中时政类（主要为领导人出访、两会专题报道和国际热点问题）超过 545 篇。[①] 人民网图解产品加强了产品与用户的互动，其推出的交互型新闻，发展出数种呈现方式，能够适应电脑端和移动端的阅读。基于电脑网页的交互型视觉化新闻能够加载多个页面，用户通过点击进行交互，选择要查看的内容，如《习近平两会下团组"要论"（2013—2017）》，用地图介绍了团组的地理位置，用户通过点击就可以了解这一天习近

---

① 　从图解新闻看可视化新闻创新——以人民网为例［EB/OL］.（2016-03-16）［2017-10-10］.http://media.people.com.cn/n1/2018/0122/c416887-29778930.html.

平总书记下团组时的重要论述,更可观看相关报道视频。另外,在移动端方面,利用 H5 技术制作适应手机屏幕的图解产品,用户可通过滑动、点击的方式进行互动,如《2016 年政府工作报告"对账单"》,用 33 幅图对比三农、交通、水利、生态、民生、经济等 33 项指标的计划与完成情况,直观清晰地对政府工作报告中的数据进行了对比呈现。

5.纸媒发力 AR　打破传播介质壁垒

随着 AR 技术的普及与发展,传统媒体与新兴媒体也开始在融合创新方面采用 AR 技术,通过传感设备让用户沉浸在环境和技术结合所带来的视觉冲击中,让用户能直接与环境进行交互,革新了用户阅听习惯。报纸将 AR 与自身纸质媒介结合,提供多样化且组合自由的互动方式,使报纸内容和表达方式发生了变化。目前,《人民日报》启动了 AR 项目,"报纸+AR"的方式也让读报方式变得新颖,让用户与报刊的联系变得更加紧密,也成为广告经营的新模式。如 2016 年,《人民日报》与中兴合作,推出国内首个纸媒 AR 广告,首次尝试了"传统纸媒+AR"的全新媒体形式广告,最终,该 AR 广告阅读量达到 300 万次,微博话题关注量超过 200 万人,互动量也达到 18 万次。[①] 在时政类信息融合传播方面,《人民日报》也努力结合 AR 技术,刷新用户观念,如 2017 年两会期间人民网推出的《"剧透"2017 年全国两会》,将实景与虚景进行巧妙结合,使用颇具新意的视频语言,通过模拟方式实现 AR 效果,从用户的视角一镜到底,概括呈现出脱贫攻坚、供给侧结构性改革、《民法总则》草案审议等两会热点。同时,该短剧还以邀请函的形式使用户参与其中,代入感十足,用户就像亲手打开盒子一般,揭秘一个个两会看点,这打破了传统纸质媒体传播的壁垒,实现了更好的用户体验。

6.时政传播嫁接多样流行艺术形式　扩大传播覆盖面

根据 2017 年发布的第 40 次《中国互联网络发展状况统计报告》,网民年龄

---

① 樊庆峰:畅通信息丝绸之路新技术为新媒体发展"赋"能[EB/OL].(2017−08−03)[2018−02−10].http://finance.people.com.cn/n1/2016/0726/c1004−28586682.html.

结构依然偏向年轻化,以 10—39 岁群体为主,其占比为 72.1%。① 因此,传统媒体所做的网络新闻也要进行话语方式的改变。从《人民日报》的实践来看,为增强时政类视觉化产品的传播力,《人民日报》将时政信息与多种流行艺术形式结合,引起了年轻用户的注意并获得了他们的认同。

2017 年金砖峰会期间,人民日报社新媒体中心与 YY 语音联合推出《这就是金砖 style》,这是《人民日报》推出的第一首用于政务推广的原创喊麦歌曲,将喊麦这种近年来在国内兴起的娱乐表达方式引入了新媒体报道领域。歌曲由 7 名 YY 人气主播演唱,受到青年群体的好评,这是时政新闻宣传向新的传播领域扩展、探索新的表达方式的表现。对于《人民日报》而言,联手直播平台 YY 语音,将喊麦这一特色文化与金砖会议政务推广结合,是主流文化与亚文化结合的有益尝试。除此之外,《人民日报》也不断创新政务推广的表达形式,如推出两会版《成都》,将民谣这一流行元素融入到两会的同步宣传中,点燃青年的梦想和奋斗激情,使时政宣传接地气、入民心。

(四)产品分发机制创新:多平台外散式分发

随着市场化媒体、新媒体、自媒体的不断涌现,内容市场在经历了内容匮乏和内容暴增阶段后转入内容过剩阶段,用户因注意力和精力有限,开始对内容产生疲劳感。因此,内容生产商要创新内容分发渠道,从提高内容分发的精准度以及拓宽分发渠道两个方面出发,使内容产品更有效率地传播,从而到达更多用户。目前,除通过社内正常渠道分发时政类视觉化产品外,《人民日报》还从客户端分发、社交平台分发和原创视频平台分发三方面着力。

在客户端分发方面,2017 年 1 月,《人民日报》客户端版本再次升级,新版客户端优化了客户端页卡和功能分区,使整体更加结构化。此外,客户端还开通了直播频道,用户可以一键直达直播内容,随时查看当前直播节目和历史直

---

① 中国互联网络信息中心.第 40 次《中国互联网络发展状况统计报告》(全文)[EB/OL].(2017-08-03)[2017-10-20].http://www.cnnic.net.cn/hlwfzyj/hlwxzbg/hlwtjbg/201708/t20170803_69444.htm.

播节目。同时,客户端增设了大数据智能推荐功能,用户可以提前预约自己感兴趣的直播内容,后台将记录用户的观阅喜好,推送符合用户兴趣的视觉化新闻产品。新版客户端将大数据智能推荐与人工编辑把关相结合——编辑以价值观为导向、算法以数据为导向,既保证了公平,又保证了信息传播效率。

在社交分发方面,《人民日报》加大了与社交平台合作的力度,以此提升用户流量。短视频方面,《人民日报》与新浪微博、一直播加深合作,其制作的短视频产品先上传到一直播,再通过卡片式链接插播在微博配文中,用户可以自由选择进入一直播页面观看还是停留在微博页面观看,这简化了观看流程。在直播产品方面,《人民日报》与新浪微博共同推出的"人民直播"提供了全流程技术解决方案、免费的云存储和带宽支持,用户不用跳转页面就可以直接在微博页面中观看到《人民日报》推送的"人民直播",并可随看随停,这优化了用户观看体验。同时,社交分发还可依靠人际传播的特点,提高用户与信息的匹配质量。用户在社交平台可针对信息自由选择深阅读、浅阅读方式,并与其他用户进行互动和分享,而信息流与新闻流借此贯通起来,通过用户自发多层级转发增强传播力。

另外,《人民日报》还与原创视频分发平台开展了合作。2017年,《人民日报》入驻大鱼号。大鱼号作为阿里巴巴文化娱乐集团的分发平台,为《人民日报》的视频产品提供一键接入、多网络平台分发等服务,以此扩展《人民日报》优质视频产品的分发渠道。除此之外,"大鱼号"还为《人民日报》描绘用户画像、提供数据服务,帮助《人民日报》更好地了解视频内容产品的传播情况。

(五)新闻视觉化产品的不足与提升

《人民日报》通过生产、分发机制的创新,以及对视觉化产品的积极探索,走在了媒体融合创新的前沿,但在具体的视觉化产品的细节研发上还有很大的提升空间。

1.数据可视化产品交互程度低

从目前对《人民日报》的视觉化产品的研究来看,数据可视化产品交互程度还处于较初级水平,专业性和传播效果远不如其他类型产品。其一,《人民日报》数据可视化产品较少运用实时数据进行视觉化呈现,用户只能浏览到编辑和记者已编辑排版过的新闻信息,而不能实时了解时政新闻信息。其二,用户不能自主选择新闻内容的呈现模式,只能按照预定的方式进行浏览。其三,用户可进行的交互操作较少,不能对新闻作品进行深度制作或扩充产品内容。《南方都市报》的编辑邹莹曾指出,数据新闻将转化为数据应用商品,实现数据实时化、动态化、开放化。① 数据可视化产品要发挥传播效力,需与用户产生互动,要考虑将用户纳入新闻的制作与传播中来,让用户主动成为新闻数据源并上传个人数据,以提升数据可视化产品的时效性与准确性。

2.部分图解类数据新闻尚停留在对信息的简单视觉化转化

通过对人民网的《图解新闻》栏目和数据新闻与可视化实验室制作的图片类数据新闻可视化产品的观察可以发现,大部分内容产品仅仅是将报告、人物讲话、重大新闻活动议程直接转化为信息图,其与传统报道的区别是增加了传统图表、地图、时间轴等视觉化内容并进行了排版优化,但并未对数据信息加以深度运用,也未实现创造性转化,编辑人员的创造力在一定程度上受到了限制。未来,设计与制作数据可视化产品时应减少文字篇幅,利用数据挖掘时间点之间的关联,加强对新闻事件多维度、多种方式的立体视觉化报道,推动预测性报道的发布,提高用户对可视化产品的认可与接受程度。

3.外围视觉化元素没有参与到新闻叙事中

外围视觉化元素,即独立于新闻事件之外,对可视化作品的主题呈现无实质性帮助,只起装饰、填充作用的视觉可视化元素。在 2017 年的两会报道中,图解新闻中出现了动态元素,如《图个明白:政府工作报告,九大民生亮点值得期待》《十大政策红包》等,超越以往静态图片,让人眼前一亮。但这类图解只对图片中的外围元素进行了动作设计,如云朵的飘动、人物的行走等,对两会具体

---

① 邹莹.南都一期"数读"作品的诞生[EB/OL].(2013-11-13)[2017-10-20].http://www.southcn.com/nfdaily/media/cmyj/44/content/2013-11/13/content_84516769.htm.

主题与相关内容没有实质性呈现作用,文字仍然是此类图解新闻的主体,因此,用户阅读兴趣未见提高。

四、各方观点

时政报道向新媒体端靠拢有这么几个考虑:一是时政类融媒体产品的出现是时政报道要去占领新媒体平台的一种需求。习近平总书记曾经说过,哪里有人群,哪里就是我们的主阵地。现在新媒体是聚集受众人群最多的地方,这就要求我们适应新媒体的需求,并且占领新媒体这个阵地。二是时政类融媒体产品出现本身带来的是时政报道的一种理论创新,这些融媒体产品很大程度上改变了我们既有的语态。三是时政报道向新媒体端靠拢是时政报道从作品意识向产品意识转换的一种创新。融媒体产品在运用新技术的同时,实际上也是在调动时政传播的产品意识、用户意识。四是媒介技术对于时政报道产生倒逼作用,这要求我们与时俱进,而不能墨守成规。

——中国传媒大学新闻传播学部教授　孙振虎

在未来,我想我们需要重新思考什么是交流、什么是传播,人与人之间怎样沟通。包括穿戴设备、传感器的研发,未来我们的可视化最终放在哪些终端上,终端的变化会对可视化的方法带来哪些影响,这些都是未知的。目前我们着眼于移动终端,但随着未来互联网的发展,信息可视化会出现在多个终端上,甚至是我们目前认为不是终端的终端上,比如冰箱、汽车、墙体等。所以我们需要思考信息和人之间的关系,以及重新定义什么是信息、什么是新闻、什么是价值。未来可以有很多想象,但核心依然是以人为主,用户体验必须是核心,无论终端如何变化,信息都是为人服务的,用户体验永远是第一位的。

——人民日报媒体技术股份有限公司视觉总监　吴莺[①]

---

① 陈旭管,曹雨薇.媒体融合背景下的可视化探索——访人民日报媒体技术股份有限公司视觉总监吴莺[EB/OL].(2017-09-25)[2018-01-08].http://www.sohu.com/a/194386106_770746.

值得注意的还有 VR 技术及其应用对新闻业的影响。单纯的 VR 技术可以完成全景拍摄,然后人们戴上可穿戴设备,进入虚拟场景或真实场景,"身临其境"。如果将这种技术应用于极端新闻事件,观众可以立刻"成为"巴黎袭击事件的亲历者,在他身后就是追赶而来的恐怖分子,身边就是急速奔跑的市民。这就是未来的媒体类型和报道变革。在任何重大事件发生的现场,都有 VR 拍摄装置,我们只要戴上 VR 眼镜,就可以立即"抵达现场"。这时候,我们还需要媒体做现场报道吗?很多时候不需要。那么,新闻媒体的价值何在?专业媒体要做的更多是深度调查和阐释价值。

——中山大学传播与设计学院院长 张志安①

移动直播的兴起,带来了大众传播与用户社交的全新融合方式。移动直播所带来的价值,绝不仅仅是内容形态的丰富,它还引领了移动互联时代新闻生产同场化、开放化、交互化、平台化的发展趋势,这是朝着融合转型方向迈出的决定性一步。

转型的过程绝非一蹴而就,一定会经历变革带来的阵痛。从来没有一个敌人叫新媒体,能够阻碍我们的,只有头脑中的那个尚未"融合"的观念。今天我们所做的创新努力,绝不止于技术,而是要完成内容生产、工艺流程、制度适配、组织形态、利益格局等方面的调整甚至重构。

——中央电视台新闻中心新媒体新闻部 杨继红②

五、深度访谈

采访对象: 人民日报媒体技术股份有限公司数据新闻与可视化实验室副主任 张建波

采访日期: 2017 年 12 月 25 日

---

① 张志安.新新闻生态系统:当下与未来[J].新闻战线,2016(7):44-46.
② 杨继红.专注移动,创新融合发展新业态[J].新闻战线,2017(3):31-34.

问：人民日报媒体技术股份有限公司近两年来一直致力于移动可视化方面的探索，您认为今年在移动端的可视化方面取得了哪些新的突破或进展？

答：今年，我们在新闻产品的融合与创新上进行了很多新的尝试，也积累了一些经验。我们使用新技术提升用户体验，在可视化产品生产上尝试了一些新玩法，取得了不错的效果。

如今年（2017年）全国两会期间，人民日报中央厨房推出H5作品《2017两会入场券》，融合抽奖抢票、在线选座、直播打赏等互动元素，吸引用户通过移动端观看开幕式直播。十九大期间，《人民日报》首部闪卡H5动画《史上最牛创业团队》上线，以网友喜闻乐见的形式生动展示我党的奋斗历程和成功经验，一经推出就刷爆朋友圈。国庆节期间，我们制作的《移动互联网改变生活》系列竖版短视频上线，讲述过去5年移动互联网改变百姓生活的故事，全部采用真人第一视角拍摄，画面接地气。世界互联网大会期间，我们推出了《大写的服！人民日报居然给人工智能拍了个"文艺片"》，这是个竖版动画，收获了不少好评。

此外，我们协助若干个融媒体工作室制作了一些实验性短片，尝试了创意广告等形式，并针对海外社交媒体平台定制生产了一些短视频，传播效果良好。

问：您可以从可视化产品的角度介绍中央厨房可视化产品的生产机制和运营模式吗？

答：中央厨房是一套机制，而不是一个机构。人民日报社社长杨振武指出，中央厨房是面向受众、面向国际、面向未来的新一代内容生产、传播和运营体系。

在人民日报中央厨房的组织架构中，总编调度中心和采编联动平台是核心。总编调度中心是人民日报中央厨房的指挥中枢，负责宣传任务统筹、重大选题策划、采访力量指挥。采编联动平台是人民日报中央厨房的常设运行机构，下设全媒体采访中心、编辑中心和技术中心，负责执行指令，进行全媒体新闻产品的生产加工。依托中央厨房机制，对采访、编辑、技术力量实现了统筹管理、打通使用，他们听从总编调度中心的指挥。通过中央厨房，各终端渠道策划部署一体统筹、采编力量一体指挥、各类媒体一体发力。

用人民日报社副总编辑卢新宁的话说,中央厨房的目的不是让新闻成为流水线的产品,而是尽量充分发挥不同媒介的新闻专业特色,实现个性化新闻生产,满足新闻产品的个性化需求。中央厨房"烹制"新闻美味,我们注重内容与技术的深度结合,重视一体策划、一次采集,多种生成、多元传播,全网推送、全球覆盖。

融媒体产品的生产是多元的、百花齐放的。以融媒体工作室为例,40多个工作室在可视化方面进行着有益尝试,人民日报媒体技术股份有限公司在多个方面提供相应支持。

问:到目前为止,中央厨房一共有多少个融媒体工作室? 工作室更多聚焦哪些领域(时政、经济、文化、艺术等)?

答:2016年10月,人民日报社启动融媒体工作室计划。截至2017年11月1日,已成立42个融媒体工作室,覆盖时政、财经、文化、社会、军事等领域,麻辣财经、半亩方塘、一本政经、大江东、南方南、碰碰词、学习大国、国策说等工作室已经形成了自己的品牌个性。

麻辣财经的作品有三类:一是政策解读类,主要是对党中央、国务院重要会议、重大方针政策的解读;二是对社会上一些事件观点进行澄清和回应;三是针砭时弊。半亩方塘聚焦于文化教育等领域的融媒体产品制作、人工智能开发,以及微视频的制作,人民日报社首款智能机器人"小融"是他们参与开发的。大江东由人民日报社上海分社牵头,融合了沪、苏、浙、皖、赣等分社及人民网地方频道的采编力量。学习大国以"学习"为立足点,通过对习近平总书记执政理念、中央领导重要活动和中央大政方针的解读,以及对涉及国计民生的热点话题的关注,尝试构建学习新平台。国策说则集政策咨询服务与媒体内容制作、发布于一体。

问:一个融媒体工作室内部是否会生产H5、短视频、图解等多类型可视化产品? 遇到技术难题可以从哪些部门获得支持?

答:中央厨房鼓励融媒体工作室进行不同形式融媒体生产的尝试,比较常见的融媒体产品形式包括H5、短视频、动图、图解、音频,除此之外,也有虚拟现实、人工智能技术的运用。

融媒体工作室最显著的特点是"四跨+五支持",即采编人员可以实现"跨部门、跨媒体、跨地域、跨专业"的自由兴趣组合;"五支持"是指中央厨房作为孵化器,给予融媒体工作室资金支持、技术支持、传播推广支持、运营支持和经营支持。人民日报媒体技术股份有限公司配备了专业的技术人员、设计师、动画制作人员、视频编辑,可以在第一时间就技术实现与融媒体工作室进行对接。

问:请问融媒体工作室和中央厨房数据新闻与可视化实验室的关系是什么?数据新闻与可视化实验室如何参与到中央厨房的可视化产品的内容生产中?可以结合案例介绍实验室与融媒体工作室项目制跨部门合作的具体方式吗?

答:人民日报媒体技术股份有限公司有一个专门的部门,叫作数据新闻与可视化实验室,它深度参与人民日报中央厨房的可视化生产工作。这个实验室和融媒体工作室之间是对接关系,即直接支持、配合相关工作室的内容生产、产品推送,实验室部分员工直接深度参与一些工作室的工作。除此之外,数据新闻与可视化实验室专注于内容可视化的尝试,生产一些有创意的原创内容。比如今年(2017年),我们尝试了创意广告、表情包、竖版视频、竖版动画等形式。

问:在十九大报道中,青创营工作室的H5产品《史上最牛创业团队》受到许多人的关注,您认为人民日报社在用可视化产品讲述党的故事方面有哪些创新?

答:《史上最牛创业团队》由人民日报中央厨房青创营工作室联合中央厨房的技术人员精心策划、制作而成。产品从策划、设计到上线仅用了5天时间。在技术实现上,不断压缩信息停留时间的闪卡形式,配上有辨识度的效果,可以迅速吸引用户注意力。据我们统计,该作品在移动端的传播大部分是用户自发传播,自发传播层级近60层,有近60%的访问量来自微信朋友圈。

习近平总书记曾要求:"人在哪里,阵地就在哪里。"用融媒体产品讲述党的故事,需要方向准、导向正、创意新、质量优。人民日报社在产品的"准""新""微""快"上下功夫,打造与主流媒体品格和气质相一致的精品,让报道接地气、更有感染力。此外,我们尝试将内容与技术相结合,坚持"深度+内容定制化""速度+数据可视化""角度+方式故事化",从语言风格、叙事形式到互动方式,不断探索用户青睐的形式。

问:您认为 H5 在时政信息传播上发挥了怎样的作用?您认为 H5 产品在时政类报道中有更大的发展空间吗?

答:"全国党媒携手迈入新时代"十九大融合报道精品 100 展示活动近期举行,我在参加这个活动时发现,参选的作品中 H5 产品占很大比例,其中也不乏一些精品,也有好几个 H5 游戏。每种形式的产品都有比较独特的属性和适合传播的渠道,新的形式不断涌现,但真正有影响力、传播力的作品,一定是内容和形式结合得很好的。H5 产品的类型比较多,表现力强、趣味性强、互动性强的作品其实是自带流量的,更容易让用户自发传播、分享。

〔杨凤娇,中国传媒大学新闻传播学部教授;曹慧仪、葛水仙,中国传媒大学新闻传播学部硕士研究生〕

《新京报》"我们视频":传统媒体内容生产新模式

崔　林　赵伊梦

摘要: 在移动互联网的高速发展的浪潮中,传统媒体积极寻求转型,其中,《新京报》从一份口碑甚好的报纸转型为原创内容的平台,全面覆盖各类传播端口。2016年,《新京报》看准新闻短视频的风口,携手腾讯创办"我们视频",其自身的内容优势与互联网的技术、平台优势形成合力,不到一年就打造了新闻短视频品牌,在重大热点事件的报道中崭露头角。本文以"我们视频"上线一年来发布的新闻短视频为研究对象,研究其内容特征和生产流程,并对其目前的发展困境进行解析。

关键词: 《新京报》;"我们视频";短视频;内容生产

一、案例背景

2017年以来,短视频市场整体增长强劲,到12月份,短视频综合平台与短视频聚合平台活跃用户规模分别达到3.341亿人与1.099亿人,各项数据与年初相比增幅远超100%。[①] 短视频行业的资本市场持续升温,2017年仅前三个季度就有48笔投融资。[②] 随着人们对短视频的需求的增长,越来越多的媒体、人才和技术投入到短视频领域,经过爆发式发展的短视频行业已从媒体转型和年轻

---

① 易观智库.中国短视频市场专题分析2017［EB/OL］.（2018-02-01）［2018-02-07］.https://www.analysys.cn/analysis/trade/detail/1000646/.

② 艾瑞咨询.中国短视频行业发展研究报告［EB/OL］.（2017-12-29）［2018-02-07］.http://www.iresearch.com.cn/report/3118.html.

人创业的蓝海变为红海。自 2016 年以来,国内短视频市场逐渐朝精细化、垂直化、专业化方向发展,主打新闻资讯的短视频开始出现并迅速发展,各类新闻媒体纷纷进军新闻短视频市场,抓住机遇,用短视频覆盖重大新闻现场和热点事件。

(一)短视频市场精细化:新闻资讯短视频崛起

2013 年初,一名土耳其记者利用短视频应用 Vine 的 6 秒短视频记录了一次自杀式爆炸袭击。2014 年,英国广播公司(BBC)在 Instagram 上推出了一项名为"Instafax"的短视频新闻服务。创立于 2012 年的 Now This News 作为新闻短视频的先驱,是主打短视频新闻的专业网站,全面尝试利用短视频社交应用平台进行更高规格的即时新闻生产[①],成立不到两年就有了"CNN 杀手"之称[②]。

国内方面,新闻类短视频平台有原澎湃骨干在 2016 年打造的梨视频、《新京报》的我们视频、奇虎 360 和北京电视台合办的北京时间、SMG 旗下的看看新闻、界面新闻的箭厂等。短视频集合了视频、音频及文字等多种媒体形式,对新闻现场的呈现、对新闻事件的梳理和对新闻故事的讲述都更加直观生动。这些短视频媒体通过社交媒体、门户网站、客户端等视频传播平台,第一时间为受众提供突发事件的新闻现场和热点资讯,满足了受众对信息的可视性、互动性、实时性、故事性的需求。

(二)放眼全球:国际资讯类短视频应运而生

随着"只做新闻"的短视频媒体兴起,国内出现了一批专注于国际资讯的短视频媒体,这类媒体看准短视频的发展潜力,用短视频的形式报道国际新闻资讯,成为"只做国际新闻"的短视频媒体。其中,一部分是大型短视频媒体的国际新闻栏目,如梨视频的《时差视频》、我们视频的《世面》、北京时间的《24 时

---

① 张梓轩,王海,徐丹."移动短视频社交应用"的兴起及趋势[J].中国记者,2014(2):107-109.
② O'DONOVANC.Now This News,a leader in mobile/social/video,shifts its strategy and its personnel[EB/OL].(2014-05-14)[2017-11-12].http://www.niemanlab.org/2014/05/nowthis-news-a-leader-in-mobilesocialvideo-shifts-its-strategy-and-its-personnel/.

区》、看看新闻的《全球眼 News》等。另一部分是单纯做国际新闻资讯的短视频媒体,如腾讯企鹅号中的 WatchThis 字幕组、全球锋报、世界说等。除此之外,一些原本专注于国际新闻图文报道的媒体也看准短视频的市场,开辟自己的短视频平台,其中包括与微博视频自媒体胡椒视频合作的环球网等。

在新兴短视频媒体发力的同时,主流媒体也尝试用短视频的形式报道重大国际新闻,新华社的新华 15 秒、中央电视台的央视新闻移动网都是国家主流媒体推出的以移动直播和短视频为主要内容的融媒体新闻平台。

除了专门的网站和移动客户端,以微博、秒拍为主的社交媒体平台也是各大主流媒体发布短视频的主要阵地,是国内受众了解国际突发事件的渠道之一。

这批专注于国际资讯短视频的媒体尽管侧重点不同,但具有共同的特点,即利用信息壁垒和语言壁垒,通过整合外国媒体和社交网络上的资讯,进行编译和再创作,第一时间为国内受众提供新闻现场信息和他们感兴趣的资讯。这批媒体的发展势如破竹,它们甚至逐渐成为报道重大国际突发新闻的主力军、网络热点资讯病毒式传播的源头。

二、案例介绍

2017 年 9 月 11 日,我们视频上线 365 天,生产了 5 000 多条短视频,在腾讯单一平台的累计播放量达 30 多亿。目前,我们视频每周生产原创短视频 200 条,播放量达 1.5 亿;日均 30 条,日均播放量达 2 000 万(均为腾讯单一平台数据)。2017 年,我们视频做了超过 600 场新闻直播,累计观看流量过亿,目前平均每天直播 2—3 场。[①]

---

① 为新闻而生,"我们"视频今天一周岁了[EB/OL].(2017-09-11)[2017-12-21].http:www.sohu.com/a/r91157998_257199.

（一）新闻视频看"我们"

2016年7月，《新京报》组建了视频报道部。9月，我们视频正式上线，腾讯购买了独家版权，成为我们视频的独家播放平台。10月9日至12日，《新京报》连续四天刊登一组宣传口号："新闻直播，看我们""新闻视频，看我们""新闻现场，看我们""关键时刻，看我们"。上线一个月的我们视频在腾讯视频上的累计播放量超过5 000万次。媒体与平台领域的佼佼者强强联手，给我们视频带来了内容质量与渠道的双重保证。

在直播和短视频井喷式发展的时代，我们视频找到了自己的定位：只做新闻，并且聚焦于突发、社会、时政方面的内容。视频是我们视频采用的主要形式，也是传统报业媒体《新京报》在融媒体领域的尝试。

在发布平台上，我们视频选择了以手机为主的移动端。我们视频看准趋势，迎合受众的使用习惯，集中力量发展小屏视频，其腾讯的分发平台包括新闻客户端排名第一的腾讯新闻客户端、排名第三的天天快报，视频客户端排名第一的腾讯视频，以及门户排名第一的腾讯网。[1]

同时，我们视频利用专业新闻团队的权威性对视频画面和信息进行追踪求证，提供更准确、更全面的事实。当优质内容和有效平台形成合力，成绩自然有目共睹。2017年第二季度，在腾讯视频企鹅号发布的媒体人文榜中，我们视频位列榜首；5月初，我们视频生产短视频2 000多条，累计播放量突破10亿；8月6日，我们视频的单日播放量超过4 000万，再创新高；8月第二周，我们视频成为北京企鹅号20强之首。

我们视频出品的短视频栏目《局面》是一档由《新京报》首席记者王志安主持的热点人物访谈节目，接连对杭州纵火案当事人、导演及演员吴京、东京女留学生遇害案当事人等做了专访，并推出了具有重大社会影响力的报道。2017年11月，《局面》发布了专访江歌母亲与江歌室友刘鑫的视频，使该案重回大众视

---

[1]　张欢.无直播无真相　新京报要做最好的移动端新闻视频［EB/OL］.（2016-10-17）［2017-11-12］.http://www.caanb.com/portal.php? mod=view&aid=4194.

野,成为各类媒体的报道重点和舆论探讨的焦点。

(二)国际新闻栏目《世面》问世

2017年9月11日,我们视频上线一周年之际,其国际新闻栏目《世面》上线,《世面》的前身是我们视频下的"我们国际"板块。我们国际成立于2017年2月3日,在此前后,一大批国际资讯短视频媒体如雨后春笋般出现。我们国际自创立以来,一直在探索适合自己的发展之路,形成了有别于其他国际资讯短视频的特色,在选题、素材收集、编译、组稿、后期编辑、研究受众反馈等环节力求独树一帜。

2017年5月,在我们视频累计播放量突破10亿的同时,我们国际板块的累计播放量突破1亿。目前,《世面》每周生产短视频60条,流量过千万,逐步成为一个数量、流量稳步增长的栏目。

(三)专业新闻媒体与平台结合打造品牌

借着短视频的风口发展起来的资讯短视频媒体不在少数,而我们视频最大的特征和优势在于扎根传统纸媒《新京报》,与互联网巨头腾讯合作,在新媒体的资金、渠道、推广等方面的支持下融合转型,成为优质内容的生产平台。

早在着力短视频之前,《新京报》就已经开始在重大事件报道中做全媒体的融合报道,包括深度调查与评论、现场直播、动画、"两微一端"、微信矩阵等形式,而短视频更是传统纸媒转型中不可或缺的一步。《新京报》优质、有深度的原创内容,多年积累的媒体资源,传统纸媒的新闻资质是我们视频强有力的后盾。我们视频的短视频报道以专业的新闻规范为指导、追求"内容为王",能迅速获得采访权限并抓住核心事实。另外,与腾讯的合作弥补了传统媒体在资金、技术和分发渠道等方面的不足,强大的平台支撑让我们视频的生产力和影响力逐步扩大。在内容铺开的同时,受众对我们视频短视频的印象从经常出现在客户端、微信、微博上的名字,变为在重大热点事件中有独家内容和经典报道的新闻短视频品牌。

三、案例分析

(一)我们视频的内容特征

进行深度报道、提供独家视角一直是《新京报》的特色,我们视频的短视频基于《新京报》总体的内容导向、短视频的形式和互联网的传播平台,具有不同于其他短视频的内容特征。通过对截止到2017年11月点击量排名前100以及在社会上产生广泛影响的短视频进行分析,我们发现其内容特征主要有三点:一是内容以严肃的社会新闻为主;二是突出了事发瞬间的现场感;三是报道没有明显的叙述者。

1.内容以严肃社会新闻为主

短视频偏重故事性和画面的质感,力求在最短的时间内吸引受众的目光。画面相对单薄的时政和财经新闻并不是我们视频的选题重点,我们视频尽可能减少短视频的政治味道,而偏向关于社会新闻、热点资讯和重大事件的独家报道。在腾讯视频中,我们视频的短视频主要分为以下几个部分:军演一线、我们的两会、我们国际、我们监督、我们航拍、我们监拍、暖视频、我们暗访、局面以及重大热点事件的系列专题报道。截止到2017年11月,我们视频点击量前100的短视频主要涵盖的主题如表1所示。

表1 点击量前100的我们视频短视频主题分布、发布条数及点击量

主题	数量	举例(同类中点击量最高的一条)	点击量 (单位:万)	类别
交通事故	24	实拍:河南商丘睢县幼儿园校车与货车相撞视频监控曝光	956.6	车祸监控
社会案件	20	广东男子用板砖砸运钞车 被押运员开枪当场击毙	1 149.1	银行抢劫
意外事故	16	睡梦中房屋坍塌 夫妻双双被埋	907.1	房屋坍塌

续表

主题	数量	举例(同类中点击量最高的一条)	点击量(单位:万)	类别
热点事件	13	八达岭动物园事件当事人亲述被虎叼走细节 回应质疑	223.6	社会热点
奇闻逸事	13	浙江游客报警山上有老虎 警察出动还真"找到了"	592.4	乌龙
社会事件	8	重庆巫山"童养媳":回想过去 除了哭就是恨	520.8	社会调查
正能量	1	离家77年老兵返乡抵达成都:最想吃四川腊肉	309.7	老兵返乡

受众的反馈是商业媒体选题的重要决定因素。在人员和产量有限的情况下,媒体会更重视受众反馈强烈,也就是点击量、评论量更高的选题,或是已经有一定热度的话题。在我们视频点击量排名前100的短视频中,将近四分之一的选题与交通事故有关(见图1),包括公路车祸、铁路事故及其后续的跟踪报道。社会案件和意外事故也是受众和媒体关注的话题,其中警察追捕嫌犯、与嫌犯对峙以及银行抢劫这类抓人眼球的社会案件普遍有较高的点击量,受众对于意外事故发生瞬间、大型事故救援等的后续进展也较为关注。引起全民讨论的热点事件和微博热搜话题也是我们视频报道的重点,我们视频力求在第一时间跟进热点、引导舆论。此外,虽然一些较为个别的社会事件没有引起广泛探讨,但是我们视频仍发挥了新闻对个别不公正现象的监督作用,并没有减弱对这类选题的报道力度。除了占主要比重的严肃社会新闻和深度调查报道,我们视频的选题也会涉及奇闻逸事、视觉奇观和正能量的内容以进行平衡,如航拍超级工程、老兵返乡以及对社会话题的街采等。

在我们视频的短视频中,生产量最大的是专注于国际资讯短视频的我们国际以及改版后的《世面》,内容包括涉及犯罪、暴力、性的社会事件和案件,国外涉华的社会新闻,能引起受众共鸣的奇人奇事奇案,以画面取胜的趣闻暖闻等。截止到2017年9月,我们国际点击量超过百万的视频共计132条,主要涵盖的主题如表2所示。

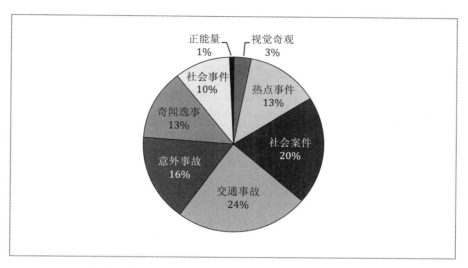

图1 点击量前100的我们视频短视频各类主题占比

表2 点击量过百万的我们国际短视频主题分布、发布条数及点击量

主题	数量	举例(同类中点击量最高的一条)	点击量(单位:万)	类别
海外华人	26	在美交流的北大毕业女生失联前监控曝光:上了一辆黑色轿车	764.7	华人失踪
意外事故	26	美国13岁男孩直播玩枪走火 "砰"的一声将自己打死	1 068.1	直播事故
奇闻逸事	22	世上唯一一个大学毕业的猩猩去世 曾"说"自己既是猩猩又是人类	332.3	动物奇闻
社会案件	15	新加坡现保姆杀人案 印尼女佣杀害华人老夫妇后落网	223.6	谋杀
社会事件	11	实拍丹麦海岸生蚝泛滥 中国网民:让我来!	391	社会热点
军事	9	叙利亚毒气袭击现场惨烈如地狱 各方谴责:这是战争罪	310.1	化武袭击
时政	8	沙特国王萨勒曼抵京 实拍霸气车队	732.5	领导人出访

续表

主题	数量	举例（同类中点击量最高的一条）	点击量（单位：万）	类别
正能量	7	实拍：为救落水游客 美国海岸80人自发结成人墙 被赞英雄	1 138.7	营救行动
灾难灾害	6	法国山火导致数千游客被困海滩 身后巨大黄色火焰蔓延天边	172.9	大火
奇观	2	惊艳！南美洲现罕见日环食 太阳变红色发光火环	254.5	天文现象

据统计，在国际资讯短视频中，涉及海外华人和与中国相关的事件是受众关注的重点之一（见图2），在海外失踪的华人、留学生的动向等话题始终是人们关注的焦点。在社会案件和社会事件中，相比其他千奇百怪的事件，受众对与中国相关的事件更加重视，如法国警察击毙华人事件，丹麦生蚝泛滥、中国网民热烈响应等话题。由于接近性强、容易产生共鸣，媒体更重视涉华的选题。但是受众的选择并不是我们国际选题的唯一导向，我们国际偏向具有一定影响力的社会新闻和硬新闻。在点击量超过100万的短视频中，时政主题占比6%，而其中重大突发事件占比50%，如英国议会大厦恐袭、巴塞罗那市中心恐袭等。尽管在报道重大突发事件的短视频中，点击量超过百万的作品数量有限，但这类突发事件是我们国际必选的选题。

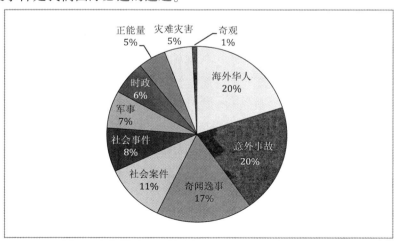

图2 点击量过百万的我们国际短视频各类主题占比

2.现场画面的真实感

面对重大突发新闻和热点事件,传统媒体的视频报道常使用直播连线记者的形式,通过记者出镜报道为观众还原最真实的事发现场,如果受限无法接近第一现场,则会通过主持人和记者的口述、街采、航拍等方式接近事件,获得第一手的视频素材,尽可能做到"同步"和"直观"。但是从事发瞬间到记者现场直播,这种"同步"存在滞后性。记者到达现场进行的报道或媒体调动各种资源获取的视频素材,往往记录的是事发后的一段时间的情况,还原的大多是后续现场,缺少事发瞬间的画面。我们视频的短视频画面注重事发瞬间和第一现场,常利用事发时的监控录像、行车记录仪录像、执法记录仪录像、拍客拍摄的事发现场等资源还原第一现场,而交通事故、意外事故和社会案件等的现场画面最具有冲击力,这也解释了这类选题点击量相对较高的原因。《新京报》的记者凭借对热点资讯的敏锐感知、搜集新闻线索的能力和积累多年的社会资源,往往能更快获得新闻事件的现场画面,加之拍客系统日益完善,我们视频借助拍客的力量触及更多事件现场,形成了自己的竞争力。

2017年5月,在关于云南越狱逃犯张林苍落网①的新闻中,我们视频曝光了武警抓捕过程,将武警追捕的行动、犯人被抓时的样貌和精神状态真实还原,堪比电影情节的画面和高度的真实性让受众有了身临其境的体验。在对交通事故和意外事故的报道中,我们视频通过监控和现场拍客拍摄的车祸撞击或意外发生的瞬间让画面更具有冲击力。当人们真的在画面中看到从一辆6座面包车里走出40人时,其对新闻本身的印象会更深刻,而这也更有利于视频的分享和传播。

国际资讯短视频通过整合国外社交媒体上拍客拍摄的视频,或距离现场最近、反应最快的当地媒体的视频报道,力求多层次地还原新闻现场、讲述新闻故事。其中,枪击瞬间的枪声、爆炸瞬间的火光、撞击瞬间的剧烈震动等都是视频

---

① 2017年5月10日,云南省司法厅对"5·02"脱逃案件进行了通报,通报表示,5月10日9时10分,云南越狱逃犯张林苍在云南嵩明县小街镇李官村委会大月字本村小药灵山被警方抓获,追捕中,张林苍企图逃跑,武警战士果断开枪将其击伤,张林苍被当场捕获。

借以增强真实感的关键要素。国际资讯短视频通过拍客拍摄的现场视频和监控录像记录的事发瞬间让突发事件更具真实感。

在英国曼彻斯特体育馆恐袭事件①的视频报道中,我们国际采用了拍客拍摄的爆炸瞬间体育馆里的画面。体育馆内的巨响和观众当时的反应构成了最真实的现场。巨响后人们大声尖叫,视频拍摄者发出惊恐和疑惑的声音,视频画面剧烈抖动、突然黑屏,人群簇拥着向外逃散,一些观众情急之下从座位旁边的护栏翻跳出来逃生等画面,最直观地呈现了恐袭发生瞬间的现场。

3.隐藏的叙述者

不论是现场出镜的记者还是演播室的新闻主播,传统媒体的视频新闻有明显的新闻叙述者,观众在叙述者的引导下了解新闻故事,通过声音和画面的解释理解故事,即使画面不够饱满,仅凭详细的解说也可以明白故事的来龙去脉。而我们视频的短视频现阶段没有明显的新闻叙述者,取而代之的是简洁明了的解释性字幕,逻辑性强、信息丰富的画面和当事人的叙述,以及起辅助作用的现场声效和适当的背景音乐。

在重大突发事件的报道中,我们视频生产时效性强且信息量大的短视频。短视频中具有重要辅助作用的解释性字幕言简意赅,能够在不影响视频效果的同时,帮助观众了解事件发生的时间地点、伤亡人数及前因后果等重要信息。解释性字幕中的语言只呈现客观事实和数据,不带有感情偏向。关于重大突发事件的短视频在背景音乐的选择上非常慎重,大多采用现场声,反映真实的事发现场,如果受到素材限制而不得不添加背景音乐,则会选择恰当、能烘托环境的音乐。而对于相对轻松的题材,如奇闻逸事和趣闻暖闻,背景音乐和字幕是强化视频效果的点睛之笔。

事件当事人、目击者和警方等相关人员是我们视频短视频的重要叙述者,对他们的采访也是对画面的重要补充,能够引导受众了解事件的真相和新闻故

---

① 当地时间 2017 年 5 月 22 日,英国曼彻斯特体育馆发生爆炸袭击,造成 22 人死亡、59 人受伤。警方确认这是一起自杀式爆炸袭击,袭击嫌疑人——22 岁的萨勒曼·阿贝迪为利比亚裔,已在这次爆炸袭击中死亡。

事的原委。报道云南越狱逃犯张林苍落网的一系列短视频中,就有对参与抓捕过程的武警的采访,武警出镜复述抓捕全过程,将惊心动魄的细节声情并茂地展现出来,同时穿插抓捕现场的画面,推进新闻故事的叙事。在报道曼彻斯特恐袭事件时,我们国际的记者电话采访了事发时在现场的中国留学生,通过留学生的完整描述回顾事件过程和细节,并介绍现场中国同胞的情况。我们视频的记者还专访了榆林产妇跳楼事件中产妇的助产士,通过助产士的表达还原了院方视角的事件经过,为受众提供了事件核心一方的陈述,影响了舆论导向。

(二) 我们视频的生产流程

相比于电视新闻报道,在互联网上传播的新闻短视频有更简单的生产流程。短视频最明显的优势是生产周期的缩短、把关人角色的弱化以及互联网平台的病毒式传播。

1.生产周期缩短,时效突破

新闻生产会经历一般社会信息—新闻信息—新闻产品—媒体播出或发布—抵达新闻受众的过程。[1] 传统媒体在整个过程中会投入大量时间、人力、物力,从派记者到达现场采集信息、采访拍摄到开始直播或新闻节目播出,技术要求和成本投入都较高,过程也较为复杂。

而我们视频的突发事件报道或热点资讯短视频可以借助拍客的资源和《新京报》记者积累的渠道。在获知突发新闻后,我们视频第一时间收集拍客拍摄的第一现场和官方提供的监控画面等素材,通过采访反复核实不断更新的信息和数字,由画面编辑根据稿件和视频素材进行后期剪辑和包装,生产周期更短(见表3)。依托于腾讯等视频网站及旗下的客户端或微博、微信等社交媒体简单的上传流程,新闻短视频从成品制作到发布,整个过程高效有序,这进一步强化了新闻的时效性。

---

① 刘笑盈.国际新闻学:本体、方法和功能 [M].中国广播电视出版社,2010:228.

表3　我们视频与央视新闻几大新闻事件报道的首发时间对比

事件	事发时间(当地时间)	我们视频(北京时间)	央视新闻(北京时间)
英国曼彻斯特恐袭	2017.5.22 22:35	5.23 09:05	5.23 09:04
英国议会大厦恐袭	2017.3.22 14:00	3.23 00:49	3.23 06:59
巴塞罗那恐袭事件	2017.8.17 17:00	8.17 23:51	8.18 02:43

2.把关人角色弱化,管理扁平化

一条传统媒体的电视新闻的产生,至少要经历记者、编辑、编辑部三层把关,涉及人员包括台前的主播、记者,幕后的导播、技术人员、编辑等。新闻短视频的制作人员相对较少,包括通过采访获得素材并进行核实的记者、进行剪辑包装的后期、媒体及网站的审片人员。

以我们视频为例,除了一定要报道的重大突发事件之外,记者可根据自己的标准上报选题,媒体把关人根据新闻价值、媒体风格和可行性确定有价值的选题;记者联系采访,组织好文字稿和视频素材后交由后期进行剪辑;后期在媒体把关人审片通过后将作品上传到网站,由网站的把关人进行审核后发布。媒体把关人除了对报社统一口径进行把控以及就画面编辑给出建议外,不会过多限制和干涉记者讲什么故事或怎样讲故事。把关人的角色在整个过程中被弱化,对视频报道的影响较小,这也是短视频生产效率高、周期短的原因之一。

3.依赖互联网平台,易于病毒传播

传统电视媒体新闻报道以电视为主要传播渠道,有固定的受众,但仍是线性传播,转瞬即逝。除电视渠道之外,这类报道也会在电视台的网络平台或手机客户端发布。相比之下,新闻短视频在互联网定制服务的推动下动辄就有上百万的点击量,更容易进行病毒式传播,成为热点。

腾讯为我们视频提供了多渠道的发布平台:门户网站方面,腾讯视频新闻板块中开设有《我们视频》栏目;在移动端,腾讯视频、腾讯新闻、天天快报等客户端也是我们视频的传播渠道;同时,在腾讯上发布视频可以借助微信庞大的用户数量,通过我们视频的公众号在朋友圈广泛传播。

腾讯不仅仅是我们视频的发布平台,更是视频传播的一大推手。腾讯根据受众反馈的数据和自身对新闻内容的判断,为媒体生产的视频选择不同的渠道并进行不同程度的推广。同时,腾讯新闻的专业人士也会根据自己对新闻热点的判断,为媒体指定选题,媒体根据平台的要求提供内容,平台再对其进行大规模推广。微信中腾讯新闻的插件是最有效的传播渠道,被腾讯选中用在插件头条的视频通常有过千万的流量;如果是次条或是插件主体内容下面的相关推荐,其传播效果相对较弱,但仍可以保证点击量过百万。

除了具有独家发布权的腾讯,我们视频的部分短视频也会通过"新京报我们视频"的官方微博发布。微博作为短视频病毒式传播的又一沃土,能帮助短视频在短时间内抵达更大规模的受众。依托新浪微博这个强大的社会意见集散地,在自媒体甚至是主流新闻媒体官方微博转发和评论的推动下,一些内容很容易成为热门话题。

(三) 新闻短视频发展的时代困境

虽然以我们视频、北京时间等为代表的一批新闻短视频媒体的发展势如破竹,但其未来发展却充满挑战。媒体生产内容的专业性和权威性、以服务公众为主导的媒体和以市场盈利为主导的平台之间的博弈、政策的管控等问题将决定短视频媒体能否取得突破,形成良性竞争并持久发展。

1.专业性、权威性有待加强

尽管我们视频拥有良好的发展环境和突出的竞争优势,但这个只有一年多发展历史的媒体也遇到了诸多挑战。虽然依托于专业纸媒《新京报》,但我们视频在记者和视频编辑的专业性方面还有待加强。

新闻资讯短视频的生产以记者为核心,把关人的角色被弱化,这一方面有利于加强新闻的时效性,另一方面,也对记者本身的业务水平提出了更高的要求——从选题到成片,记者要兼具新闻素养和画面意识,且能洞悉互联网传播规律。新闻短视频的素材一部分来自社交媒体,需要记者反复核实,同时视频素材通常较短,从几十秒的画面中识别真假或确切信息十分不易,而发布热点资讯时,记者有可能在追求时效性的同时忽视文字和视频画面的真实性和准确性。在从文字向视频转型的过程中,视频编辑还在不断摸索,通过转变思维,寻找视听语言和后期包装在新闻短视频中的效果最大化的运用方式,尽可能用有限的素材讲好新闻故事。

2.新闻的专业化生产与市场盈利间的博弈

我们视频的发展瓶颈之一是与腾讯这一运营者的协调问题,这背后是《新京报》我们视频新闻的专业性导向和腾讯市场盈利导向之间的博弈。新闻媒体按专业标准生产新闻,其初衷是服务公众、产生社会价值,而腾讯选择推广新闻的重要标准是大数据反馈的受众偏好和商业利润。这就造成了点击量高的新闻质量不一定高,而煞费苦心生产的新闻可能因为不符合腾讯的推广标准而被埋没。相比专注于追求社会效益、发出中国声音的传统电视媒体,以我们视频为代表的短视频媒体还需要在企业的经济利润和媒体的专业价值之间寻找平衡点。

四、各方观点

我们一直在赶短视频风口,并不是因为短视频火,我们才去做,我们视频是从内容形态的角度来开发的。换句话说,风口是要看的,但内容更重要。这也是在短视频很火,同时变现并没有那么理想的行业状况下,我们视频能生存下来并打出自己品牌的原因。

——我们视频总制片人、腾讯网副总编辑　李伦

面对新的传播时代、新的传播势力,《新京报》没有悲观、没有抗拒,而是提出了"+互联网"和"互联网+"的新媒体战略,利用自己的内容生产能力和品牌影响力的优势,张开双臂,积极且真诚地拥抱这个时代的新势力、新技术、新资本、新理念,并以此改造自己的基因,使之与新的时代、新的传播技术更加契合。2016年,《新京报》正式提出了打造移动互联时代中国最具影响力的全媒体原创内容平台

的战略目标。移动互联时代的一个特征,就是速度之变。《新京报》全媒体内容原创平台的谋篇布局,其实就是一种对速度和节奏的掌控,也是成功的关键。

——国内资深平面媒体研究专家　朱学东

我们视频在对待内容和生产上有两个特点。从选题上来看,我们视频适合社交媒体上的阅读和传播,选题具有较强的话题性,不局限于满足用户对某一单一事件的获取和接收,还会引发后续的大规模讨论,比如对"江歌案"的跟踪报道引发了持续时间较长的关于社会伦理和社会规范的探讨,这在媒体融合背景下的视频生产行业中独具特色。另外,我们视频的出现让我们对"微视频"的概念进行了重新思考,原先我们认为,将视频缩短就符合互联网的传播规律了,而我们视频的短视频不长,但有些视频其实也并不是很短。我们视频并非从外在形态上适应互联网,而是从内在逻辑上强调对视频内容质量的把控和对视频走向的预判。在视频的互联网化过程中,我们视频的理解更深一层。

——中国传媒大学电视学院副教授　付晓光

五、深度访谈

采访对象:《新京报》我们视频副总经理　彭远文

采访时间:2018 年 1 月 11 日

问:"我们视频"名字的由来是什么?

答:王跃春总编辑定的"我们","我们"这个项目是腾讯和《新京报》合作开展的,这个名字也在强调合作的意义。我个人的看法是,这两年都被称为自媒体的时代,自媒体就是"我",那"我们"强调的是团队、集体、机构,因为做新闻需要大家一起,短视频不是一个人完成的,直播的人就更多了,从新闻生产的角度来讲,"我"作为个体和自媒体有非常大的局限,团队的力量很重要。

问:是什么启发了传统纸媒《新京报》与互联网巨头腾讯合作以取得"1+1>2"的效果？

答:选择和互联网平台合作,是因为传统媒体要做平台其实是一个不可能的事情,这些年就我视野所及,没有一个成功的案例,不仅是在中国,国际上也没有。不仅是移动端,传统媒体PC端的网站谁会上呢？即便是澎湃新闻,它的真实用户也没办法跟大的平台比,完全不在一个量级,而且这种模式从成本的角度看,往往投入非常多而得不到回报,所以做平台基本上是一条死路。《新京报》这些年非常重要的经验是没有在自己的平台上投入太多,而是使用了所谓的"借船出海"的模式。

问:传统媒体和互联网平台合作有没有弊端？

答:现在很多互联网平台和媒体的合作其实是不公平的,我在《看天下》的时候做了六年的新媒体,包括《看天下》的微信、微博、PC端以及和互联网平台的合作。我几乎拒绝了所有互联网平台和我提的合作方案,因为用这个方案,传统媒体是得不到什么好处的。之前比较流行的是广告分成,但实际上广告分成非常少,这样的营收连出差费用都支付不起,更不用说人力成本。就互联网平台和传统媒体的合作而言,最重要的是两点,第一个就是以足够合理的价格来购买我的版权,第二个就是给我独立的广告经营权。微信和微博为什么可以做传播渠道？因为有独立的广告发行权利。其他很多平台提出的合作模式是不值得做的。

问:追求流量的互联网平台是否与传统媒体《新京报》在新闻价值判断上有冲突？

答:平台不完全是纯粹地追求流量,它们也在追求影响力,追求公共价值,从这一点讲,平台和传统媒体没有太大的区别。不仅是腾讯,有重大新闻出来的时候,所有的平台都在抢,抢的不完全是流量,还有对新闻价值的判断。对新闻价值的判断本身是在不断修正的。过去,传统媒体更多由编辑、记者或者生产者来主导议题,这在很大程度上是因为那时候得不到反馈。之前的电视、报纸、杂志要做什么选题,是编辑部的人一拍脑袋,凭借自己的经验、价值观取向做出判断的。那时候的反馈是不够及时准确的,所以之前新闻生产者对于新闻价值的判断不一定是对的。我个人对于互联网、对于流量、对于受众没有任何的抵触情绪，我也不认为媒体人应该有很强的精英意识，要去启发别人、教导别人，但也不是说要完全迎合受众，在生产者决定议题的环境下，我们去了解受众的需求是非常好的修正。

问：同时期发展起来的新闻资讯短视频媒体各有特色，相比于模式和内容最为相似的北京时间和看看新闻，我们视频的竞争优势和特点在哪？

答：确实有很多相似的媒体，包括北京时间、澎湃新闻、看看新闻还有梨视频等，一方面新闻的范围挺广的，所以我们和梨视频有很多重要的议题相似，但是我们视频最大的优势还是对现场的强调。虽然我们有相当多的内容是用 UGC 和记者、编辑的求证核实来生产的，但我们始终强调记者要去现场。过去一年多我们有影响力的报道大部分是记者去现场做出来的，这也是《新京报》的传统，《新京报》对记者人力的投入一直相当大。用直播和短视频覆盖新闻热点和重要现场是"我们"的基本定位。都市报特别火的时代，几十家媒体都在新闻现场，现在可能只有几家，有时候自媒体的人比记者还多，这是不太正常的现象。

问：这两年新闻短视频百家争鸣，我们视频从鲜为人知到几乎"无处不在"只用了一年多的时间，新闻短视频的发展是短暂的风口还是未来的大势所趋？

答：我认为短视频会在相当长的时间内发展下去。短视频的应用范围比直播要广很多，直播要求事件正在发生中，要求有很强的进程感，要有悬念，不是所有选题都适合做直播，但是适合做成短视频的选题太多了，绝大多数新闻都可以。另外，网络带宽、基础设施越来越好，移动端对视频的需求会越来越大，视频的受众远多于文字、图片和声音的受众。视频是最适合人类接收信息的形式。短视频这么火和人们目前的碎片化的生活方式有关，这是大多数人的生活状态。短视频在相当长的时间内仍然是我们接收信息的主要方式。

问：目前我们视频面临的最大发展瓶颈是什么？未来有什么规划？

答：目前最大的困难其实是人才不足，因为人才需求非常大，但我们培养的人才和原来的积累远远不够，一方面视频生产的入门门槛特别低，一个人即使不识字也可以拍视频,所以如果是入门的门槛,文字比视频要高。但另一方面,视频的门槛又是极高的,甚至远高于文字、图片和声音,因为它太复杂了,而且它的语法是不成熟的,现在还处在研究中,专门学习的人不多,从文字生产者转为视频生产者的专业障碍挺大的,所以最大的问题在于人力不足。未来只能先做简单的、再做复杂的,使劲招人、慢慢培养。我们也会跟中国传媒大学共建实习生基地,学校可以推荐人才来实习。所以一种方法是内部培养,一种方法是和高校合作。在内容方面,2018年我们准备继续加大去现场的力度,去现场生产出来的可能是多种模式的产品,可能是直播、短视频、长视频,还可能是调查、人物纪实、暗访等,但我们始终强调找到最核心的现场和新闻当事人。

〔崔林,中国传媒大学新闻传播学部教授;赵伊梦,中国传媒大学新闻传播学部硕士研究生〕

《吐槽大会》:网络单口喜剧脱口秀的壁垒与策略

郑　石　贺晓曦

摘要:作为观众喜闻乐见的节目形态,长期以来,相声和喜剧小品"称霸"我国喜剧类节目市场,"单口喜剧"类脱口秀的引进无疑丰富了我国的喜剧节目类型,尤其是我国网络脱口秀节目《吐槽大会》第一季的成功,更是为节目生产者提供了创新发展的思路。本研究宏观观照了单口喜剧的历史和我国网络单口喜剧脱口秀的发展,从《吐槽大会》第一季的数据统计、生产观念和策略及其本土化生产壁垒等角度进行分析,梳理该类型节目在我国的进阶之路,力图为网络视频行业的丰富和发展提供思考和借鉴。

关键词:《吐槽大会》;网络脱口秀;单口喜剧;本土化;生产观念

一、案例背景

网络脱口秀节目《吐槽大会》第一季在 2017 年的火爆让"单口喜剧"类脱口秀逐渐为广大的中国观众所认知并接纳。"单口喜剧"译自英文"Stand-up Comedy",也可被译为"独角喜剧""立式喜剧""站立喜剧"等。单口喜剧发源于欧美,20 世纪 50 年代至 60 年代,美国早期的单口喜剧演员通常在纽约和旧金山的俱乐部、酒吧、夜总会等场合演出,表演内容多围绕政治、种族和性等话题展开;70 年代,单口喜剧演员开始向电视及电影领域发展,《今夜秀》《周六夜现场》等单口喜剧脱口秀电视节目诞生;80 年代,单口喜剧脱口秀节目不仅在美国的电视荧屏上占据了一席之地,还衍生出许多崭新的节目形态,逐渐成为深受美国观众喜爱的节目类型。

随着脱口秀类节目的不断发展和繁荣,这种源自欧美的节目形式逐渐被我国广大观众接受并熟知,比较知名的单口喜剧脱口秀节目是在电视媒体上播出的《今晚80后脱口秀》《是真的么?》等。网络视频行业的发展推动了脱口秀类节目在我国的进一步发展:2007年搜狐出品的《大鹏嘚吧嘚》成为我国第一档网络脱口秀节目;2009年,新浪播客推出网络脱口秀节目《麻辣书生》,该档节目由中国传媒大学博士研究生林白在寝室内独立制作完成,这也是早期互联网UGC(User Generated Content,即"用户原创内容")的代表作品。早期的网络脱口秀存在模仿美国节目形态、制作粗糙等问题,但却依然反映出该类型节目巨大的商业价值和受众需求。在随后的发展中,网络脱口秀不仅在题材上更加包容、多元,在节目类型上也不断丰富、创新,而且呈现出定位精准、投资增加、由UGC转向PGC(Professional Generated Content,即"专业生产内容")等特点。

近几年出现的网络脱口秀节目可以说是"垂直细分,爆款频出",例如:《奇葩说》《奇葩大会》等观点辩论类脱口秀节目,《晓说》《圆桌派》《罗辑思维》等文化知识类脱口秀节目,《暴走大事件》等新闻资讯类脱口秀节目,《火星情报局》等综艺类脱口秀节目,《拜托了衣橱》等明星生活类脱口秀节目,《老友记之Mr. Pan》《吴晓波频道》等财经类脱口秀节目,《吐槽大会》《脱口秀大会》等单口喜剧类脱口秀节目。网络脱口秀节目的垂直细分,可以满足不同用户群体对内容的需求。

《吐槽大会》在2017年网络脱口秀网播量排行榜中位列第一,掀起了一股强劲的单口喜剧脱口秀热潮。究其原因,首先,"网生代"成为当下互联网消费的主力军。所谓的"网生代",指出生、成长于网络时代的人,我国的90后、00后是典型的"网生代"群体。相较于70后、80后,他们更加熟谙互联网特性,其思维方式也更互联网化。他们对玩笑的接受程度更高,对"吐槽""冒犯"更为包容。《吐槽大会》依托互联网而生,从制作观念到节目生产皆极具"网感",其内容取材及传播特性符合"网生代"娱乐化、碎片化、去中心化的接受习惯。

其次,我国网络视听节目政策逐步完善,为节目的良性发展提供了政策保障。2016年至2017年,国家新闻出版广电总局不断强化对网剧和网络自制节目的政策管理,并提出了网络和电视统一标准的要求,即"电视不能播的,网络也不能"。因此在《吐槽大会》第一季的节目生产中,生产者严控内容尺度,在回归单口喜剧传统的同时对节目进行本土化改良。其改良成果也显而易见,例如,第一季第四期以唐国强为主嘉宾的节目得到了共青团中央官方微博的赞许,带来了积极的社会效应(见图1)。

图1 2017 年 2 月 17 日共青团中央微博截图

再次,《今晚 80 后脱口秀》为此类节目的发展做了前期预热与铺垫。作为一档单口喜剧类脱口秀节目,《今晚 80 后脱口秀》自 2012 年在东方卫视播出后便一直受到观众的追捧,这档节目与《吐槽大会》由同一班底创作完成。传统媒体的创作经验为网络节目的生产积蓄了能量,《今晚 80 后脱口秀》更是对单口喜剧脱口秀的受众进行了强有效的向互联网的导流。

最后,大众文化的转向呼唤"吐槽"。媒介融合时代的到来将源自民间的、底层的力量激活,精英文化不断被解构,大众彰显出鲜活态度。《吐槽大会》围绕公众人物展开"吐槽",进而对社会中的问题进行讨论,用幽默的语言理性地分析当代社会生活中的矛盾。这种话语表达的方式不仅为受众带来了欢乐,助其解压,还引导其对自我及社会进行积极思考。

二、案例介绍

"吐槽"作为美式喜剧的一种传统由来已久,其基本形式是围绕某位嘉宾的个人经历展开玩笑式讨论,以取悦广大的听众或观众。作为笑话和冒犯喜剧的一种类型,"吐槽"绝非批评和侮辱,也不局限于嘲讽,其中可能还包含着赞美和致敬。在聚会或演出中,被"吐槽"的嘉宾经常为其朋友、粉丝或赞美者所围绕,在现场接受大家的"吐槽"。

网络脱口秀节目《吐槽大会》在形式上回归了西方单口喜剧的传统,其原版是美国的《喜剧中心吐槽大会》(*Comedy Central Roast*)。美国原版节目于 2003 年 8 月 10 日在美国电视频道"喜剧中心"(Comedy Central)首次播出,并以每年一期或每两年一期的频率为观众奉上精彩的"吐槽大会"。截至 2016 年 9 月 5 日,该节目共录制 15 期。该节目自播出后便一直受到美国观众的广泛关注,最高收视人数曾达到 640 万人次。除了娱乐明星如詹姆斯·弗兰克(James Franco)、贾斯汀·比伯(Justin Bieber)等人外,现任美国总统唐纳德·特朗普(Donald Trump)也曾是该节目的座上宾。值得一提的是,该节目曾获得 2007 年黄金时段电视艾美奖(Primetime Emmy Award)的"最佳综艺/音乐/喜剧特别节目"奖项(Outstanding Variety, Music, or Comedy Special)的提名。

《吐槽大会》在形式上大体延续了美国原版的制作风格,但在内容上进行了本土化创新。《吐槽大会》以"吐槽是门手艺,笑对需要勇气"为节目口号,由著名主持人张绍刚主持,每一期节目邀请一位演艺圈明星嘉宾作为"主咖",即被"吐槽"的对象,并由这位嘉宾邀请其圈中好友共同对其"吐槽"。节目中被邀请到的"主咖"圈中好友顺次上场对"主咖"进行"吐槽",现场表现最好的嘉宾获得"Talk King"的称号。

《吐槽大会》由腾讯视频和上海笑果文化传媒有限公司(下文简称"笑果文化")联合出品,自 2017 年 1 月 8 日起以周播的形式在腾讯视频平台播出,每周日更新一期,每期节目时长约为 60 分钟,第一季一共 10 期,春节期间加播了一期春节特辑。作为腾讯视频 2017 年的开年综艺大戏,《吐槽大会》第一季一经上线便受到了受众的追捧。节目上线 4 天,播放量破 1 亿;上线 7 天,播放量破 2 亿。截至 2017 年 9 月 13 日,第一季总播放量达到 15.9 亿,单集最高播放量达 2.1 亿。无论是总播放量还是单期平均播放量,《吐槽大会》均领跑 2017 年脱口秀类节目,在排行榜中位列第一。

2017 年 11 月 29 日,《吐槽大会》第一季获得中国泛娱乐指数盛典 ENAwards 2016—2017"年度最具价值网络综艺"奖。2017 年 12 月 2 日,腾讯发布《2017 年腾讯娱乐白皮书》,《吐槽大会》被评为"2017 腾讯视频年度王牌网综",成为 70 后和 80 后最爱的网络综艺节目。

《吐槽大会》虽然在形式和风格上具有美式单口喜剧脱口秀的特点,即以"一个人、一支麦"为基本形式,以笑话与段子为表演内容,以引人发笑为终极目的,但在娱乐的背后还有积极的思考:一方面,明星、公众人物在节目中以"自黑""吐槽"的方式还原自我,拉近自身与受众的距离;另一方面,节目倡导积极、正向的话语交流方式,既让受众在快乐中释放生活中的压力,又让其对自我和社会展开自觉的批判。从产业发展角度来看,制作者线上线下联动发力,打造单口喜剧脱口秀产业链:在线上与《脱口秀大会》《冒犯家族》等节目形成产品矩阵,在线下积极开展剧场、俱乐部演出和演员培养等活动。

《吐槽大会》的成功,不仅为这一类节目在中国的落地提供了参考,更是将这一小众的爱好推广到大众视野中,为单口喜剧脱口秀在我国的发展开辟了道路。

三、案例分析

《吐槽大会》作为一档源自于欧美的喜剧节目,有着迥异于我国传统喜剧小品和相声的创设基因,本文将对《吐槽大会》第一季的数据、节目生产观念、传播策略和其在本土化过程中所遇到的壁垒进行分析,探究其节目生产的动因及未来发展的方向。

(一)《吐槽大会》第一季数据分析

本文将从《吐槽大会》第一季的节目流量、受众数据①等角度来客观、清晰地透视这一"现象级"的网络脱口秀节目。

1.节目流量

观察《吐槽大会》第一季的流量走势(见图2),有三个现象值得关注。

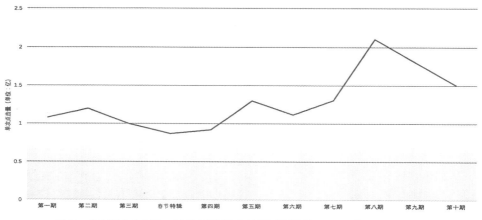

图2 《吐槽大会》第一季节目流量走势图(数据截至2017年9月13日)

第一,节目流量具有不稳定性。期与期之间流量浮动很大,最高流量与最低流量相差1亿点击量左右(春节特辑除外)。整季节目的流量峰值为第八期21 132.2万,谷值为第四期9 286.3万,峰值为谷值的近2.3倍。

第二,整季流量分为三档,其中有两个提升的节点。第一期至第四期是第一档,第五期至第七期是第二档,第八期至第十期是第三档;其中第五期和第八期为两个重大节点。第一档为节目上档及预热期,第二档为节目发力期,第三档为节目收尾期。第一档和第二档的流量整体呈上升趋势,第三档虽然在阶段内出现流量下降,但三期节目的流量均远高于前面几期节目。第五期和第八期

① 本文所涉及的《吐槽大会》第一季的节目流量、受众数据均由上海笑果文化传媒有限公司提供。

的流量达到阶段内峰值,两期节目嘉宾分别为蔡国庆和李小璐,话题分别围绕假唱、喊麦和母女、整容、德云社等展开。

第三,相对于整季节目流量走势而言,第四期为流量谷值。第四期节目的主嘉宾为唐国强,所谈论的话题如艺德、老戏骨等契合当时舆论热点。该期节目得到了共青团中央官方微博点赞,虽然外围口碑实现突破,但流量相较于整季却为最低值。

2.受众数据

(1)受众画像

运营数据显示,该节目的大部分受众年龄集中在18—29岁,这成为节目深耕"年轻态喜剧"定位的立足点。男性受众与女性受众的人数比值为7∶3,但第一期和第八期的女性受众人数较多,两期节目的主嘉宾分别为李湘和李小璐。相较于其他综艺节目,该节目在本科及以上学历和一、二线城市用户中更受欢迎,说明受众整体知识水平相对较高。

(2)受众行为

从《吐槽大会》第一季受众整体行为来看,每一期的受众收看曲线基本呈段落式递减趋势(见图3),即在嘉宾进行表演时收视曲线保持在较高位置,随着节目的推进,走势不断降低。其中热度较高的主嘉宾是曹云金、李小璐和薛之

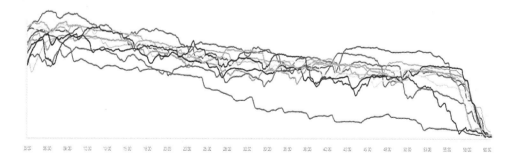

图3 《吐槽大会》第一季节目受众行为数据走势图

谦,"吐槽"嘉宾中热度较高的是 MC 天佑,其热度甚至超过许多主嘉宾。

3.数据分析

依据以上的流量数据和受众数据分析,从节目文本层面可得出以下结论。

(1)该类型节目制胜的三大要素:人物关系、艺人标签、话题热度

以本季节目中第一档流量最高的第二期和第三档流量最高的第八期为例,第二期的主嘉宾为曹云金,"吐槽"嘉宾除专业的单口喜剧表演者之外,还有曾与曹金云合作过的瞿颖、周韦彤,其好友沙宝亮以及与其具有话题关联性的周杰(见表1),话题围绕曹云金退出德云社、周杰表情包等展开。第八期节目主嘉宾为李小璐,"吐槽"嘉宾除专业的单口喜剧表演者之外,还有李小璐的闺蜜刘芸、小学同学常远、大学同学肖央,话题围绕李小璐整容、演技、母女关系等展开。这两期节目中,嘉宾具有鲜明的风格标签,嘉宾关系具有较强关联性,所涉及的话题紧跟当时的舆论热点。

与这两期相对的是第四期,主嘉宾为唐国强,相较于其他的节目嘉宾而言,主嘉宾年龄最大、艺龄最长。在本期节目中,"吐槽"嘉宾团成员为王刚、李艾、徐浩、张大大、史航和李诞,该期节目围绕艺德、创作等话题展开,徐浩作为"小鲜肉"的代表,与"老戏骨"唐国强同台"吐槽",虽然在一定程度上呼应了当时的舆论热点,但徐浩与唐国强的人物关系性不强,王刚与史航虽为唐国强好友,但二人的话题度不高。该期节目虽然获得了外围的高口碑,但流量却是整季节目最低的。可见,节目若想制胜,必须在人物关系、艺人标签、话题热度这三个方面做足文章。

(2)稳固目标受众,开拓女性市场

从《吐槽大会》第一季的用户画像及用户行为数据来看,偏精英人群中的18—29 岁的男性是该节目的主要目标受众,因此,一方面,该节目需要稳固现有的目标受众,尤其在话题的选择上,要摒弃低俗、粗陋的内容;另一方面,该季节目中,第一期和第十期所涉及的话题为婚姻、恋爱、八卦等女性偏爱的内容,而从这两期的受众画像来看,其女性受众较其他期节目明显偏高。18—24 岁的年轻女性受众观看视频时间长、频率高且乐于分享,是优质的目标受众群。所以

《吐槽大会》要更积极地开拓女性受众市场。

表1 《吐槽大会》第一季节目信息

期数	节目主咖	主持人	节目"嘉宾"	Talk King	播出时间（2017年）
第一期	李湘	张绍刚	宁静、韩乔生、陈汉典、黄子佼、李诞、池子	宁静	1月8日
第二期	曹云金		周杰、沙宝亮、瞿颖、周韦彤、李诞、池子	曹云金	1月15日
第三期	王祖蓝		李亚男、郑恺、刘维、尉迟琳嘉、池子、王建国	王建国	1月22日
春节特辑	叫兽易小星	无	张绍刚、王自健、贾玲、白凯南、陈汉典、沈玉琳、马睿、史航、张本煜、池子、李诞、王建国	无	2月5日
第四期	唐国强	张绍刚	王刚、李艾、徐浩、张大大、史航、李诞	王刚	2月12日
第五期	蔡国庆		张亮、沈凌、李天佑、吴莫愁、孔连顺、史炎、池子	吴莫愁	2月19日
第六期	大张伟	王自健	张铁林、张绍刚、黄婷婷、沈凌、李诞、池子	黄婷婷	2月26日
第七期	薛之谦	张绍刚	沙溢、李晨、朱桢、姜思达、李诞、池子	朱桢	3月5日
第八期	李小璐	曹云金	刘芸、常远、肖央、王建国、李诞、池子	王建国	3月12日
第九期	小沈阳	张绍刚	王小利、刘仪伟、赵正平、叫兽易小星、曹桐睿、池子、李诞	曹桐睿	3月19日
第十期	凤凰传奇		何洁、苏醒、龚琳娜、李玉刚、池子、李诞	曾毅	3月26日

(二)《吐槽大会》生产观念及策略分析

美式单口喜剧脱口秀节目有基于欧美社会和人文背景的文化特质和逻辑，

这也在一定程度上阻碍了该节目类型在我国的引进和发展。从我国的喜剧类综艺节目发展来看，从《今晚80后脱口秀》在电视上热播，到《吐槽大会》在网络上火爆，对网络单口喜剧脱口秀节目在我国进行的本土化的过程，需要从以下五个方面展开思考。

1.演员的风格化和标签化

长久以来，我国的观众更能接受喜剧小品和相声这两种喜剧节目类型，它们在形式上吸引眼球，在叙事结构上完整严密，二者相互交织能吸引观众，并让其产生共鸣。单口喜剧要求演员在表演时提高自身的风格化、标签化的辨识度。一旦表演者形成了稳定、显著的创作个性，观众便可在其表达中依据其性格特点、情感倾向和审美旨趣迅速地产生情感投射，理解表演内容。"风格即其人"是对单口喜剧脱口秀表演者最基本的要求。《吐槽大会》有意识地强化表演者的标签，如常驻表演嘉宾李诞的标签为"头发比人红的脱口秀编剧""滞销书作家"，池子的标签为"暴躁95后""脱口秀天才"。而在每一期节目的介绍嘉宾的片花中，节目也有意识地用简短的一句话来概括嘉宾的身份特点，比如第一期中的"主持界待业青年"陈汉典、"意识流解说派创始人"韩乔生、"仅次于蔡康永的金马奖主持"黄子佼等，这些标签不仅让观众第一时间了解到嘉宾身上所具有的特性，也为接下来节目中的"吐槽"埋下了伏笔。

2.预设公共话题

对于习惯了喜剧小品和相声的广大中国观众而言，完整地讲述故事是他们对喜剧类节目的基本要求。剔除美式单口喜剧脱口秀节目中政治、色情等猎奇话题和粗鄙的语言噱头，单口喜剧脱口秀似乎丧失了在我国的生产可能性。但《吐槽大会》的成功为创作者提供了一种内容生产的可行方向，即在创作时预设公共话题作为叙事背景，设立"内容标靶"。

这样做有两个目的，一是给表演者提供叙事逻辑，让其在主题范围内进行创作，避免出现欧美单口喜剧脱口秀节目中随性、散漫的形式和内容生产风格；二是给观众提供叙事逻辑，让观众了解主题内容的背景信息，进而快速有效地跟随表演者进入叙事情境。

《吐槽大会》的一个成功之处在于它给表演嘉宾提出了"吐槽公众人物"的命题式创作要求,以嘉宾的工作、生活及延伸信息作为内容创作的"标靶"。虽然单口喜剧脱口秀形式松散,但却在内容上有效地吸引了观众的注意力,观众带着对"吐槽"本期公众人物的期待参与到节目中,表演者也完全围绕着同一内容标靶展开创作。《吐槽大会》每一期邀请六到七位嘉宾对一位主嘉宾进行"吐槽",除常驻嘉宾李诞和池子是专业的单口喜剧脱口秀演员之外,其余嘉宾皆为公众人物。每一位嘉宾在台上挖掘主嘉宾身上的话题和槽点,就广大观众感兴趣的明星话题进行犀利幽默的调侃。"明星"和"公众人物"作为公共话题的一部分,其自身便带有强话题性,观众对这些明星和公众人物的认知和了解已经为围绕其展开的笑话和段子预设了背景,一旦嘉宾在表演的过程中调侃到一个观众感兴趣的话题或槽点,便可直接达到引人发笑的目的。而该类节目在未来的创作中,依然可以选择以中国文化、社会现象、历史知识等我国观众感兴趣的公共话题作为切入口,在叙事内容上预设具有共性的背景信息,为段子和笑话的讲述提供基础。

3.内容创作及节目设置弱化观众代入感

我国传统的喜剧小品和相声讲求让观众产生情感投射,即在演出过程中依靠严密的叙事结构、完整的人物塑造,让观众尽快地进入叙事情境之内,产生同理心。《吐槽大会》的核心在于"吐槽",若嘉宾的互黑和自嘲强势地让观众产生代入感,则会引发观众的厌烦心理。所以在节目生产中,《吐槽大会》有意识地在内容创作和节目设置上摒弃了观众的代入感,转而强调一种观看游戏的娱乐心态。就单口喜剧类脱口秀的内容生产而言,其完全依赖于表演者的个人表演,叙事的基本形态为笑话或段子,而笑话和笑话、段子与段子之间不需要有任何联系,表演者在表演中自圆其逻辑即可。

单口喜剧脱口秀要求表演者的笑话言简意赅,且不拘泥于特定的形式。叙事中的反转和惊喜增强了喜剧效果而弱化了符合预期的故事发展所带来的代入感。具体到节目创作层面,编剧在创作时不刻意使用有贬损、嘲讽意味的词语及内容,而是强调嘉宾之间的好友关系。好友之间的"吐槽"是一种正常的社交活动,诙谐幽默的调侃不仅不会让观众产生消极的自我情感投射,反而会将其带入其乐融融的好友交谈的氛围中。另外,每一期节目在结束时都设有"Talk King"评选环节,这种游戏竞争机制的引入,为嘉宾之间的"吐槽"找到了合理的理由和落脚点。

4.让渡话语空间,为民间舆论场赋权

《吐槽大会》在网络传播上的一个亮点是对弹幕的使用。据统计,《吐槽大会》第一季的有效弹幕数有近6 000万条,观众在观看节目的同时,通过发弹幕的方式与收看节目的其他观众互动,表达自己的观点。弹幕给予了普通观众发声的权利,是节目生产者与受众进行实时互动的手段。以往的节目生产者只能关注节目播出后的收视统计数据,却无法在播出的同时了解受众反应。弹幕能有效地帮助节目生产者对接下来的节目生产进行思考与修正。

同时,弹幕本身也可以成为节目的生产内容。受众通过弹幕表达对主持人和嘉宾的看法,而这些弹幕也成了《吐槽大会》的嘉宾用来调侃和创作的内容来源,这在无形中激发了观众收看节目和参与节目互动的热情。比如在节目中,弹幕内容和播放热度曲线形成了密切的联动,并对内容进行了反哺。在节目播放初期,受众在弹幕中提出让主持人张绍刚"下岗",这便成了节目内容创作的新方向,接下来的节目邀请了王自健、曹云金登台主持。此外,这些弹幕也为主持人和嘉宾提供了创作灵感,进而被做成表演内容,主持人和嘉宾通过这种方式与网友积极互动。

5.激发网友二次创作,建立短、平、快的信息传播模式

《吐槽大会》给广大受众提供的不仅是幽默搞笑的段子和笑话,还有可供二次创作的素材。一方面,《吐槽大会》具备单口喜剧脱口秀的叙事特性——言简意赅、体量适中、表演的结构不具有强逻辑性,这些特性使其便于被网友加工、制作成短视频。网友截取其感兴趣的嘉宾"吐槽"段落,然后在微信、微博等平台上传播,用以分享或表达观点。另一方面,嘉宾在现场的表现也为网友提供了大量"表情包"素材。社交软件的普及使得表情包逐渐成为一种流行文化,网

友截取《吐槽大会》中嘉宾的举止、表情,再配以颇具"网感"的文字,以便在社交软件上与人交流时表达某种特定的情感。这些特性均是依托互联网的发展而产生的。不仅节目的传播符合碎片化、非连续等互联网信息传播特性,由节目衍生出来的短视频和"表情包"等网友二次创作作品更加符合互联网时代信息短、平、快的传播特性。这些作品让更多的受众了解和关注了该节目,节目也可在未来的创作中通过展示受众的反馈来反哺节目生产。

(三)《吐槽大会》本土化生产中的壁垒

习近平总书记在文艺工作座谈会上指出:"我们社会主义文艺要繁荣发展起来,必须认真学习借鉴世界各国人民创造的优秀文艺。只有坚持洋为中用、开拓创新,做到中西合璧、融会贯通,我国文艺才能更好发展繁荣起来。"因此,我们在积极地对美式单口喜剧脱口秀进行创新性发展的同时,也要意识到在创作中所遭遇的"水土不服"的情况,这就需要我们结合所处的历史时期、具体国情进行辩证地分析。就该类型节目而言,在具体实操和受众反馈中,有三道壁垒需要我们寻找突破之法。

第一,接受壁垒——从"叙事喜剧"到"逻辑喜剧"的跨文化接受障碍。喜剧小品和相声是我国观众喜闻乐见的两种喜剧节目类型,二者皆遵循严密的叙事逻辑和结构,是典型的"叙事喜剧"。喜剧小品在结构上遵循传统的"三一律"原则,叙事上具备"起、承、转、合"等环节,演员要在有限的叙事时空内完成对人物的塑造;相声多为单线叙事,叙事视角打破了喜剧小品"角色视角"的限制,演员可以随时"跳入、跳出"角色。但单口喜剧脱口秀是"逻辑喜剧"。基于不同的创作要求和理念,"叙事喜剧"具备强戏剧张力和叙事结构,而"逻辑喜剧"则弱化了戏剧张力和叙事结构,强调笑话和段子的逻辑性。对于长期接受"叙事喜剧"的我国观众而言,作为"逻辑喜剧"的单口喜剧无疑是一种陌生的喜剧形态,这也是单口喜剧长久以来未能在我国电视和网络上出现的主要原因。《吐槽大会》在网络上的火爆让我们看到了这种喜剧形态在我国发展的可能性。目前,我国的单口喜剧节目形态和产业还处于萌芽阶段,如何在跨文化的语境中移植这种喜剧模式并对其进行本土化调试,以使其在我国传统的喜剧类节目中实现突围、赢得受众的认同和理解,成为首先需要解决的难题。

第二,尺度壁垒——对"冒犯"精神的理解差异。在单口喜剧脱口秀中,个人崇拜被消解,发声者的理性和权威被解构,取而代之的是对"冒犯"精神进行赋形,而这也构成了当下大众文化审美转向的一个维度。"冒犯"是一系列言语和行为的集合,如批评、詈骂、嘲讽等。基于中国传统文化视野,这些言语和行为所包含的攻击性和反叛性是不为人们所接受的。

诚如约翰·菲斯克(John Fiske)所说:"大众文化制造了从属性的意义,那是从属者的意义,其中包含的快乐就是抵制、规避或冒犯支配力量所提出的意义的快乐。"①单口喜剧脱口秀的表演中蕴含着大量的抵抗精神,这类节目试图建立一套能为大众所接受的快乐文本,表演者通过讽刺、揶揄类语言将精英文化以及社会中的一些弊病适当地表现出来,并在其中制造出符合大众心理诉求的抵抗,从而制造出社会性的快乐。这激发了大众自觉自省的批判意识,也将其源自社会和生活的压力消解。但不能否认的是,在"冒犯"精神的指引下,如何把握节目尺度是生产者必须仔细思考的问题。《吐槽大会》第一季曾有一期节目在播出后引起热议,其虽最大限度地还原了欧美单口喜剧精神,但因为内容尺度过大而遭到下架。事实上,更为直接的原因是我国观众无法消化该期节目所呈现的内容。如何在节目生产中剔除原版节目大尺度、宽言论、重娱乐的特质而进行本土化改良,成为节目生产者在第一季节目制作中面对的重点问题。在当下的群言时代,如何把握对受众娱乐诉求的满足和张弛有度的表演之间的平衡,成为节目创作的一大难点。

第三,创作壁垒——对个人风格及内容取材的严苛要求。在具体的创作实操中,有两个难题需要攻克。其一,表演者个人风格的确立。就该类型节目而言,表演者的风格是引导受众进入表演情境的最直接有效的因素,但《吐槽大会》每一期节目除了固定的单口喜剧脱口秀表演者之外,还要邀请非专业的嘉宾进行表演。一方面,这些嘉宾能否掌握单口喜剧脱口秀表演技巧,另一方面,

---

① 菲斯克.解读大众文化[M].杨全强,译.南京:南京大学出版社,2006:105.

如何在表演的几分钟内确立自己的形象——这是树立个人风格时面临的两个难题。不难看到,囿于排练时间及表演经验等客观因素,除了专业的单口喜剧表演者之外,其余的非专业表演嘉宾在表演技巧及语言风格上还存在着不同程度的问题。其二,以现实生活为支点的内容创作对创作者提出了严苛的要求。单口喜剧脱口秀的内容基础和背景是公众所处的生存空间,在某种技巧性的创作中,表演者对生活中的观点和话题进行主观的、幽默的表达,技巧的核心在于不吝于将私人话题展现出来,并将私人生活与公众经验相融合。此时,单口喜剧的表演者是在"人间戏台"之上扮演着展现人间故事的讲述者角色,创作难点在于如何源源不断地从生活中汲取创作的灵感、捕捉创作的素材。在风格化的要求下,表演者要完成符合个人特色的表演更是难上加难。所以,对创作者来说,如何确立风格并持续、长久地创作是其需要面对的难题。

四、各方观点

节目在单口喜剧文化传统上结合我国语境进一步创新,不仅为我国综艺节目的繁荣发展助力,更是展开了一种有温度、有意义的文化思考。它用其独特的表演方式将客观、严肃的生活还原,幽默言辞的外衣之下是真实的观点、鲜活的态度,它打破话语限制,否定社会幻象,激活自我意识,释放文化动力,让受众在开怀大笑中保持对世界的理性认知。[①]

——中国传媒大学教授、博士生导师、《吐槽大会》主持人 张绍刚

节目给西方既能体现绅士精神又能表达狂欢意识的模式加上了一个大的包装,用七八个人组队的"组团形式"代替了原有的个人形式,这也更加符合国内综艺市场受众的收视需求。[②]

——中国传媒大学艺术研究院电影所所长、博士生导师　苗棣

---

① 张绍刚.与生活和解才是"单口喜剧"的终极目的[N].北京晚报,2017-10-11(36).
② 腾讯视频《吐槽大会》缘何引领喜剧脱口秀的现象级风潮?[EB/OL].(2017-02-23)[2017-06-17].http://chuansong.me/n/1601129548926.

《吐槽大会》体现出了"吐槽"的高级性,幽默分寸感把握到位,把喜剧脱口秀的理念和技术都发挥到了极致,因此能够引起大家的共鸣。①

——清华大学新闻与传播学教授、影视传播研究中心主任　尹鸿

五、深度访谈

采访对象:《吐槽大会》总策划人,演员兼编剧,上海笑果文化传媒有限公司的联合创始人　李诞

采访时间:2017 年 11 月 27 日

问:中国观众更习惯小品和相声这两种喜剧模式,有没有想到单口喜剧脱口秀会在中国火起来?

答:不是想没想到,而是想不想要。我们在做单口喜剧之前所希望得到的结果就是成功,做节目要有成功的信念。

问:单口喜剧脱口秀节目是以内容为导向的,您认为这类节目的内容生产难点在哪里?

答:有共性的问题是创作时间不够。节目有自己的录制周期,一旦开始录制,就不会以你的意志为转移了。但每个节目所面对的具体问题又不尽相同,比如《吐槽大会》的难点是落实嘉宾艺人的档期。

问:《吐槽大会》的创作周期是多长时间?

答:很不确定。一个月 3 次,但这 3 次不是周期性的,要根据艺人嘉宾的档期等具体情况而定,有的时候要 2 期连在一起录制。

问:是否有"水土不服"之感? 如果有的话,怎样克服?

答:我并没有"水土不服"之感,因为就我本身而言,我不是完全照搬美国单

---

① 腾讯视频《吐槽大会》缘何引领喜剧脱口秀的现象级风潮? ［EB/OL］.（2017－02－23）［2017－06－17］.http://chuansong.me/n/1601129548926.

口喜剧的形式。我创作的依据就是好笑,能把人逗笑就达成目的了。

问:《吐槽大会》现在是我国单口喜剧类节目中的头部内容,在未来的创作上是否会遇到"天花板"?

答:我们的公司是在建立一个行业,而非仅仅完成一档节目。在我们的规划里,这个行业在中国仅仅处于起步阶段,可能未来会遇到"天花板",但是现在这种情况距离我们还太过遥远,我们还要在摸索中观察、分析。

问:《吐槽大会》和《脱口秀大会》是你们行业布局的第一步吗?

答:不是,大家所看到的节目其实已经是成果了。第一步是在线下完成的,比如在校园中建立社团、招募演员等。所以从行业发展的角度来说,我们现在连地基都未打好,也就不涉及"天花板"这样的瓶颈。我们是站在整个行业,而非某档节目的角度来看待未来的发展问题的。可能在极端情况下,我们一档节目都不生产,但我们的公司还在蓬勃发展,只不过不是在线上给更多的观众提供内容,而是转战线下,到各个城市中去演出。

问:《吐槽大会》第一季之前曾下架了一期节目,这件事情所带来的影响是什么?

答:这件事情所带来的影响就是我们在未来的创作中更能把握好受众的口味了。我们制作的这档节目是要面向更广大的受众群体的,如果节目内容过于"狠",这就不是一个尺度的问题了,是受众对这样的内容无法接受。

问:如何看待相关的监管政策?

答:我们呼唤相关的监管政策,因为有一个明确的"政策红线",我们才能有更清晰的创作方向。

问:从《今晚80后脱口秀》到《吐槽大会》《脱口秀大会》,您横跨两个平台进行创作,您觉得单口喜剧脱口秀节目在新旧两个媒体中的表现形式有何区别?

答:我觉得没有区别,我是一个内容生产者,从内容创作这个层面来说,我在两个平台上的创作原则是一致的。

问：你们不会针对不同平台的受众群进行创作吗？

答：不会，我们做的不是垂直化节目。我会参照用户画像，但不会以此为创作依据。因为我在进行创作时不是指向某一群人的，我们的节目能够吸引受众，就证明它具有广泛性，所以我们还是要回归到内容本身，好好创作。

问：将来是否会做垂直化的内容？

答：可能会有，但时候未到，我们还处在打地基的阶段。其实我们现在这样的发展已经是过速了，要有忧患意识，我们还是要稳一稳。

问：目前的节目效果是最佳状态吗？

答：不是，做节目就要确定一个永远达不到的"最佳状态"，这样才能不断前进。而我想的"最佳状态"可能永远达不到，比如嘉宾阵容这块，我想请马化腾、李彦宏、马云参与，但他们能不能参与呢？他们参与了之后，现场效果会怎样呢？所以"最佳状态"是永远无法达到的。

〔郑石，中国传媒大学新闻传播学部博士研究生；贺晓曦，上海笑果文化传媒有限公司联合创始人兼 CEO、《吐槽大会》出品人〕

《中国有嘻哈》：小众文化试水网络综艺

———————— 马　铨　霍　悦　袁月明 ————————

摘要：2017年是网络自制综艺的爆发年，不同视频平台的自制网络综艺均呈现出横向拓宽品类内容、纵向实现"综N代"迭代更新等特点。以嘻哈音乐为主体进行垂直深耕的真人秀节目《中国有嘻哈》，更是一跃成为2017年爆款之作。本研究试图从商业逻辑、内容创新、文化因素三个方面入手，深入解析"超级网综"《中国有嘻哈》的运作方式和背后故事，并由此探究小众文化试水网络综艺的突破之道。本研究认为，对于以小众文化为内容维度的网络综艺而言，在商业逻辑方面，需要借助大平台打好"粉丝经济"牌，打造爆款词条、驱动病毒式传播，设置悬念、进行花式营销，培育IP、一鱼多吃。在内容设计方面，需要进一步聚焦垂直领域，创新叙事模式和互动模式。而在文化因素方面，则需要关注年轻一代的审美取向，通过"风格"打造产业链条。

关键词：《中国有嘻哈》；网络综艺；嘻哈音乐

一、案例背景

2017年是网络自制综艺节目的爆发年，伴随着一大批优秀的传统电视节目制作团队加入网络综艺行业，这一年网络综艺节目整体质量越来越高，口碑逐渐变好。

目前来看，中国网络视频平台市场主要呈现出"3+1"的格局，即爱奇艺、腾讯视频、优酷和芒果TV，各视频网站对自制内容的大力扶持有目共睹。与此同时，垂直针对年轻受众的网络综艺节目与电视综艺相比，竞争力也在逐年攀升。

2017 年 7 月 26 日,优屏传媒联合上海前景广告发布了《2017 年上半年网络视频媒体研究报告》①,报告指出,在 2017 年上半年网络综艺播放 TOP10 中,排名前三的《明星大侦探 2》《单身战争》《吐槽大会》分别由芒果 TV、乐视与腾讯视频三个平台独播,其中,排名第一的《明星大侦探 2》播放量为 20.17 亿,仅比电视综艺榜第三名的《我是歌手》略低。

可以发现,相对于过去通过"烧钱"进行竞争的版权购买模式来说,自制内容正逐渐成为网络视频平台新的争夺点,而自制网络综艺节目也就成了网络视频平台的竞争重点之一。在当前网络综艺市场对于创新的接受程度较高的大环境中,网络观众以圈层文化为接受基础,这有助于创作者通过挖掘不同用户的需求,横向拓宽品类内容,纵向实现"综 N 代"节目的迭代更新。

2017 年网络综艺市场品类内容的拓宽主要包括以《吐槽大会》《脱口秀大会》为代表的脱口秀类节目,以《明日之子》《快乐男声 2017》为代表的偶像养成类节目,以《青春旅社》《亲爱的客栈》为代表的民宿经营类慢综艺,以及以《萌主来了》《小手牵小狗》为代表的萌宠类节目,当然,这其中也包括以"剧情真人秀"为标签的嘻哈音乐节目《中国有嘻哈》。而"综 N 代"节目的迭代更新则主要体现在芒果 TV 的《爸爸去哪儿》《明星大侦探》以及优酷综艺《火星情报局》等节目上。

因此,总体来看,我国的网络综艺市场在当前表现出更新迭代速度快、内容创新度高、竞争激烈等特点。但是,在繁荣的市场表现之下,网络综艺也面临着同质化严重、难以突围的问题。同时,商业变现也是一个很大的问题,不少网络综艺节目投入与产出严重失衡。如何走出低质、抄袭和赔钱的怪圈,制作出具有商业化大片质感的爆款网络综艺节目?如何将小众文化与剧情真人秀结合来吸引大众?《中国有嘻哈》为我们提供了一个思考的角度。

---

① 引力传媒.重磅出炉,84 页剖析——2017 年上半年网络视频媒体研究报告.[EB/OL].(2017-07-28)[2017-12-19].https://baijiahao.baidu.com/s? id=1574145652634089&wfr=spider&for=pc.

二、案例介绍

《中国有嘻哈》是爱奇艺自制的网络音乐选秀综艺节目，由爱奇艺高级副总裁陈伟挂帅总制片，爱奇艺上海制作中心总经理车辙任总导演，参与了浙江卫视《爸爸回来了》《奔跑吧兄弟》前三季制作的岑俊义担任总编剧。除此之外，节目还请来了吴亦凡、潘玮柏、张震岳＆热狗这三组 hip-hop 音乐人担任明星制作人。三位金牌制作人的联手以及三组明星制作人的加盟，使《中国有嘻哈》具备了成为爆款的先天优势。

2017 年 6 月 24 日，《中国有嘻哈》在爱奇艺视频平台独家播出。上线 48 小时，播放量便突破 7 亿。2017 年 9 月 9 日，《中国有嘻哈》以 26.9 亿的总播放量正式收官，GAI 与 PG One 成为并列冠军。而微博热度方面，截至 2017 年底，#中国有嘻哈#话题阅读量达 72.7 亿，讨论量达 2 729.2 万。数据显示，"《中国有嘻哈》在新浪微博平台的短视频播放量达到 80 亿，甚至超过了爱奇艺自身平台的播放量，节目开播之后，其热度峰值提升了 556 倍，70 强选手微博粉丝数增长 2 085 万，主话题阅读量超过了 70 亿，讨论量是 2 671 万，热搜榜上榜次数 461 次，其中 freestyle 微博累计提及次数超过 1 亿次"①。

从节目定位来看，《中国有嘻哈》是一档"剧情真人秀"节目。当前国内剧情真人秀节目主要分为户外和室内两大类型。无论是延续 4 季的浙江卫视《奔跑吧兄弟》还是众星云集的《挑战者联盟》，抑或是聚集了一批"流量小生"和"小花"的《七十二层奇楼》《我们战斗吧》，这些以剧情走向、游戏竞技为躯壳的户外剧情真人秀节目已经逐渐显露出疲态。同样，在室内剧情真人秀方面，虽然芒果 TV《明星大侦探》表现不错，但其作为一档"综 N 代"节目，由于受众人群单一固定、营销推广后劲不足，加之第三季被停播等，距离爆款还有一定距离。因此，从某种意义上来说，《中国有嘻哈》的出现，一方面充分迎合了网络综艺行业自制网生内容的

---

① 谁是独角兽.对话《中国有嘻哈》总制片人：网络综艺如何成为现象级 IP.［EB/OL］.（2017-09-30）［2017-12-19］.https：//baijiahao.baidu.com/s？id=1579925786434920710&wfr=spider&for=pc.

发展趋势,另一方面,是对室内剧情真人秀类型的有益补充。

从节目内容来看,《中国有嘻哈》所聚焦的嘻哈文化是诞生于美国黑人贫民窟街头的一种文化。嘻哈音乐有自己的专业术语,例如 Flow 指的是个人的腔调、押韵、节奏的总和,是评价一个 rapper 最重要的标准;Hook 可以是副歌旋律,也可以是某个不断出现的口号,总之是那种能够抓住听众耳朵的元素;Respect、Real、Peace、Love 等,都是 rapper 经常挂在嘴上并且写进歌里的词,它们不仅体现了尊重,还有更深一层的感情酝酿其中;至于直译为"地下"的 Underground,则似乎体现了来自街头的一种方式。

《中国有嘻哈》节目共分为 12 期,设置有海选、60 秒个人秀、freestyle 晋级赛、1v1 battle、导师选择、24 小时分组对抗赛以及半决赛和决赛等环节。通过营销造势、微博发酵和引流,以及网生内容货币化等方式,《中国有嘻哈》从不被看好的小众综艺成功逆袭成为超级网综,其背后的创作团队付出的辛苦和努力不言而喻。

《中国有嘻哈》制作团队有 1 100 余名工作人员,有 4 位可以独立执导季播大片的总导演。《中国有嘻哈》一季节目有 12 集,共制作美术场景 17 个,最多的时候用到了 96 名摄像师、107 台摄像机,收录了 600TB 以上的原始素材。

《中国有嘻哈》节目总制片陈伟曾在采访中表示:"其实我到现在也坚定认为,我们作为制造内容的人,应该是引领大众审美的,把更好的东西献给他们。"①因此,从制作团队、灯光舞美到后期、内容运营,《中国有嘻哈》实现了各项资源的集中打造,也创新了小众文化试水网络综艺的突破之道。

三、案例分析

毫无疑问,《中国有嘻哈》是 2017 年暑期最热门的网络综艺节目之一。截至收官,整季 12 期节目收获了总计超过 27 亿次的播放量,而且可以说,《中国

---

① 新浪综艺.《中国有嘻哈》原来被撤资过几个亿?为什么选吴亦凡当制作人?［EB/OL］.(2017-07-21)［2017-12-19］.http://www.sohu.com/a/158974790_616475.

有嘻哈》已经成为一个现象级节目。节目获得巨大成功的原因,可以从以下三方面进行分析。

(一) 商业逻辑

1.先天优势+平台助力,携手打好"粉丝经济"牌

从《中国有嘻哈》节目筹备初期开始,它的定位便是"节目品类+潮流文化",无论是节目环节设置,吸引品牌赞助,还是做内容衍生布局,都没有离开"粉丝"二字,核心还是"粉丝经济"。

尽管参加节目的嘻哈歌手的微博粉丝数量不算庞大,但其每条微博的评论数和转发数都相对较高,这也在一定程度上表明了其粉丝的活跃度和忠诚度都较高。

因此,一方面,参赛选手自身在嘻哈文化圈已具备一定知名度,并吸引了一批粉丝,加之邓紫棋、陈意涵等有一定影响力的娱乐明星为节目选手艾福杰尼、Jony J 等录制视频加油鼓气,粉丝们兴奋不已;另一方面,在《中国有嘻哈》节目热播期间,爱奇艺作为平台为粉丝提供了全程追踪、全程陪伴、全程见证的机会,并通过设置人气投票、决赛直播等环节为嘻哈歌手助力。例如,PG One 曾"空降"爱奇艺泡泡互动圈,1 小时内互动视频流量达到 400 万,粉丝盖楼 61.2 万层,为泡泡圈拉入 6.8 万新粉丝。

2.打造爆款词条,进行病毒式传播

自《中国有嘻哈》播出以来,无论是"freestyle" "peace & love",还是"diss" "battle" "flow" "打 call",这些原本是嘻哈"专属"的词语不仅频繁登上新浪微博热搜榜,还成为网友们的口头禅,被越来越多的年轻人运用到日常生活的各种场景中。

以明星制作人吴亦凡在《中国有嘻哈》首期节目中提出的"你有 freestyle 吗?"为例,节目中吴亦凡共提到 3 次"freestyle",这本是他无法确定是否给选手晋级机会时设置的"即兴说唱"附加题,却因出现频繁,被广大网友解读创作、放在网络中使用,并以社交软件的"中坚力量"——表情包的形式刷屏,各种吴亦凡的"freestyle"表情包引发了话题讨论热潮。

不难发现,面对诸如此类的爆款词条,观众从被动的信息接收者转变为主动转发和扩散的传播者,普通观众成为基数最大、效率最高、影响面最广的流量入口,词条乃至节目因此实现病毒式传播。

3.设置话题、制造悬念,营销方式多样

《中国有嘻哈》首次尝试打破时间观念,以非线性形式运营。2017 年 8 月 31 日晚,节目组对总决赛中的个人秀环节进行了直播;9 月 2 日,在网络视频平台播出半决赛下半场,并通过 VIP 会员付费渠道播出复活赛外卡战。这种打破时间逻辑和结果逻辑的播出方法对观众的认知理解进行了重构。

对于总决赛个人秀环节和半决赛下半场的四强人选、复活赛战况、最终结果等节目内容的猜测、交错的时空和不同的用户入口,形成了新的用户体验维度。不少网友对比赛结果产生了各种疑惑与讨论,9 月 2 日当晚更是有 38 个节目相关话题轮番登上微博热搜榜。

不仅如此,《中国有嘻哈》每期节目也不再以传统节目中的赛制进程作为分割点,而是以扑朔迷离的剧情决定间断点,并在下期预告中加入可能成为话题引爆点的镜头。一方面,悬念的设置提高了过往节目的视频观看流量;另一方面,通过向观众卖关子,进而引发网友热议,节目组完成了多次话题营销。

4.打造超级网综,构建"一鱼多吃"型强 IP

爱奇艺 CEO 龚宇曾多次公开表示,爱奇艺决定启动"IP 生态计划",《中国有嘻哈》正是在此背景下创作的。该节目依托于爱奇艺的强大视频平台,自然拥有更多资源、技术、资金、平台等方面的利好条件,而《中国有嘻哈》无疑是爱奇艺近两年"IP 生态"模式的集中爆发——将广告、付费用户、出版、发行、衍生业务授权、游戏和电商等多板块的资源融合在一起,从而实现内容产品商业价值的最大化。

《中国有嘻哈》在节目创作之初便预留了多项业务功能的超级接口,通过与

直播业务对接,与会员标准对接,与电影、文学、游戏对接,形成了一个强大的综合体,也承载了未来多种功能探索延展的可能性。高品质的内容加上多项业务的对接,不但令其在拥有高话题热度之余,实现了良好的商业运作,更使其成为一档超级网综。

例如,《中国有嘻哈》第一期节目播出后,其商业价值就不断显现,不仅先后获得了企业独家冠名、特约赞助,同时还与诸多商业品牌建立了合作。而嘻哈歌手们参赛后收到的代言推广活动邀请更是数不胜数。

(二)内容创新

1.不一样的关注领域:垂直细分、聚焦嘻哈音乐

相对于此前重点关注流行音乐的同类型音乐竞演、音乐选秀类节目而言,《中国有嘻哈》将内容锁定于原本属于小众文化的嘻哈音乐领域,充分放大复杂的饶舌、押韵的歌词、激情的氛围、动感的肢体动作等元素,可以说,这是一颗新鲜的、还未曾有人品尝和摘取的"内容大苹果"。

尽管从说唱音乐角度来讲,相关创作人不如摇滚音乐、抒情歌曲、热血街舞的创作人多,但他们在演唱水平、表演氛围以及本土化创作方面,受潮流文化的影响已经颇为成熟。因此,《中国有嘻哈》通过一定程度的市场化打造、商业模式运作以及大平台呈现,从小切口投入大资源,将受众垂直细分,于精耕细作之中,将嘻哈音乐带入公众视野。

2.不一样的叙事逻辑:强剧集、多场景打造魔力空间

真人秀这种节目类型对于广大观众来说,已不足为奇,但相比单纯观察记录式真人秀而言,剧集式真人秀节目剧情推动能力更强,悬念意味更浓,更能吸引广大观众。因此就周播综艺《中国有嘻哈》而言,以嘻哈音乐选秀作为故事主线的剧集式真人秀显然更能抓住观众眼球。同时,该节目在剪辑上更强调情节性和故事性,注重制造长线冲突,每期节目结尾的重要事件均做到了保留悬念。例如,从"嘻哈侠"身份成谜,到后来摘下面具、做回欧阳靖本人,再到观众对他

的离开深表惋惜,以及总决赛上他震撼人心的返场表演,这一连串以人物为主线的美剧式结构与影视语言表达构成了整个情节链。

除此之外,在《中国有嘻哈》整季节目中,制作团队还围绕"火车站"的概念做了不同的舞美创新,表面上看是将弧形棚顶、选择门、拳击台、牢笼等17个美术场景融入到12期节目之中,实则是将电影的场景融入到综艺节目制作中,把户外真人秀的玩法逻辑转移到棚内综艺中来。

3.不一样的互动模式:跨平台、多渠道内容衍生

该节目把新浪微博的数据平台和互动平台与爱奇艺的数据平台和互动平台实时打通,同时,新浪微博的会员和爱奇艺的会员组成《中国有嘻哈》的"联合会员"。这样一来,用户在新浪微博和爱奇艺上的每一次投票都会通过两个平台反映出来,并对比赛进程、参赛选手产生重要影响。这是新媒体之间的一种创新交互方式。

此外,爱奇艺娱乐中心还为《中国有嘻哈》量身定制了《嘻哈头条》《嘻哈简史》《嘻哈猛料》等多档衍生内容,在每期节目正片的前后播放,提升了讨论热度和观看量,通过衍生节目为用户创造了一种"黏性连接"。

(三) 文化因素

1.街头文化迎合年轻人审美取向

"嘻哈"一词源于美国,是一种由多种元素构成的街头文化的总称,它包括音乐、舞蹈、说唱、DJ技术、服饰、涂鸦等艺术形式,大多表达不满、反叛、宣泄等激烈的情绪。

作为舶来小众文化,有点燥、有点闹、不含蓄甚至过分凶猛的 hip-hop 音乐因《中国有嘻哈》被更多的人看到,这种自由和随性的表达恰恰迎合了当代年轻人群的心理需求。面对环境的迅速变化、成长的迷茫与困惑、理想与现实之间的激烈碰撞,年轻人在嘻哈文化中或许可以找到合适的表达方式,完成对自身意义的阐释与解构,拓展多元文化的想象空间。

2.小众文化进入大众视野

《中国有嘻哈》将嘻哈音乐乃至文化从"地下"拉到了阳光之下。对于大部分此前并不了解嘻哈文化的观众而言，《中国有嘻哈》为其提供了直观的入口。该节目不仅将这种小众文化带到了更广泛的人群面前，让其被看到、被听到、被了解，还打破了封闭的嘻哈圈子，为这种文化搭建了一个更为开放的展示和发展平台，让更多一直"不得其门而入"的嘻哈歌手获得了"入门"的门票。

3.风格形成产业，进而驱动消费

我国社会消费不断转型和升级，已逐渐从基础性、功能性消费转为对精神认同和价值观的消费。嘻哈文化不仅聚集了一批有热情、爱运动、有反抗精神的人，也产生了一系列商业价值。而认同某种"风格"，则成为驱动消费的重要意义，这种潜在的商业价值在年轻人对于潮品、潮牌的消费上表现得尤为明显。

在2017年成为爆款的《中国有嘻哈》，不仅让嘻哈音乐这种小众文化题材"浮出水面"，更创新了网络综艺的节目内容和形式，拓展了商业营销的新策略与新途径，为网络综艺的制作发展提供了新思路与新方法。但我们也应看到，某些选手的个人道德问题造成了恶劣的社会影响，并使得该节目面临激烈的舆论争议以及严格的政策监管。事实告诉我们，在体量和影响力如此之大的网络综艺节目中，弘扬主流价值观、为观众提供正能量应该是节目制作者需要考虑的重要因素。

四、各方观点

《中国有嘻哈》在选题资源、节目形态、市场招商以及网络综艺影响力方面都实现了突破。2017年，综艺节目整体呈现垂直细分特点，《中国有嘻哈》毫无意外地细分选秀节目，引发社会探讨。《中国有嘻哈》一改常见的户外真人秀状态，让选秀回归到场景之中，做成棚内节目，颇具仪式感。我个人认为，未来的音乐节目在形态上可以考虑以下三种模式：以音乐制作包装公司为核心的族群形式对抗赛,以音乐创作团队为主体、对经典歌曲进行创新的改编演绎 PK、回归音乐游戏的模式。而网络综艺需要着重考虑的问题是:头部 IP 影响力如何持续？如何在题材和尺度上利用已有优势和明星选手的社会影响？如何顶住社会舆论压力？几大视频网站如何进行差异化竞争？

——中国社科院新闻所世界传媒研究中心秘书长　冷凇

2017 年的《中国有嘻哈》火爆一夏,其影响并不在于让小众嘻哈成为一种大众文化,事实上,网络视频的分众化、小众化传播是与视频领域当下的垂直细分相对应的。我觉得《中国有嘻哈》的意义有两个方面:一方面,彰显出中国视频产业在网络空间的强大生产力和生命力,今天可以爆发在网络综艺领域,明天有可能是在网络脱口秀或者网络剧、网络大电影领域,我们有理由期待更多的爆款出现;另一方面,《中国有嘻哈》做大了网络视频领域的蛋糕。从广告赞助先后撤资,到某品牌观察了一期节目录制后立刻砸下 1.2 亿节目冠名费,该节目发掘了商业变现的更多可能性,从高投入、高品质到高收益依然是真理。

——中国传媒大学新闻传播学部教授　曹晚红

嘻哈文化有"真实地表达自我"的特点,节目本身会有与生俱来的冲突性,平衡好冲突和价值取向的关系就显得非常重要。在尊重音乐多样性、尊重选手的创作态度和个人风格、保证节目真实效果的同时,我们明确提出了两点要求:一是歌词要青春、阳光、正能量;二是价值取向、舆论导向决不能偏,以此来保障节目对年轻受众群体的正确引导。

——爱奇艺执行总编辑　王兆楠

嘻哈很接地气,跟年轻人的生活是有直接关联的,语言是一个特别重要的事。相比电子音乐,我更看好嘻哈音乐在中国的成长速度。对中国流行音乐、流行文化、嘻哈音乐来说,我觉得《中国有嘻哈》是一个非常重要的引爆点。[1]

——摩登天空创始人、CEO　沈黎晖

---

[1]　影视独舌.中国是否真的有嘻哈？行业专家、嘻哈达人、投资方坐而论道.[EB/OL].（2017-07-24）[2017-12-03].http://mini.eastday.com/a/170724112041198.html.

五、深度访谈

采访对象:《中国有嘻哈》总制片人　陈伟

采访时间:2017 年 11 月 9 日

问:爱奇艺平台打造《中国有嘻哈》节目的最初想法来源于哪里?

答:先从爱奇艺的需求来讲,视频网站既然要做这种高投入、纯网独播、大型的节目,就得针对特定的媒介属性以及年轻用户人群。那么,当你只考虑到一个相对精准人群的时候,整个节目的策划方向、题材选择、语言选择,包括叙事节奏的选择、讲故事方法的选择,都会变得更加垂直、更加精准。

综艺娱乐节目最大的门类是唱歌,我们分析了全世界大概 100 个节目模式,但近些年好的模式全被用光了。我们要挑选适合纯网的、年轻人最喜欢的潮文化。再细分,近几年来爱奇艺主要用户人群为 95 后和 00 后,他们关注偶像文化,尤其是韩国偶像。韩国男团、女团的表演中有大量嘻哈文化的时尚化、潮流化表达方式,而近十几年来,在世界范围内紧紧绑在商业这条大船上的就是嘻哈文化,还没有另外任何一种文化能够替代嘻哈文化成为商业领域时尚和潮流的代名词。看到这点之后,其实问题就变得简单了。我们要占领年轻人的市场,为爱奇艺的年轻用户创造高品质的内容,因而我们选择的题材一定有这个年代的人最喜欢的表达方式和文化系统。换成其他内容,未必会这么火。

问:爱奇艺是如何确定做嘻哈音乐的?

答:从嘻哈音乐这个角度来讲,从业人员虽然不像街舞那么多,但是他们其实在水平、表演氛围以及本土化方面,已经可以用中文的韵脚,甚至用方言的方式、少数民族的歌唱方式来创作很成熟的作品。现在可能缺一些市场化的推动,包括成熟的音乐制作体系、交流和演出机会等,缺少一个推动者有把握、有品质、有责任感地把它推到主流舞台上去。我为什么想强调这几个词呢?因为很多时候靠纯商业的推动,可能会推偏,会把其中一些哗众取宠的东西推出来,这对于用户和文化本身都是伤害。

问:作为第一个吃螃蟹的人,您选择嘻哈音乐是自己在逼自己,而不是平台逼的吗?

答:平台当然不会逼我了。说实话,我拿着大众音乐偶像选秀节目《我们的偶像》一样可以做,它在当时已经有 3 个亿的广告了,已经给平台盈利了,品质也不会差,至少能达到一线卫视大季播综艺的水平。所以《中国有嘻哈》完全就是自己逼自己,我就想做一个有创新性的东西。

问:虽然爱奇艺在资金、资源方面给了《中国有嘻哈》足够的支持,但在录制过程中有没有什么困难呢?

答:万事开头难,中间也难,后面还难。因为,你不可能按照一个传统的选秀方式来做这个节目,因为选秀都没人看了,你会看一个嘻哈选秀吗?我们要争取的是大众的关注,大众都已经不关注传统选秀了,我们再去做传统选秀里面的细分门类,那不是自掘坟墓吗?所以我要把它编成剧才行。

不管在哪个年龄层中,都有很多人喜欢看剧。无论是嘻哈文化还是其他题材,题材新颖的相对好拍。题材越新颖,观众越觉得有意思,强情节相对越好做,这就是把劣势变成优势的关键。劣势是大家对嘻哈的题材比较陌生,嘻哈的表达方式和文化体系也与主流不太一样,但是如果把它做成一个剧情式或者剧集式的影视作品,相对就是一个优势。

问:《中国有嘻哈》节目中有一些冲突的影视化表现,是在做之前就已经了解到了这些适合视频表现的冲突,还是做的时候发现了这些?

答:其实,我也与观众处在一个相对同步的过程中,只是我拍得早,边观察、边发现、边记录,然后边寻找故事线。选手们在节目中的表现也都是自我表达的真实反映。

问:政策方面,对您或者节目有没有约束和影响?

答:目前没有,因为就上级监管部门来讲,它也是首先本着相信我们的原则,就是我们先把东西做出来,它再判断是否合适。与此同时,《中国有嘻哈》作为一个嘻哈音乐节目品类,也打破了网友以往对于嘻哈文化的偏见。大众传播的逻辑就是要影响大众,因此必须用高品质和正能量的东西来影响大众,这类节目与线下演出中的个性化表达是有区别的,但文化导向都不能偏。

问:您对未来嘻哈音乐文化有什么样的期待?

答:希望能继续沿着市场轨迹,与时尚文化、传统文化、商业运营紧密结合,让中国的嘻哈文化能够跟欧美、日韩接轨,并逐渐变成年轻人特别喜欢的主流文化。我们也希望为嘻哈音乐注入新鲜血液,使其真正有养分地成长起来。

〔马铨,中国传媒大学新闻传播学部教师、中国网络视频研究中心副秘书长、中国短视频与直播联盟副秘书长;霍悦,中国传媒大学新闻传播学部硕士研究生;袁月明,中国传媒大学新闻传播学部硕士研究生〕

《王者荣耀》：IP 开发和社会约束

叶明睿　张　梦　马玉冰 等

摘要：2016 年是国内移动电竞市场的开启元年。在移动技术发展趋势与游戏社交化等因素的驱动下，传统网游的处境每况愈下，而手游市场却因此大放异彩。由腾讯天美出品的《王者荣耀》经过近两年的运营及发展，成为 MOBA①类手游中的佼佼者，累计注册玩家超 2 亿人、日活跃人数超过 8 000 万，且涉足电竞赛事、综艺节目、直播、线下商品等多个领域，将"王者荣耀"成功打造成为"全民IP"。本文将从内外因两个方面、多个角度分析其 IP 运营的成功之处，并从社交、文化、生态构建等方面进一步探讨 MOBA 类手游的未来发展。

关键词：移动电竞；《王者荣耀》；手游；全民 IP

一、案例背景

聚焦当下文化消费市场，"IP 热"已成为一个绕不开的话题，从 2015 年开始，IP 似乎就是内容细分行业中的一个热门关键词。火爆于优酷平台的《万万没想到》（第一季），在两年时间内，总播放量达到 8.3 亿次。《盗墓笔记》在开放会员购买观看后五分钟内，收到播放请求 1.6 亿次。《灵魂摆渡》《废柴兄弟》《匆匆那年》《暗黑者》《花千骨》《琅琊榜》无一不是根据热门 IP 改编的。与此同时，IP 也成为移动游戏行业资本关注的热点。

但是对比中外 ACG②市场的 IP 开发，我们发现还有很大差距。日本 2015

---

① MOBA，多人在线战术竞技游戏，为英文"Multiplayer Online Battle Arena"的缩写。
② ACG 是动画、漫画、游戏的总称，为英文"Animation""Comic""Game"的缩写。该文化发源于日本。

年仅动画领域的 IP 商品总值就达到了 342 亿元人民币,而中国主流的 ACG 周边销售渠道——淘宝和天猫,在 2017 财年(2016 年 4 月至 2017 年 3 月)的销售额仅为 70 亿元人民币,远远不及海外市场。好莱坞近年来同样热衷于 IP 开发,颇为青睐由同名游戏改编的电影,继《魔兽》与《愤怒的小鸟》之后,《生化危机 6:终章》《最终幻想 15》《刺客信条》等游戏同名影片在 2017 年 2 月扎堆上映,其中《生化危机 6:终章》取得了 10 亿美元票房。

其实对于游戏的 IP 开发,国内一直在探索,网易游戏出品的二次元手游《阴阳师》早在 2016 年 12 月就推出了盒蛋、主题扇、占位小鬼、达摩公仔等一系列衍生产品,想要得到这些不仅需要花费金钱,还必须是游戏的忠实玩家,有足够的"周边券"。但是《阴阳师》并未止步于此,还马不停蹄地制作了同名电影,并将于 2018 年"国庆档"上映。

整个游戏产业的火热为游戏 IP 开发热提供了重要支撑。2017 年我国网络游戏市场数据惊人,其总规模接近 1 800 亿元人民币,首次超越美国,成为全球最大的游戏市场。根据中国互联网络信息中心统计,2017 年手机网络游戏用户规模达到 3.85 亿,占总体网民数量的 53.3%。[①] 回望 2017 年,中国的手机游戏领域可谓"百花齐放",从"吃鸡游戏"再到二次元女性向的《恋与制作人》,无一不刷爆朋友圈,市场反响火爆。截至 2017 年 12 月最后一周,中国手游 App 市场渗透率达 76.1%,用户规模达到 7.76 亿。[②]

手游正成为网民娱乐和互联网经济的新风口,但是伴随着游戏产业的发展,其引发的一系列问题值得我们深思。尤其是对于心智尚不成熟的青少年来说,他们更容易沉浸在游戏当中不可自拔,严重者身心都会受到不可逆转的伤害。根据第 39 次《中国互联网络发展状况统计报告》数据,截至 2016 年 12 月,我国青少年网民,即 19 岁以下的网民已经达到了 1.7 亿,约占网民总数的 23.4%。如何引导青少年适度游戏、避免沉迷、保持身心健康,就成为我们首先

① 中国互联网络信息中心.第 40 次《中国互联网络发展状况统计报告》(全文)[EB/OL].(2017-08-03)[2017-12-03].http://www.cnnic.net.cn/hlwfzyj/hlwxzbg/hlwtjbg/201708/t20170803_69444.htm.

② 中国手游 App 市场渗透率达 76.1%,用户规模为 7.76 亿[EB/OL].(2018-02-11)[2018-03-15].http://www.sohu.com/a/222232779_650801.

要面对的问题。

其实早在 2007 年,国家新闻出版总署就发布了《关于保护未成年人身心健康实施网络游戏防沉迷系统的通知》,随着网络游戏的普及和各类问题的出现,国家对网络游戏的监管也逐步加强。2014 年 8 月,国家新闻出版广电总局发布《关于深入开展网络游戏防沉迷实名验证工作的通知》。2016 年 12 月,文化部印发《文化部关于规范网络游戏运营加强事中事后监管工作的通知》,并于 2017 年 5 月 1 日开始施行。该通知规定,网络游戏运营企业应当要求网络游戏用户使用有效身份证件进行实名注册,并保存用户注册信息;网络游戏运营企业应当严格落实"网络游戏未成年人家长监护工程"。随后,腾讯、网易等游戏平台在 5 月纷纷推出移动端游戏实名注册系统。例如,由网易游戏推出的《阴阳师》就及时发布公告,表示未进行"实名注册"的玩家将无法正常使用游戏服务。

其实,国外对类似的情况早有防范措施,比如要求网游运营商以玩家的年龄为标准,实施网游分级制度等。2013 年 5 月,越南独立游戏开发者阮哈东开发了游戏《像素鸟》(*Flappy Bird*),这款游戏于 2014 年初在苹果和安卓系统的应用商店突然蹿红,但是很快因玩家上瘾和不断发生暴力行为而被迫于 2 月 10 日全线下架。所以,对游戏的监管一刻都不能松懈。

二、案例介绍

《王者荣耀》是由腾讯游戏开发、运营的一款在安卓、iOS 平台上运行的 MOBA 类手机游戏,于 2015 年 11 月 26 日在两个平台上正式公测。经过一年的发展,根据专门从事全球移动应用市场数据分析的 App Annie 公司发布的全球手游指数,《王者荣耀》首次成为 2016 年中国 iOS 收入榜单的冠军。从 2017 年 3 月开始,《王者荣耀》就一直稳居全球 iOS 和 Google Play 综合 App 畅销排行榜榜首。

（一）充满荆棘的初创期

2015 年,游戏市场和用户需求发生了巨大转变,端游用户开始向手游集聚,腾讯瞄准移动 MOBA 市场,决定打造一款手机游戏以吸引游戏玩家。2015 年 6 月,《王者荣耀》的前身《英雄战迹》开启了首次内测,借助《英雄联盟》的 MOBA 热度,初期出现了短暂的用户疯长,之后用户数量迅速下滑;8 月 18 日开启了限号不删档内测,但玩家当日的反馈并不乐观,于是工作室对游戏进行了全面的改版升级。2015 年 10 月,《英雄战迹》更名为《王者联盟》,再次开启"3v3"内测,然而《王者联盟》的改版并没有受到用户的欢迎,游戏热度仅为《英雄战迹》的十分之一。官方立即再次改版,在游戏中加入"5v5"模式、竞赛排位系统等新的游戏玩法和游戏规则,并将游戏更名为《王者荣耀》,于 2015 年 11 月 26 日正式公测,因此,腾讯首个"5v5"实时对战、无养成系统的 MOBA 诞生了。

（二）稳定运营的吸粉期

《王者荣耀》因为游戏时间短、竞技模式相对公平,迅速吸引了一大批非"人民币玩家",凭借腾讯成熟的用户渠道,游戏用户数量一直在稳定上涨。2016 年 1 月,《王者荣耀》第一次做线下赛;2016 年 8 月,《王者荣耀》举办冠军杯;2016 年 9 月,由腾讯牵头的《王者荣耀》职业联赛即 KPL 正式创立,《王者荣耀》的电竞拼图逐渐完成;2016 年 11 月,根据 App Annie 发布的全球手游指数,《王者荣耀》首次成为中国 iOS 收入榜单的冠军,同月,该游戏荣登 2016 中国泛娱乐指数盛典"中国 IP 价值榜之游戏榜 TOP10"。在《王者荣耀》上线之初,平台内部人员就在斗鱼、虎牙等直播平台以线上直播的方式吸引用户,接收观众反馈。2016 年被称为直播元年,依靠游戏直播的反哺作用、游戏主播的粉丝效应及直播平台的大力推广,《王者荣耀》迅速吸粉。

（三）意料之中的爆红期

2017 年春节之际,《王者荣耀》因其强大的社交属性瞬间引爆社交圈,成为现象级手游。据 2017 年 6 月极光数据发布的《〈王者荣耀〉研究报告》,2017 年 5 月《王者荣耀》注册用户突破 2 亿,渗透率高达 22.3%。DAU(Daily Active User,日活跃用户)、MAU(Monthly Active Users,月活跃用户)相较于 2016 年 12 月双双翻倍。2017 年 5 月,该游戏 DAU 达 5 412.8 万人,MAU 达 1.63 亿,日均新增用户 174.8 万人,相当于国内一个县级市的人口水平。"我玩王者荣耀,人在塔在"出现在 2017 央视元宵晚会上,之后在朋友圈走红。《王者荣耀》游戏中的口号,如"猥琐发育,别浪""稳住,我们能赢"在春节过后也成为网络流行语。在此期间,《王者荣耀》聚集了很多明星玩家,他们自发地在微博等平台上分享《王者荣耀》的相关内容。

(四)火爆之下的批判期

2017 年 3 月 28 日,《光明日报》发表文章《手机游戏不能颠覆历史》[1]并获得《人民日报》转发,文中批判了《王者荣耀》中的游戏人物角色错位、传统记忆被颠覆等问题。《王者荣耀》立即整改,将文中提及的女性英雄"荆轲"改名为"阿轲",上线"历史上的 ta"栏目,在英雄故事页面的显眼位置介绍该英雄的真实事迹。暑假来临之前,青少年沉迷《王者荣耀》的负面报道接连不断,如 2017 年 5 月 25 日,海口一名 12 岁小学生沉迷《王者荣耀》,花掉环卫工母亲几年攒下的 3 万多元;6 月 16 日,小女孩因玩该游戏,三个月消费了父母所有积蓄 11 万;6 月 26 日,媒体报道了"杭州 13 岁男孩痴迷《王者荣耀》,被爸爸骂了几句,随即从四楼跳下,造成全身多发性骨折"事件;6 月 26 日,杭州夏衍中学老师蒋潇潇发文《怼天怼地怼王者荣耀》,再次引起舆论风波。自 7 月 3 日人民网刊发了《人民网一评〈王者荣耀〉:是娱乐大众还是"陷害"人生》[2]批判《王者荣耀》释放负能量开始,央媒 11 天 8 评"王者",将该游戏推上了风口浪尖。7 月 3 日,《王者荣

---

① 张玉玲.手机游戏不能颠覆历史[N/OL].光明日报,2017-03-28[2018-1-05].http://news.gmw.cn/2017-03/28/content_24070253.htm.

② 人民网一评《王者荣耀》:是娱乐大众还是"陷害"人生[EB/OL].(2017-07-03)[2018-01-05].http://opinion.people.com.cn/n1/2017/0703/c1003-29379751.html.

耀》制作人发布公开信作出解释,7月4日腾讯推出史上最严格防沉迷系统以限制未成年人的登录时长。

(五)热度不减的发展期

当《王者荣耀》面临一次又一次的风波时,很多人不再看好该游戏的发展前景,但《王者荣耀》依旧以不俗的成绩继续稳步发展,同时也进行了很多 IP 开发。2017 年 6 月 28 日,《王者荣耀》的衍生节目《集结吧!王者》在腾讯视频首播;8 月,《王者荣耀》举行汶川共生行业发布会,提出"创意高地"计划,搭建游戏周边设计的创意展示平台;9 月,《王者荣耀》携手腾讯地图推出了妲己语音导航服务,将游戏中的人物语言、性格和现实生活完美结合;同时,从 9 月开始,《王者荣耀》邀请歌手华晨宇、李荣浩、毛不易为游戏中的英雄创作主题曲《智商二五零》《后羿》《项羽虞姬》;9 月底,腾讯与京东联手推出"CP 计划"(内容+产品),其中就包括围绕《王者荣耀》IP 进行下游衍生品开发;12 月 15 日,由《王者荣耀》改编的实景真人对抗赛《王者出击》在腾讯全网独播,这标志着《王者荣耀》成为游戏改编真人秀的"第一人";2018 年 1 月,《王者荣耀》推出 CG 动画《盛世长安》;1 月 27 日至 29 日,Switch 版《王者荣耀》在欧服进行删档测试,有望 2018 年正式登陆 Switch 平台。从当下来看,《王者荣耀》稳定持续地扩张自己的游戏版图,正从一款"国民游戏"逐渐走向对动画、漫画、音乐、综艺、影视剧等进行全方位拓展的超级 IP。

三、案例分析

(一)时势造英雄:《王者荣耀》背后的技术趋势与用户背景

《王者荣耀》的成功,与中国互联网生活向移动端迁移密切相关。《王者荣耀》顺应了这一趋势,成功发掘出规模庞大的用户群体,从而成为现象级手游。

1.技术变化:移动游戏的迅猛崛起

过去5年是智能手机与移动宽带(3G/4G)用户快速增长的5年(见图1)。工业和信息化部数据显示,截至2017年12月底,中国有14.2亿移动电话用户,4G用户总数达到9.97亿。智能手机与移动宽带的迅猛发展,是手机端游戏得以发展的基础,也驱动了游戏玩家从电脑端向手机端转移。根据中国互联网络信息中心的数据,截至2017年12月,中国网络游戏用户规模达到4.42亿,较去年增长2 457万人,增长率为5.9%,在网民中的占比为57.2%。而手机网络游戏用户规模较上年年底明显扩大,达到4.07亿,较上年年底增长5 543万人,增长率为15.8%,增速明显快于整体网络游戏市场。

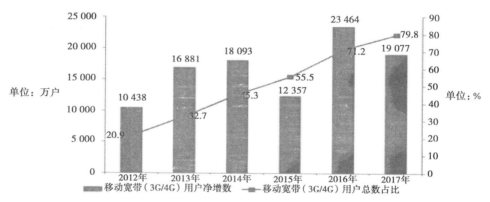

图1 2012年—2017年移动宽带用户(3G/4G)发展情况

数据来源:工业与信息化部《2017年通信业统计公报》。

2.人口基础:瞄向最广阔用户群体

游戏行业一直被视作由人口红利驱动的行业。在中国社会整体呈现老龄化趋势之时,作为主要游戏玩家的年轻人难以继续支撑起大规模增长。能否最大限度地维护与发掘新的用户,成为行业成败的关键,也成为一款游戏能否维持生命力、成为全民IP的关键。从地域上看,拥有较多休闲时间的小城市人口奠定了游戏的用户群基础;从年龄层看,年轻大学生往往是主力用户,也是口碑扩散的关键。第三方统计数据(见图2)显示,《王者荣耀》的主要用户仍然分布在三线及以下城市,但游戏在一、二线城市也同样有一定的渗透率。在三线及以下城市,《王者荣耀》还成功获得了中小学生和中年人的关注,成为"全民手游"。三线及以下城市人群为基础性用户,大学生为引领性用户,这是《王者荣耀》成功的关键,也是 IP 打造深入人心的关键。

《王者荣耀》用户主要分布在三线及以下城市,渗透率达到13.85%

从城市渗透率看,《王者荣耀》在一线城市、二线城市、三线及以下城市的渗透率分别达到6.18%、8.76%和13.85%;从《王者荣耀》不同受众人群城市分布TGI看,一线城市和二线城市中大学生的指数较高,三线及以下城市中"老顽童"、中小学生和中年人士的指数较高。

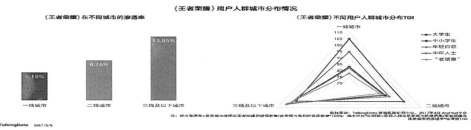

图 2　《王者荣耀》主体用户分布情况

数据来源:Talking Data,《2017 年移动游戏行业热点报告·〈王者荣耀〉热点报告》。

(二)《王者荣耀》:如何成为属于全民的"超级 IP"

《王者荣耀》从产品设计到用户体验均准确把握了玩家需求,并与多种泛娱乐元素相互促进、共生发展,从而成长为"全民 IP"。

1.强化游戏的社交化属性

《王者荣耀》作为一款手机游戏,其社交属性被前所未有地放大。在玩法上,《王者荣耀》的多人对战模式是其社交化的基础,这一设计有利于用户在社交场合随时随地"来一局"。首先,该游戏竞赛机制相对简单,上手容易,并有多样的"满足感"设计,使得非重度手机游戏用户在朋友的带动下也能较容易加入。其次,该游戏充分体现了移动端碎片化使用的特点,玩家甚至可以用"一刻钟左右"完成一局游戏,这使得该游戏成为用户打发碎片时间的选择之一。最后,《王者荣耀》在设计上与微信等社交平台进行了整合,好友间的排位竞争、邀请加入等机制充分利用了腾讯自有社交平台的优势,使游戏成为好友间互动及

"找话题"的重要事由。

另外,当游戏用户数上升至一定数量级、白领人群大规模加入后,游戏的话题度显著上升,这又进一步吸引许多非典型玩家出于社交需要加入游戏,进而推动游戏进一步火爆,也为《王者荣耀》加上了"办公室游戏""白领社交游戏"等标签。

2.借势移动娱乐大潮

伴随着智能手机飞速发展而成长的,除了《王者荣耀》等手游,还有整个中国移动娱乐行业,最典型的便是移动直播。根据中国互联网络信息中心发布的第41次《中国互联网络发展状况统计报告》,2017年,中国网络娱乐类应用用户规模保持高速增长,其中网络直播用户规模达到4.22亿,年增长率达到22.6%。

一方面,手机直播成为《王者荣耀》这样的游戏进行营销推广和用户互动的重要平台,另一方面,直播平台也乐于借助游戏玩家来提升用户活跃度、丰富平台内容、推动用户增长。斗鱼、虎牙等平台一直将游戏类内容直播作为重点。"游戏+直播"再次放大了游戏的影响力,将一场游戏变成了具有"围观"属性的公共事件,并维系了用户黏性,使用户基于《王者荣耀》展开更多的社区与社交活动。而围绕游戏所展开的周边活动,如Cosplay秀、主播圈等也得以"生长",甚至游戏主播的排行榜以及各种八卦也成了游戏玩家们娱乐的一部分。手机游戏与手机直播互相促进,成就了移动娱乐的发展,而《王者荣耀》也因此站上风口,影响力呈现出滚雪球般的增长趋势。

3.传统文化增强IP内涵

《王者荣耀》的游戏人物设计充分利用了中国传统故事中的角色,后羿、李白、钟无艳、赵云……各种不同时期、不同作品中的人物均被游戏加以利用,成为玩家使用的角色,《王者荣耀》也因此被外界诟病会误导青少年对传统文化的理解。但《王者荣耀》其实并未在游戏中对历史人物角色进行过多演绎,更多时候这些历史人物仅是角色代号。传统文化元素一直是游戏行业用以创作的重要素材,很多时候,游戏行业是对传统文化进行"IP 再开发"。传统文化 IP"加持"现代游戏,并因此让传统文化进一步为大众所认知,但的确难言深入普及。

事实上,一款游戏能做到的,更多地是让玩家对许多历史文化元素产生兴趣。而《王者荣耀》官方也在主动展示其对中国文化的传承与推广。例如,游戏中推出的首个戏曲皮肤系列——"霸王别姬",意在以京腔古韵重新演绎经典唱段,使更多年轻人对国粹京剧产生兴趣。历史文化脱口秀《王者历史课》是《王者荣耀》的衍生节目,主持人马东、蔡康永、马伯庸等基于《王者荣耀》的游戏世界观,进行真实且具有趣味性的文化普及传播。但文化的传播不能完全依赖于一家商业公司,若社会相关力量能借势深化青少年对于历史知识的了解,方可产生积极影响。

中国传统文化与游戏之间的互动仍然是一个值得探讨的话题。有相当数量的游戏以历史故事为背景,仅是三国人物,便可以用"无处不在"来形容,但不少游戏对传统文化的表现仍只流于表面,并且对名人名著开发过度,少有经典作品出现。这也是游戏行业需要注意的问题。

4. 产业链共生成就持续影响力

每一款现象级游戏都会推动周边产业的发展,而电竞赛事是周边产业的重要组成部分之一。不管是大众娱乐层面的校园赛、城市赛,还是重度玩家参与的职业联赛,《王者荣耀》均着力推动,目标是"构建人人都可参与的赛事体系"。而鹿晗等明星的入局,也进一步使赛事演变成文化娱乐现象,吸引女性用户、非游戏玩家等多样化人群的关注。

与此同时,各种职业赛事也为智能手机产业链上的厂商所关注。从芯片商高通到手机厂商华为、OPPO 等,它们均将《王者荣耀》作为重要的营销切入点,通过赞助和举办相关赛事来强调其产品对游戏的支持。在智能硬件市场竞争日益激烈之时,相关厂商越来越多地选择与应用服务提供商合作,通过软硬件整合营销来提升销量。多种商业力量的叠加推动,进一步提升了《王者荣耀》的影响力。

(三)"全民 IP"荣耀绽放的四点启示

《王者荣耀》的风行对于"IP 打造"有着诸多启示。从策略层面看,对于文化娱乐行业的决策者来说,有四点值得关注。

1.用户为先

将用户放于首要考虑的位置不能仅停留于口头层面,而要切实落实到战略层面。比了解用户消费行为更重要的,是了解用户所处社会环境与文化心理需求。在文化娱乐类产品中,游戏对用户行为及心理的把握往往堪称精妙,因此,游戏能够吸引用户持续投身其中,但要从一款好玩的游戏升级成为"全民IP",需要的是对用户社会心理进行深入挖掘。这需要我们从技术变化趋势所带来的影响、人口结构变化、产业发展情况、教育与生活方式等诸多层面进行深入研究。在中国IP谋求全球化发展的新阶段,这种研究显得尤为重要。

2.以青少年为目标

青少年人群,毫无疑问是文化娱乐产业的中坚力量。不同的IP可以面向不同人群细分市场,但"全民IP"的主导权仍在青少年手中。尤其对于新娱乐方式和新IP而言,通过青少年人群向社会整体扩散,是一条屡试不爽的经典路径。对于手握资本与资源的"中年行业运作者"而言,激发青年的创造力是获得成功的关键。不过,好的IP不仅仅能吸引青少年,还能提供某种问题解决方案。二次元背后的表达欲与想象力、"佛系青年"背后的孤独感与无力感,都在从文化娱乐行业中寻找出路,这也是机会所在。文化娱乐行业的本质是"快乐经济",优秀的游戏产品能够有效释放社会压力,激发生活灵感。这也是外界对游戏乃至整个文化娱乐行业的期待,即从单纯的"旧时光消磨者"变成"未来生活激励者"。

3.构建生态

行业领导者是构建行业生态者,IP运作也是如此。《王者荣耀》成功的背后有着与直播、电竞、动漫、智能手机等诸多行业的紧密互动,多种因素互相成就,最终促成现象级大爆发。要构建一个好的生态,一方面,需要创造一个鼓励多样化的生长环境,并能容忍初期试错,纸面规划完善、一击即中的好IP是不存在的,好的作品是不断打磨的结果,而好作品要变成一个足以构建生态的"全民IP",需要较长的时间和多方向探索。另一方面,"全民IP"靠全民成就,一个经典 IP 往往是为整个行业"奠定创作基础"。我们应通过"有所为而有所不为",联合多方力量来共同促进 IP 生长,使 IP 保持长久的生命力。

4.警惕头部效应对文化多样性的伤害

从《王者荣耀》的走红可知,一旦一个 IP 成为"全民 IP",多种商业资源会迅速向其聚集,进一步强化其优势地位。商业机构出于品牌形象及企业社会责任的考虑,会参与文化推广,但应该看到,单靠商业化的"全民 IP"难以推动优秀文化的深入普及,也难以满足多地域、多人群对文化产品的需求。公共文化服务提供者及第三方公益力量应该在此时发挥重要作用,从保护文化多样性、帮助优秀文化更有效深入传播的角度出发,弥补商业力量的不足。

四、各方观点

曾有一个沉溺《王者荣耀》的孩子在作文中这样写道:"我的天啊,我一直以为四大刺客分别是李白、韩信、兰陵王、荆轲……在老师讲荆轲之前,我一直以为荆轲是女的。"

历史文化可以阐释,人物形象可以演绎,但前提是尊重和维护优秀文化传统。手游也是文化作品,需要寓教于乐,如果创作者缺乏起码的文化自尊与自爱,又何谈对传统文化的继承和弘扬?像《王者荣耀》一样,一边消费历史文化,一边歪曲历史人物,只能导致文化误读和价值错乱。特别是,《王者荣耀》已涉足海外市场,更不应以编造中国历史人物来"坑"那些不了解中国历史的海外玩家,让他们在刚刚接触中华文化符号时就被误导。[①]

——新华网

作为游戏,《王者荣耀》是成功的,而面向社会,它却不断在释放负能量……多数游戏是无罪的,依托市场营利也无可厚非,但不设限并产生了极端后果,就

---

① 季小波.手游不该"游戏"历史[EB/OL].(2017-07-10)[2018-01-05].http://news.hexun.com/2017-07-10/189974892.html.

不能听之任之。这种负面影响如果以各种方式施加于未成年的孩子身上,就该尽早遏制。以《王者荣耀》为例,对孩子的不良影响无外乎两个方面:一是游戏内容架空和虚构历史,扭曲价值观和历史观;二是过度沉溺让孩子在精神与身体上被过度消耗。因此,既要在一定程度上满足用户的游戏需求,又要对孩子进行积极引导,研发并推出一款游戏只是起点,各个主体尽责有为则没有终点。①

——人民网

不是所有游戏都是恶魔,家长不应该只看到游戏的负面,也应该看到正面的东西。比如游戏可以帮助家长和孩子互动。②

——腾讯公司控股董事会主席兼首席执行官　马化腾

这无疑是一个成功的商品,但是,物质评价不能代替精神评价,这个游戏的创作者和背后的公司都应该注重对道德审美内容的把握,不能追求"娱乐至死"。③

——北京电影学院动画学院院长　孙立军

现在很多人想来报这个(电竞)专业,我的建议是要结合自己的现状。任何行业在发展初期,都需要"吃螃蟹"的人。可能先投身进来,能够创造出一些后来者所达不到的辉煌,但也会面临很多挫折。如果你真的有这么强的决心和斗志,那大家可以一起尝试把这个事情做好。④

——世界电子竞技大赛冠军、钛度CEO　李晓峰

---

① 人民网一评《王者荣耀》:是娱乐大众还是"陷害"人生.[EB/OL].(2017-07-03)[2018-01-05]. http://opinion.people.com.cn/n1/2017/0703/c1003-29379751.html.

② 马化腾为王者荣耀正言:不是所有游戏都是恶魔[EB/OL].(2018-03-04)[2018-03-15].http://www.sohu.com/a/224823601_106666.

③ "北电"动画学院院长谈《王者荣耀》[EB/OL].(2017-07-10)[2018-01-05].http://hunan.ifeng.com/a/20170710/5807584_0.shtml.

④ 彭奕菲,余嘉敏.中国电竞教育就是教打"王者荣耀"？[EB/OL].(2017-11-10)[2018-01-20]. http://www.infzm.com/content/130505.

五、深度访谈

采访对象:腾讯游戏市场部副总监、《王者荣耀》品牌负责人 张雅缇

采访时间:2018 年 1 月 5 日

问:开始做这款游戏时就已经对后续的 IP 开发有所部署了吗？还是随着游戏的推广逐步进行 IP 开发的呢？

答:在游戏初创阶段,我们虽然具备纲要式的世界观背景和故事基础,但真正把《王者荣耀》当作 IP 来进行全面的重塑和拓展,是在游戏逐渐进入正轨、逐渐扩大影响力之后才一步步完善起来的工作。毕竟对于新生 IP 来说,生存和流行才是基石。

问:随着游戏的广泛传播,衍生网络综艺节目开始出现,如《集结吧！王者》《峡谷搞事团》《王者出击》等,类型不一,做这些节目的初衷是什么？节目对于游戏本身有何影响？在节目制作类型方面有何考量？

答:对于《王者荣耀》来说,我们很欢迎不同领域的专业团队因为喜欢我们的游戏而为之打造丰富有趣的新兴内容。我们也希望通过这些丰富的合作内容,让更多人了解《王者荣耀》。我们也能通过节目本身传递的游戏精神、团队精神,来传递一些正向价值观。但这里也要单独介绍一下《王者出击》,因为这个节目跟过往所有游戏类综艺节目类型不一样,《王者出击》的确是一种创新,是实实在在地针对虚拟游戏现实化所做的一种新模式探索。开发这个节目与制作《集结吧！王者》《峡谷搞事团》等演播室节目在投入的资源量级和成本上是完全不一样的。这个节目是《王者荣耀》与腾讯视频共同投入研发的全新节目样态。

问:最近"王者荣耀"线下商城开始正式运营,关于线下实体部分的运营有何规划和部署？对线下实体内容的定位是什么？希望它产生怎样的影响和意义？

答：2017 年 8 月 18 日，《王者荣耀》手游官方举办以"王者荣耀+传统文化为"主题的文创生态发布会，提出了"创意高地"的概念，旨在利用"王者荣耀"的平台影响力和高关注度，带动各行各业的大师、非遗匠人、创意者、兴趣爱好者，通过"王者荣耀"的文创生态平台，展示作品、获得合作机会。

目前"王者荣耀"线下商城开始试运营，线下商城不仅仅是为顾客提供常规商品的场所，同时也是《王者荣耀》IP 衍生品"交流碰撞"的平台；通过"创意高地"和"王者艺述馆"内容模块，这个平台内将构建起一个以《王者荣耀》IP 为核心，既能覆盖全品类周边产品，又能聚集更多创意设计师与玩家互动，还能与高端艺术相结合、真正包罗万象的 IP 衍生品体系。除了此前 IP 实体内容开发的单纯贴 logo、单一形象特色的商品，《王者荣耀》团队更期待经过创意设计、匠心独运的商品，把重心放在价格"厚道"的精品上，真正做到在保持用户黏性的同时，充分调动潜在用户的积极性，通过民间竞赛形式完成产业链的循环和资金与影响力的反哺。

问：据了解，在《王者荣耀》获得关注与成功的同时，社会上出现了不少关于这款游戏的负面评论，包括中小学生沉迷游戏等，您怎么看？

答：《王者荣耀》在 2017 年上线并迭代更新了"史上最严格"的防沉迷系统，针对玩家连续游戏时间做了多种游戏内提醒功能和限制游戏时间功能。在帮助所有用户更加合理、健康地玩游戏方面，我们会持续研究并优化。

问：社会舆论出来之后，指责方的立场是什么？其与游戏玩家之间的关系是什么？对此，您如何回应？

答：《王者荣耀》在 2017 年一整年以超出我们团队预期的速度高速发展，快到我们反应不过来。但无论如何，作为一款"国民级"的流行游戏，《王者荣耀》已经影响了太多的人，所以我们理应担负起更多的社会责任。《王者荣耀》希望通过游戏的趣味性和文化人物设计，让喜欢这款游戏的用户同时也能学到对应的历史知识，助力传统文化以更鲜活的形式复兴，进入新一代年轻人的关注范围。如《王者历史课》，主打"换个姿势学历史"；《荣耀诗会》，让游戏内大家熟悉的英雄配音人员为用户读诗、读词，激发用户兴趣，引发用户进一步探索的兴趣——这就是我们现在努力在做的。

问:在新版游戏中加入"游戏在线时间限制""强制下线""充值金额限制"等举措,是否起到了一定的作用? 未来有什么新举措来应对社会监管?

答:从游戏数据反馈看,(这些举措)的确很有用。不能说是应对吧,就如前面提到的,这是责任,是一个具备大影响力的品牌所应该主动承担的东西。所以,上面所说的一些思考,是未来我们会坚持做的事情。

〔叶明睿,中国传媒大学新闻传播学部副教授;张梦、马玉冰、林梦麓、汪嘉欣、朱砂,中国传媒大学新闻传播学部硕士研究生〕

图书在版编目（CIP）数据

中国网络视频年度案例研究4，2018／王晓红，曹晚红主编.—北京：中国传媒大学出版社，2018.11
（中国网络视频研究案例库）
ISBN 978-7-5657-2395-7

Ⅰ．①中…　Ⅱ．①王…　②曹…　Ⅲ．①计算机网络—视频系统—案例—研究—中国—2018
Ⅳ．①TN941.3　②TN919.8

中国版本图书馆 CIP 数据核字（2018）第 212262 号

中国网络视频年度案例研究 4（2018）

ZHONGGUO WANGLUO SHIPIN NIANDU ANLI YANJIU 4（2018）

主　　编	王晓红　曹晚红
副 主 编	马　铨　包圆圆
策划编辑	冬　妮
责任编辑	赖红林
特约编辑	陈　默　沈梦绮
责任印制	曹　辉
装帧设计	拓美设计
出版发行	中国传媒大学出版社
社　　址	北京市朝阳区定福庄东街 1 号　　邮编：100024
电　　话	86-10-65450528　65450532　　传真：65779405
网　　址	http://www.cucp.com.cn
经　　销	全国新华书店
印　　刷	三河市东方印刷有限公司
开　　本	710mm×1000mm　1/16
印　　张	22
字　　数	337 千字
版　　次	2018 年 11 月第 1 版
印　　次	2018 年 11 月第 1 次印刷
书　　号	ISBN 978-7-5657-2395-7/TN·2395　　定　价　98.00 元

版权所有　　翻印必究　　印装错误　　负责调换